中国南方
灌丛植物图鉴

熊高明　申国珍　编著

中国林业出版社

本书在样方调查的基础上，系统描述了中国南方灌丛91个群系类型的群落结构、物种组成、分布和生境特征，及分布于灌丛中的454种常见维管植物的形态特征和地理分布，为每个群系绘制了一幅区（县）级样方分布图，为每种植物绘制了一幅区（县）级分布图，并展示了若干张反映群落和植物特征的彩色照片。本书图文并茂，通俗易懂，可为修订我国灌丛分类系统、评估灌丛生态系统的服务功能、构建生物多样性保育体系提供基础资料，是生态学、植物学、农林和环境等相关领域科研、教学、管理和科普人员的重要参考书。

图书在版编目(CIP)数据

中国南方灌丛植物图鉴 / 熊高明，申国珍编著. --
北京：中国林业出版社，2023.3
ISBN 978-7-5219-2127-4

Ⅰ.①中… Ⅱ.①熊… ②申… Ⅲ.①灌木—中国—
图鉴 Ⅳ.①S718.4-64

中国国家版本馆CIP数据核字（2023）第030243号

审图号：GS京（2023）0695号

策划编辑：肖　静
责任编辑：袁丽莉　肖　静
封面设计：北京八度出版服务机构

出版发行：中国林业出版社
　　　　（100009　北京市西城区刘海胡同7号，电话83143577）
电子邮箱：cfphzbs@163.com
网址：www.forestry.gov.cn/lycb.html
印刷：河北京平诚乾印刷有限公司
版次：2023年3月第1版
印次：2023年3月第1次印刷
开本：787mm×1092mm　1/16
印张：37.25
字数：570千字
定价：290.00元

编写委员会

主编

熊高明　申国珍

副主编

陈芳清　李跃林　徐耀粘

编委（按姓氏笔画排序）

王　月　王　杨　邓舒雨　兰天元　李家湘
刘世忠　江明喜　吕　坤　吴　宇　徐文婷
赵志霞　黄汉东　黄健强　褚国伟　谢宗强

前　言

根据《中国植被》的描述，灌丛包括一切灌木占优势的植被类型，高度一般在5米以下，盖度大于30%。灌丛和森林、草地为三大陆地自然生态系统，在群落演替、生态系统碳固持和生物多样性保育等方面，扮演着不可替代的角色。中国是全球灌丛分布最广泛的国家，灌丛面积74.3万平方千米，占国土面积7.7%。根据生境和群落外貌特点，我国灌丛可划分为北方温带灌丛、南方热带亚热带灌丛、西南山地及青藏高原周边地区的高山亚高山灌丛三种类型。其中，南方热带亚热带地区人口多、人类经济活动强度高，灌丛类型复杂多样。长期受高强度、大规模人类活动干扰以及显著的气候变化影响，南方地带性植被类型大多退化丧失，形成了大面积的次生灌丛，群落结构极不稳定。加之缺乏对灌丛群落系统深入地调查，南方灌丛植被的类型、特征、分布信息十分匮乏。

在国家科技基础性工作专项课题"南方热带亚热带灌丛植物群落调查（2015FY1103002）"及中国科学院战略性先导科技专项课题"中国灌丛生态系统的固碳现状、变化和机制（XDA01050300）"资助下，我们采用统一的调查方法和技术规范，对中国南方12个省（市、自治区），即湖南、湖北、重庆、浙江、安徽、福建、江苏、上海、江西、广东、广西、海南的灌丛植物群落开展了系统的野外调查，历时10余年。本书在样方调查的基础上，全面总结了我国南方热带亚热带灌丛的植被类型、群落结构、物种组成、分布和生境等，初步摸清了南方灌丛现状，可为构建我国灌丛植物群落基础数据体系、修订我国灌丛分类系统、评估灌丛生态系统服务功能、构建国土生态安全格局提供科学基础。

本书分为灌丛图鉴和植物图鉴两部分。

灌丛图鉴部分，对南方灌丛常见的91个群系类型进行了概要性描述，包括植被类型、建群种和共建种、群落外貌、结构、物种组成、分布、生境和土壤理化性质等，为每个群系绘制了一幅区（县）级样方分布图，展示了若干张反映群落外貌、结构或生境特点的彩色照片。植被型和植被亚型的分类、命名和排序主要依据《中国植被分类系统修订方案》。为方便检索，群系类型按字母排序，文中所有数字和文字描述，均依据实际样方调查数据，其中土壤数据为 0~20 厘米土层平均值。

植物图鉴部分，对南方灌丛中出现的 454 种常见维管植物进行了简要描述，包括植物形态和识别特征、分布，以及所分布的灌丛类型，并对关键识别特征用下划线标注，为每个物种绘制了一幅区县级分布图，展示了若干张反映植物整株或局部特征的彩色照片。植物分类和名称依据 *Flora of China* 系统；形态特征主要依据《中国植物志》的描述编写；《中国植物志》未收录或名称发生改变的物种，参考《中国高等植物》《中国高等植物图鉴》和 *Flora of China* 编写；植物生长的灌丛类型描述来自样方调查数据。为方便查阅，文中植物科名和种名均按字母排序。

本书编著过程中，得到了中国科学院植物研究所郭柯研究员、王国宏研究员、赵常明高级工程师、陈雅涵高级工程师及中国科学院成都生物研究所刘庆研究员的大力支持和热心帮助；参与野外调查的有中国科学院植物研究所、中国科学院武汉植物园、中国科学院华南植物园、三峡大学、中南林业科技大学的众多老师和研究生；室内分析得到湖北神农架森林生态系统国家野外科学观测研究站，以及中国科学院植物研究所碳专项样品库与测试实验室的大力帮助，在此表示衷心的感谢！

本书所引证的调查样方数据、灌丛群落及植物彩色照片，均来自本书作者及其研究团队。

由于作者水平和编著时间有限，书中难免有疏漏和不足之处，敬请读者批评指正。

熊高明　申国珍

2022 年 6 月

目 录

前 言

灌丛图鉴

植物图鉴

一、蕨类植物 Pteridophyta

灌丛图鉴

落叶阔叶灌丛

Deciduous Broadleaf Shrubland

（一）温性落叶阔叶灌丛

毛黄栌灌丛

Cotinus coggygria var. *pubescens* Shrubland

山地中生性次生灌丛。建群种毛黄栌重要值为46（16.9~100）%，可形成单优群落或与马桑（*Coriaria nepalensis*）、黄荆（*Vitex negundo*）等组成共优群落；不同生境下的群落物种组成差异很大，简单至丰富。灌木层盖度72（50~90）%，高度159（64~321）厘米；物种丰富度7（1~19），主要灌木有栓皮栎（*Quercus variabilis*）、铁仔（*Myrsine africana*）、火棘（*Pyracantha fortuneana*）、烟管荚蒾（*Viburnum utile*）、化香树（*Platycarya strobilacea*）、糯米条（*Abelia chinensis*）、河北木蓝（*Indigofera bungeana*）等，有些样方有散生的柏木（*Cupressus funebris*）幼树。草本层有或无，盖度23（0~55）%，高度45（0~120）厘米；物种丰富度4（1~16），优势种主要有褐果薹草（*Carex brunnea*）、芒（*Miscanthus sinensis*）、黄茅（*Heteropogon contortus*）、丛毛羊胡子草（*Eriophorum comosum*）、荩草（*Arthraxon hispidus*）、野菊（*Chrysanthemum indicum*）等，常见种有狼尾草（*Pennisetum alopecuroides*）、大白茅（*Imperata cylindrica* var. *major*）、十字薹草（*Carex cruciata*）、野艾蒿（*Artemisia lavandulifolia*）等。

样方分布于湖北巴东、保康、十堰、宜昌、远安、郧县、长阳、竹山、秭归，重庆奉节、巫山；海拔118~1139米。为鄂西和重庆石灰岩低山丘陵至中山山地常见灌丛；坡度20~50度，坡向6~325度。土壤有机碳31.44（2.13~89.55）毫克/克，全氮1.97（0.25~6.24）毫克/克，全磷0.39（0.12~0.85）毫克/克，pH值8（5.8~9.4）。

蜡莲绣球灌丛

Hydrangea strigosa Shrubland

山地中生性次生灌丛。蜡莲绣球重要值为22.6（18.1～25.9）%，常与烟管荚蒾（_Viburnum utile_）、马桑（_Coriaria nepalensis_）、火棘（_Pyracantha fortuneana_）等组成共优群落，未见单优群落，物种组成丰富。灌木层盖度85%左右，高度157（147～165）厘米；物种丰富度17（16～20），常见种为川莓（_Rubus setchuenensis_）、香桂（_Cinnamomum subavenium_）、异叶梁王茶（_Metapanax davidii_）、中华绣线菊（_Spiraea chinensis_）、化香树（_Platycarya strobilacea_）、柘（_Maclura tricuspidata_）、小果蔷薇（_Rosa cymosa_）等。草本层盖度47（34～61）%，高度52（51～53）厘米；物种丰富度12（10～15），优势种有狗脊（_Woodwardia japonica_）、芒（_Miscanthus sinensis_）、十字薹草（_Carex cruciata_）等，常见种有蕺菜（_Houttuynia cordata_）、唐松草（_Thalictrum aquilegiifolium_ var. _sibiricum_）、打破碗花花（_Anemone hupehensis_）、野青茅（_Deyeuxia pyramidalis_）、金星蕨（_Parathelypteris glanduligera_）、地果（_Ficus tikoua_）等。

样方分布于重庆酉阳；海拔963米。生长在石灰岩山地；坡度35度，坡向45度；有中度砍伐干扰。土壤有机碳62.85（61.54～63.67）毫克/克，全氮1.91（1.54～2.14）毫克/克，全磷0.54（0.47～0.66）毫克/克，pH值8.9（8.8～8.9）。

胡枝子灌丛
Lespedeza bicolor Shrubland

山地中生性次生灌丛。胡枝子重要值为42.1（最高可达77.3）%，常为单优群落，也可与黄荆（*Vitex negundo*）、山胡椒（*Lindera glauca*）组成共优群落；物种组成差异大，简单至丰富。灌木层盖度55（40~60）%，高度143（124~170）厘米；物种丰富度9（2~17），主要有山桐子（*Idesia polycarpa*）、山鸡椒（*Litsea cubeba*）、杜鹃（*Rhododendron simsii*）、钟花樱桃（*Cerasus campanulata*）、柃木（*Eurya japonica*）、多腺柳（*Salix nummularia*）、葛（*Pueraria montana*）。草本层盖度42（26~63）%，高度92（59~144）厘米；物种丰富度4（3~4），优势种有芒（*Miscanthus sinensis*）、白茅（*Imperata cylindrica*）等，常见种为知风草（*Eragrostis ferruginea*）、野菊（*Chrysanthemum indicum*）、蕨（*Pteridium aquilinum* var. *latiusculum*）、蓝刺头（*Echinops sphaerocephalus*）、海金沙（*Lygodium japonicum*）、马唐（*Digitaria sanguinalis*）等。

样方分布于福建政和，江西会昌；海拔190~1130米。生长在酸性土质的低山丘陵至中山山地；坡度20~25度，坡向180~235度；有轻度至中度砍伐干扰。土壤有机碳18.64（4.98~39.71）毫克/克，全氮1.72（0.72~3.32）毫克/克，全磷0.38（0.28~0.51）毫克/克，pH值4.9（4.6~5）。

化香树灌丛
Platycarya strobilacea Shrubland

　　山地中生性次生灌丛。建群种化香树为退化荒山荒坡的一种阳性先锋树种，重要值为40.8（最高可达69.8）%，常为单优群落，不同演替阶段群落高度和物种组成差异大，早期阶段群落低矮而组成简单。灌木层盖度73（50~92）%，高度234（91~500）厘米；物种丰富度8（3~19），主要有黄荆（*Vitex negundo*）、白栎（*Quercus fabri*）、枹栎（*Quercus serrata*）、火棘（*Pyracantha fortuneana*）、烟管荚蒾（*Viburnum utile*）、马桑（*Coriaria nepalensis*）、牡荆（*Vitex negundo* var. *cannabifolia*）、盐肤木（*Rhus chinensis*）、小果蔷薇（*Rosa cymosa*）、河北木蓝（*Indigofera bungeana*），均为南方次生灌丛常见优势种。草本层稀疏至稠密，盖度39（2~73）%，高度40（15~68）厘米；物种丰富度6（2~14），优势种有褐果薹草（*Carex brunnea*）、芒（*Miscanthus sinensis*）等，常见种为野青茅（*Deyeuxia pyramidalis*）、野菊（*Chrysanthemum indicum*）、十字薹草（*Carex cruciata*）、三脉紫菀（*Aster trinervius* subsp. *ageratoides*）、丛毛羊胡子草（*Eriophorum comosum*）、细穗腹水草（*Veronicastrum stenostachyum*）、地果（*Ficus tikoua*）等。

　　样方分布于广西乐业，湖北保康、荆门、利川、随州、宜都，湖南洞口、凤凰、桃源、永顺，重庆黔江、巫溪；海拔122~1241米。生长在低山丘陵、中山山地，适应酸性至碱性的各种土壤；坡度10~48度，坡向40~349度。土壤有机碳23.99（5.34~84.32）毫克/克，全氮2.26（1.12~5.27）毫克/克，全磷0.51（0.25~1.37）毫克/克，pH值7（5.3~8.9）。

中华绣线菊灌丛

Spiraea chinensis Shrubland

山地中生性次生灌丛。中华绣线菊重要值为42.6（16.6~78.6）%，常为单优群落，也可与马桑（*Coriaria nepalensis*）、盐肤木（*Rhus chinensis*）等组成共优群落，物种简单或中等，群落外貌呈黄绿色，植株低矮、较稀疏。灌木层盖度26（最高可达50）%，高度105（93~110）厘米；物种丰富度7（2~11），主要有冬青叶鼠刺（*Itea ilicifolia*）、糯米条（*Abelia chinensis*）、密蒙花（*Buddleja officinalis*）、火棘（*Pyracantha fortuneana*）、白背叶（*Mallotus apelta*）、烟管荚蒾（*Viburnum utile*）、铁仔（*Myrsine africana*）、耐寒栒子（*Cotoneaster frigidus*）。草本层盖度30（24~34）%，高度55（41~68）厘米；物种丰富度7（6~9），优势种有芒（*Miscanthus sinensis*）、褐果薹草（*Carex brunnea*）、黄茅（*Heteropogon contortus*）等，常见种为荩草（*Arthraxon hispidus*）、蜈蚣凤尾蕨（*Pteris vittata*）、香青（*Anaphalis sinica*）、地果（*Ficus tikoua*）、野青茅（*Deyeuxia pyramidalis*）、打破碗花花（*Anemone hupehensis*）、十字薹草（*Carex cruciata*）等。

样方分布于湖南保靖，重庆巫溪；海拔620~1142米。生长在石灰岩丘陵、山地，地表裸岩面积大；坡度30~40度，坡向250度。土壤有机碳18.02（8.94~25.75）毫克/克，全氮1.67（0.94~2.42）毫克/克，全磷0.41（0.16~0.65）毫克/克，pH值8.1（8.0~8.3）。

Subtropical Deciduous Broadleaf Shrubland
（二）暖性落叶阔叶灌丛

糯米条灌丛
Abelia chinensis Shrubland

低山丘陵次生灌丛。糯米条重要值为45.4（26.0~64.9）%，有单优群落，也常见与黄荆（*Vitex negundo*）、火棘（*Pyracantha fortuneana*）、盐肤木（*Rhus chinensis*）组成共优群落，物种组成简单或中等。灌木层盖度59（40~90）%，高度133（81~180）厘米；物种丰富度6（3~9），主要有河北木蓝（*Indigofera bungeana*）、扁担杆（*Grewia biloba*）、算盘子（*Glochidion puberum*）、黄檀（*Dalbergia hupeana*）、薜荔（*Ficus pumila*）、牡荆（*Vitex negundo* var. *cannabifolia*）、钩齿鼠李（*Rhamnus lamprophylla*）等。草本层盖度35（16~64）%，高度47（17~94）厘米；物种丰富度6（3~11），优势种有大白茅（*Imperata cylindrica* var. *major*）、五节芒（*Miscanthus floridulus*）、芒（*Miscanthus sinensis*）、芒萁（*Dicranopteris pedata*）等，常见种为楼梯草（*Elatostema involucratum*）、小蓬草（*Erigeron canadensis*）、野菊（*Chrysanthemum indicum*）、地榆（*Sanguisorba officinalis*）、毛马唐（*Digitaria ciliaris* var. *chrysoblephara*）、叶下珠（*Phyllanthus urinaria*）等。

样方分布于湖南桂阳，江西南城、修水；海拔92~223米。生长在酸性至碱性土质的低山丘陵；坡度22~55度，坡向10~230度；干扰类型主要有轻度至中度的地质灾害、火烧等。土壤有机碳11.04（1.15~37.34）毫克/克，全氮1.46（0.43~3.06）毫克/克，全磷0.61（0.46~0.78）毫克/克，pH值6.4（4.6~9.1）。

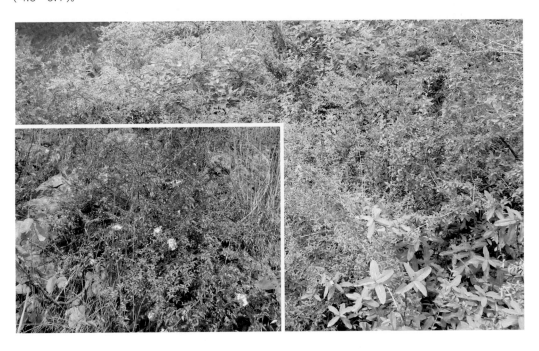

细叶水团花灌丛
Adina rubella Shrubland

　　河谷原生灌丛。建群种细叶水团花重要值为45.7（43.8～49.1）%，亚优势种为皂柳（*Salix wallichiana*），物种组成简单。灌木层盖度80%，高度143（119～171）厘米；物种丰富度4（3～5）；主要有秋华柳（*Salix variegata*）、木犀（*Osmanthus fragrans*）、重阳木（*Bischofia polycarpa*）。草本层盖度24（13～38）%，高度31（28～33）厘米；物种丰富度8（7～10），优势种为芒（*Miscanthus sinensis*），常见种有叶下珠（*Phyllanthus urinaria*）、犁头叶堇菜（*Viola magnifica*）、稗（*Echinochloa crusgalli*）、双穗雀稗（*Paspalum distichum*）、水毛花（*Scirpus triangulatus*）、鬼针草（*Bidens pilosa*）、香附子（*Cyperus rotundus*）、碎米莎草（*Cyperus iria*）、水竹叶（*Murdannia triquetra*）等。

　　样方分布于浙江临安；海拔155米。生长在河流两岸，汛期遭受不同程度水淹。生长在冲积性沙砾质土壤，营养贫瘠，有机碳3.06（1.74～4.63）毫克/克，全氮0.37（0.22～0.58）毫克/克，全磷0.36（0.35～0.37）毫克/克，pH值6.7（6.6～6.7）。

八角枫灌丛
Alangium chinense Shrubland

低山丘陵次生灌丛。八角枫重要值为26.3（23～32.7）%，单优或与黄荆（*Vitex negundo*）、牡荆（*Vitex negundo* var. *cannabifolia*）组成共优群落，各物种在外貌上呈现团块状镶嵌排列。灌木层盖度70（60～80）%，高度182（170～190）厘米；物种丰富度8（7～9），主要有构树（*Broussonetia papyrifera*）、苎麻（*Boehmeria nivea*）、紫薇（*Lagerstroemia indica*）、刚竹（*Phyllostachys sulphurea* var. *viridis*）、羊蹄甲（*Bauhinia purpurea*）、河北木蓝（*Indigofera bungeana*）、扁担杆（*Grewia biloba*）、高粱泡（*Rubus lambertianus*）。草本层低矮而茂密，盖度69（57～82）%，高度24（20～29）厘米；物种丰富度10（8～13），狗牙根（*Cynodon dactylon*）、乌蔹莓（*Cayratia japonica*）、络石（*Trachelospermum jasminoides*）等匍匐草本占优势，常见种有小蓬草（*Erigeron canadensis*）、尖裂假还阳参（*Crepidiastrum sonchifolium*）、野菊（*Chrysanthemum indicum*）、大戟（*Euphorbia pekinensis*）、狗尾草（*Setaria viridis*）、爵床（*Justicia procumbens*）、龙芽草（*Agrimonia pilosa*）等。

样方分布于江西高安；海拔89米。生长在酸性土的丘陵地区；坡度40度，坡向110度。土壤有机碳2.4（2.37～2.42）毫克/克，全氮1.31（1.25～1.36）毫克/克，全磷1.92（1.26～3.08）毫克/克，pH值5.1（5.0～5.3）。

云实灌丛

Caesalpinia decapetala Shrubland

石灰岩山地次生灌丛。云实重要值为46.5（34.4~67）%，常为单优群落，有时与牡荆（*Vitex negundo* var. *cannabifolia*）、马桑（*Coriaria nepalensis*）共优，物种组成较简单。灌木层盖度82（78~90）%，高度224（165~255）厘米；物种丰富度6（3~7），主要有河北木蓝（*Indigofera bungeana*）、红背山麻杆（*Alchornea trewioides*）、柘（*Maclura tricuspidata*）、薄叶鼠李（*Rhamnus leptophylla*）、细齿山芝麻（*Helicteres glabriuscula*）、浆果楝（*Cipadessa baccifera*）、野桐（*Mallotus tenuifolius*）等。草本层高大而茂密，盖度57（30~91）%，高度96（56~143）厘米，物种丰富度5（3~6）；大白茅（*Imperata cylindrica* var. *major*）、芒（*Miscanthus sinensis*）、水蔗草（*Apluda mutica*）等高大草本占优势，常见种有鬼针草（*Bidens pilosa*）、野菊（*Chrysanthemum indicum*）、飞机草（*Chromolaena odorata*）、假还阳参（*Crepidiastrum lanceolatum*）、千里光（*Senecio scandens*）、柔枝莠竹（*Microstegium vimineum*）等。

样方分布于广西马山，湖南张家界；海拔139~167米。生长在石灰岩低山丘陵地区；坡度13~40度，坡向140~302度。土壤有机碳31.1（1.44~89.1）毫克/克，全氮1.77（0.52~3.5）毫克/克，全磷0.71（0.4~1.91）毫克/克，pH值7.9（7.0~8.9）。

枇杷叶紫珠灌丛
Callicarpa kochiana Shrubland

低山丘陵次生灌丛。枇杷叶紫珠重要值为36.5（25.9~51.9）%，单优群落或与盐肤木（*Rhus chinensis*）组成共优群落。灌木层盖度78（70~85）%，高度193（183~200）厘米；物种丰富度6（3~9），主要有老鸹铃（*Styrax hemsleyanus*）、龙须藤（*Bauhinia championii*）、山乌桕（*Triadica cochinchinensis*）、托柄菝葜（*Smilax discotis*）、檵木（*Loropetalum chinense*）、毛冬青（*Ilex pubescens*）、油茶（*Camellia oleifera*）、烟管荚蒾（*Viburnum utile*）、杨桐（*Adinandra millettii*）等。草本层盖度40（34~50）%，高度23（20~27）厘米；物种丰富度10（8~13）；芒（*Miscanthus sinensis*）、橘草（*Cymbopogon goeringii*）、爵床（*Justicia procumbens*）占优势，常见种有芒萁（*Dicranopteris pedata*）、博落回（*Macleaya cordata*）、小叶海金沙（*Lygodium microphyllum*）、平车前（*Plantago depressa*）、双穗雀稗（*Paspalum distichum*）、欧洲凤尾蕨（*Pteris cretica*）、一年蓬（*Erigeron annuus*）等。

样方分布于江西井冈山；海拔341米。生长在酸性土质的丘陵洼地上。土壤有机碳2.93（2.9~2.99）毫克/克，全氮0.96（0.88~1.02）毫克/克，全磷1.56（1.22~2.12）毫克/克，pH值5.1（4.8~5.5）。

尖尾枫灌丛

Callicarpa longissima Shrubland

低山丘陵次生灌丛。尖尾枫重要值为40.2（38.8~41.3）%，亚优势种为毛桐（*Mallotus barbatus*），群落外貌整齐，呈黄绿色，物种组成较丰富。灌木层盖度72（70~75）%，高度195（190~200）厘米；物种丰富度9（7~11），主要有杜茎山（*Maesa japonica*）、棕榈（*Trachycarpus fortunei*）、石山巴豆（*Croton euryphyllus*）、金钟花（*Forsythia viridissima*）、竹叶花椒（*Zanthoxylum armatum*）、刺叶桂樱（*Laurocerasus spinulosa*）、离瓣寄生（*Helixanthera parasitica*）、紫薇（*Lagerstroemia indica*）、红背山麻杆（*Alchornea trewioides*）。草本层较稀疏，盖度13（7~22）%，高度81（70~90）厘米；物种丰富度8（6~13），优势种为千里光（*Senecio scandens*）、铁线蕨（*Adiantum capillus-veneris*）、薄叶卷柏（*Selaginella delicatula*），常见种有柳叶箬（*Isachne globosa*）、求米草（*Oplismenus undulatifolius*）、酢浆草（*Oxalis corniculata*）、有芒鸭嘴草（*Ischaemum aristatum*）、五节芒（*Miscanthus floridulus*）、车前（*Plantago asiatica*）、褐果薹草（*Carex brunnea*）等。

样方分布于广西鹿寨；海拔216米。生长在中性土质的丘陵中部；坡度15度，坡向225度。土壤有机碳5.21（5.16~5.28）毫克/克，全氮0.09（0.03~0.19）毫克/克，全磷0.3（0.29~0.31）毫克/克，pH值6.8（6.4~7.0）。

大叶紫珠灌丛

Callicarpa macrophylla Shrubland

　　低山丘陵次生灌丛。大叶紫珠重要值为39.7%，与老虎刺（*Pterolobium punctatum*）组成共优群落，植株高度参差不齐。灌木层盖度75%，高度250厘米；物种丰富度7，主要有红背叶羊蹄甲（*Bauhinia rubrovillosa*）、盐肤木（*Rhus chinensis*）、桐叶千金藤（*Stephania japonica* var. *discolor*）、小叶杜茎山（*Maesa parvifolia*）。草本层盖度57%，高度50厘米；物种丰富度13，白茅（*Imperata cylindrica*）、益母草（*Leonurus japonicus*）、友水龙骨（*Polypodiodes amoena*）、牛茄子（*Solanum capsicoides*）较占优势，常见种有野菊（*Chrysanthemum indicum*）、香薷（*Elsholtzia ciliata*）、髯丝蛛毛苣苔（*Paraboea martinii*）、鬼针草（*Bidens pilosa*）、水蓑衣（*Hygrophila ringens*）、狗牙根（*Cynodon dactylon*）。

　　样方分布于广西乐业；海拔812米。生长在陡峭的石灰岩低山中部，地表有大面积裸岩；坡度65度，坡向117度。土壤有机碳4.01毫克/克，全氮0.69毫克/克，全磷0.55毫克/克，pH值7.5（7.5）。

茅栗灌丛
Castanea seguinii Shrubland

　　低山丘陵次生灌丛。茅栗重要值为26.2（最高可达40.2）%，可形成单优群落，常与白栎（*Quercus fabri*）、枹栎（*Quercus serrata*）、杜鹃（*Rhododendron simsii*）、檵木（*Loropetalum chinense*）等组成共优群落，物种组成不同群落差异大，简单至丰富。灌木层盖度77（40～95）%，高度199（90～380）厘米；物种丰富度14（6～30），主要有木荷（*Schima superba*）、盐肤木（*Rhus chinensis*）、杨桐（*Adinandra millettii*）、油茶（*Camellia oleifera*）、栓皮栎（*Quercus variabilis*）、高粱泡（*Rubus lambertianus*）。草本层稀疏至茂密，盖度38（3～99）%，高度58（17～103）厘米；物种丰富度6（1～19），优势种有芒萁（*Dicranopteris pedata*）、蕨（*Pteridium aquilinum* var. *latiusculum*）、十字薹草（*Carex cruciata*）、类芦（*Neyraudia reynaudiana*）、芒（*Miscanthus sinensis*）、狗脊（*Woodwardia japonica*）等，常见种为三穗薹草（*Carex tristachya*）、三脉紫菀（*Aster trinervius* subsp. *ageratoides*）、两色鳞毛蕨（*Dryopteris setosa*）、野菊（*Chrysanthemum indicum*）等。

　　样方分布于安徽霍山、六安，湖北房县，湖南汝城，江西鄱阳、武宁；海拔40～898米。生长在酸性土质的低山丘陵；坡度12～38度，坡向72～306度；群落内或周边有轻度至重度工程建设、火烧、旅游、樵采、营林等干扰。土壤有机碳16.8（0.32～86.51）毫克/克，全氮1.81（0.06～7.87）毫克/克，全磷0.42（0.09～0.75）毫克/克，pH值4.5（3.4～6.3）。

南蛇藤灌丛

Celastrus orbiculatus Shrubland

　　石灰岩山地次生灌丛。南蛇藤重要值为52.5（42.7～69.3）%，单优群落或与黄荆（*Vitex negundo*）组成共优群落，群落低矮，较稀疏，结构简单。灌木层盖度55%，高度105（92～120）厘米；物种丰富度5（2～8），主要有荚蒾（*Viburnum dilatatum*）、盐肤木（*Rhus chinensis*）、鸡桑（*Morus australis*）、野花椒（*Zanthoxylum simulans*）、高粱泡（*Rubus lambertianus*）、瑞香（*Daphne odora*）、小果蔷薇（*Rosa cymosa*）。草本层盖度28（23～31）%，高度58（56～59）厘米；物种丰富度6（4～7），优势种为野菊（*Chrysanthemum indicum*）、大白茅（*Imperata cylindrica* var. *major*），常见矛叶荩草（*Arthraxon lanceolatus*）、褐果薹草（*Carex brunnea*）、紫菀（*Aster tataricus*）、橘草（*Cymbopogon goeringii*）、千里光（*Senecio scandens*）、狗牙根（*Cynodon dactylon*）等。

　　样方分布于湖北京山；海拔117米。生长在石灰岩低山丘陵中部；坡度20度，坡向85度；有重度放牧干扰，周围有人造柏木幼林。土壤有机碳16.52（16.2～16.82）毫克/克，全氮2.24（2.17～2.29）毫克/克，全磷0.59（0.56～0.64）毫克/克，pH值7.8（7.4～8.2）。

马桑灌丛

Coriaria nepalensis Shrubland

石灰岩山地次生灌丛。马桑重要值为47.5（最高可达100）%，常为单优群落乃至纯马桑灌丛，也可与盐肤木（*Rhus chinensis*）、火棘（*Pyracantha fortuneana*）等组成共优群落；外貌呈鲜绿色至暗绿色，不同生境和演替阶段物种组成差异甚大。灌木层盖度72（40～92）%，高度191（71～349）厘米；物种丰富度6（1～15），常见种有小舌紫菀（*Aster albescens*）、河北木蓝（*Indigofera bungeana*）、巴东醉鱼草（*Buddleja albiflora*）、小果蔷薇（*Rosa cymosa*）、高粱泡（*Rubus lambertianus*）、刺槐（*Robinia pseudoacacia*）、插田泡（*Rubus coreanus*）、黄荆（*Vitex negundo*）等。草本层不同样方差异大，盖度50（11～97）%，高度79（29～241）厘米；物种丰富度9（3～17），优势种有芒（*Miscanthus sinensis*）、野菊（*Chrysanthemum indicum*）、五月艾（*Artemisia indica*）、褐果薹草（*Carex brunnea*）、五节芒（*Miscanthus floridulus*）等，常见种为打破碗花花（*Anemone hupehensis*）、地果（*Ficus tikoua*）、千里光（*Senecio scandens*）、三脉紫菀（*Aster trinervius* subsp. *ageratoides*）、矛叶荩草（*Arthraxon lanceolatus*）等。

样方分布于广西隆林，湖北巴东、恩施、房县、鹤峰、建始、来凤、利川、随县、五峰、咸丰、兴山、宣恩、竹山，湖南沅陵，重庆城口、开县、黔江、石柱、巫山、酉阳、云阳、忠县；海拔161～1455米。主要生长在石灰岩的低山丘陵至中山山地，在弱酸性土壤上也能生长；坡度0～45度，坡向5～345度。土壤有机碳16.27（0.07～77.34）毫克/克，全氮1.2（0.24～4.4）毫克/克，全磷0.72（0.11～6.24）毫克/克，pH值8（5.8～9.6）。

白饭树灌丛
Flueggea virosa Shrubland

低山丘陵次生灌丛。白饭树重要值为49（28～84.6）%，单优或与柘（*Maclura tricuspidata*）、牡荆（*Vitex negundo* var. *cannabifolia*）等组成共优群落，外貌参差不齐。灌木层盖度63（40～90）%，高度266（200～420）厘米；物种丰富度6（2～10），主要有苎麻（*Boehmeria nivea*）、金樱子（*Rosa laevigata*）、枫香树（*Liquidambar formosana*）、水茄（*Solanum torvum*）、构树（*Broussonetia papyrifera*）、龙须藤（*Bauhinia championii*）、地桃花（*Urena lobata*）、羽脉山麻杆（*Alchornea rugosa*）。草本层盖度45（22～87）%，高度64（25～157）厘米；物种丰富度9（4～26），假蒟（*Piper sarmentosum*）为优势种，常见倒地铃（*Cardiospermum halicacabum*）、斑茅（*Saccharum arundinaceum*）、小叶海金沙（*Lygodium microphyllum*）、竹叶草（*Oplismenus compositus*）、海芋（*Alocasia odora*）、薯蓣（*Dioscorea polystachya*）、假臭草（*Praxelis clematidea*）、白茅（*Imperata cylindrica*）、类芦（*Neyraudia reynaudiana*）等。

样方分布于广西环江、宣州、宜州，海南琼海；海拔18～350米。生长在平原或低山丘陵；坡度3～47度，坡向20～260度。土壤有机碳8.18（2.37～17.47）毫克/克，全氮1.04（0.12～3.23）毫克/克，全磷2.28（0.19～6.18）毫克/克，pH值6.7（5.3～7.8）。

算盘子灌丛

Glochidion puberum Shrubland

　　低山丘陵次生灌丛。算盘子重要值为37.9（最高可达74.8）%，常见单优群落，也可与盐肤木（*Rhus chinensis*）、截叶铁扫帚（*Lespedeza cuneata*）、火棘（*Pyracantha fortuneana*）等组成共优群落。灌木层盖度72（40~95）%，高度108（31~180）厘米；物种丰富度10（4~18），主要有黄檀（*Dalbergia hupeana*）、金樱子（*Rosa laevigata*）、白栎（*Quercus fabri*）、长叶冻绿（*Rhamnus crenata*）、硕苞蔷薇（*Rosa bracteata*）、蓬蘽（*Rubus hirsutus*）、枹栎（*Quercus serrata*）等。草本层稀疏或繁茂，盖度37（13~80）%，高度38（13~99）厘米；物种丰富度6（3~11），优势种有芒萁（*Dicranopteris pedata*）、白茅（*Imperata cylindrica*）、十字薹草（*Carex cruciata*）、大穗薹草（*Carex rhynchophysa*）、野菊（*Chrysanthemum indicum*）等，常见沿阶草（*Ophiopogon bodinieri*）、芒（*Miscanthus sinensis*）、楼梯草（*Elatostema involucratum*）、阿拉伯黄背草（*Themeda triandra*）、小蓬草（*Erigeron canadensis*）等。

　　样方分布于湖南永州，江西广昌、金溪，浙江建德、江山、金华、龙游；海拔61~219米。生长在低山丘陵地区；坡度15~58度，坡向28~330度；常有轻度至中度砍伐、造林、火烧等干扰。土壤有机碳7.51（0.50~51.27）毫克/克，全氮0.8（0.08~3.47）毫克/克，全磷0.5（0.1~1.52）毫克/克，pH值5.3（3.5~7.7）。

河北木蓝灌丛
Indigofera bungeana Shrubland

　　低山丘陵次生灌丛。河北木蓝（原名马棘*Indigofera pseudotinctoria*）重要值为74.3（37.4～100）%，常为单优群落，偶见与火棘（*Pyracantha fortuneana*）组成共优群落；外貌整齐，结构简单。灌木层盖度76（55～90）%，高度183（100～266）厘米；物种丰富度3（1～9），主要有黄槐决明（*Senna surattensis*）、盐肤木（*Rhus chinensis*）、刺槐（*Robinia pseudoacacia*）、马桑（*Coriaria nepalensis*）、女贞（*Ligustrum lucidum*）、苎麻（*Boehmeria nivea*）、白叶莓（*Rubus innominatus*）、车桑子（*Dodonaea viscosa*）等。草本层盖度31（6～76）%，高度77（15～183）厘米；物种丰富度6（2～13），优势种为芒（*Miscanthus sinensis*），常见狗牙根（*Cynodon dactylon*）、狗尾草（*Setaria viridis*）、千里光（*Senecio scandens*）、类芦（*Neyraudia reynaudiana*）、白车轴草（*Trifolium repens*）、荩草（*Arthraxon hispidus*）、小蓬草（*Erigeron canadensis*）、白茅（*Imperata cylindrica*）、五月艾（*Artemisia indica*）等。

　　样方分布于湖北宜都，湖南绥宁，江西彭泽，重庆城口、巫溪；海拔83～966米。生长在平原或低山丘陵地区的荒坡、荒地上；坡度0～45度，坡向140～345度。土壤有机碳7.88（1.38～22.61）毫克/克，全氮1.20（0.65～1.83）毫克/克，全磷0.54（0.19～1.39）毫克/克，pH值6.8（5.1～8.4）。

紫薇灌丛
Lagerstroemia indica Shrubland

　　低山丘陵次生灌丛。紫薇重要值为42.4（25.1~56.1）%，单优或与黄荆（*Vitex negundo*）组成共优群落，外貌较整齐。灌木层盖度62（40~90）%，高度148（102~240）厘米；物种丰富度6（3~14），主要有六月雪（*Serissa japonica*）、牡荆（*Vitex negundo* var. *cannabifolia*）、盐肤木（*Rhus chinensis*）、檵木（*Loropetalum chinense*）、河北木蓝（*Indigofera bungeana*）、栀子（*Gardenia jasminoides*）、算盘子（*Glochidion puberum*）、金樱子（*Rosa laevigata*）、荚蒾（*Viburnum dilatatum*）。草本层盖度29（14~41）%，高度58（39~74）厘米；物种丰富度6（4~7），优势种有楼梯草（*Elatostema involucratum*）、橘草（*Cymbopogon goeringii*）、白茅（*Imperata cylindrica*），常见龙须菜（*Asparagus schoberioides*）、白头婆（*Eupatorium japonicum*）、阿拉伯黄背草（*Themeda triandra*）、阴行草（*Siphonostegia chinensis*）、野菊（*Chrysanthemum indicum*）、方茎草（*Leptorhabdos parviflora*）、兰香草（*Caryopteris incana*）等。

　　样方分布于江西广昌、于都，浙江江山；海拔165~261米。生长在低山丘陵；坡度15~45度，坡向110~350度。土壤有机碳7.65（1.29~21.98）毫克/克，全氮1.44（0.69~2.29）毫克/克，全磷1.01（0.38~1.85）毫克/克，pH值5.9（4.7~7.2）。

山胡椒灌丛

Lindera glauca Shrubland

低山丘陵次生灌丛。山胡椒重要值为42.5（最高可达100）%，常为单优群落，有纯山胡椒灌丛，或与盐肤木（*Rhus chinensis*）组成共优群落，物种种类较丰富。灌木层盖度65（最高可达90）%，高度312（212~500）厘米；物种丰富度9（1~15），主要有白檀（*Symplocos paniculata*）、槲栎（*Quercus aliena*）、茅栗（*Castanea seguinii*）、尾叶樱桃（*Cerasus dielsiana*）、茅莓（*Rubus parvifolius*）、油桐（*Vernicia fordii*）、八角枫（*Alangium chinense*）、冻绿（*Rhamnus utilis*）。草本层有或无，繁茂或稀疏，盖度15（0~56）%，高度25（0~63）厘米；物种丰富度4（0~14），优势种有春兰（*Cymbidium goeringii*）、薹草（*Carex* sp.），常见芒（*Miscanthus sinensis*）、丛毛羊胡子草（*Eriophorum comosum*）、十字薹草（*Carex cruciata*）、三脉紫菀（*Aster trinervius* subsp. *ageratoides*）、野青茅（*Deyeuxia pyramidalis*）、唐松草（*Thalictrum aquilegiifolium* var. *sibiricum*）、求米草（*Oplismenus undulatifolius*）。

样方分布于安徽金寨，湖北京山、宜昌，江苏盱眙；海拔0~1106米。生长在低山丘陵至中山山地；坡度0~31度，坡向45~325度。土壤有机碳20.30（8.71~39.92）毫克/克，全氮2.01（0.98~3.46）毫克/克，全磷0.69（0.26~1.6）毫克/克，pH值5.9（5.2~7.2）。

枫香树灌丛
Liquidambar formosana Shrubland

低山丘陵次生灌丛。建群种枫香树为落叶乔木，在长期干扰地段形成萌生性灌丛，重要值为29.4（最高可达55.8）%，单优或与檵木（*Loropetalum chinense*）、盐肤木（*Rhus chinensis*）组成共优群落；外貌不整齐，植株高矮不一。灌木层盖度63（25～100）%，高度163（93～300）厘米；物种丰富度11（6～19），主要有杜鹃（*Rhododendron simsii*）、白栎（*Quercus fabri*）、长叶冻绿（*Rhamnus crenata*）、金樱子（*Rosa laevigata*）、木荷（*Schima superba*）、算盘子（*Glochidion puberum*）、油茶（*Camellia oleifera*）、山鸡椒（*Litsea cubeba*）。草本层盖度39（11～65）%，高度58（22～130）厘米；物种丰富度5（2～16）；优势种为芒（*Miscanthus sinensis*）、芒萁（*Dicranopteris pedata*），常见五节芒（*Miscanthus floridulus*）、小蓬草（*Erigeron canadensis*）、楼梯草（*Elatostema involucratum*）、十字薹草（*Carex cruciata*）、白茅（*Imperata cylindrica*）、小叶海金沙（*Lygodium microphyllum*）、青蒿（*Artemisia caruifolia*）、茜草（*Rubia cordifolia*）等。

样方分布于广西梧州，湖南茶陵、邵阳、炎陵，江西武宁、于都，浙江永嘉；海拔68～562米。生长在低山丘陵酸性土壤上；坡度0～52度，坡向110～340度。土壤有机碳11.61（1.11～28.11）毫克/克，全氮1.21（0.68～1.94）毫克/克，全磷0.47（0.13～1.39）毫克/克，pH值4.8（4.4～5.4）。

山鸡椒灌丛
Litsea cubeba Shrubland

低山丘陵次生灌丛。山鸡椒重要值为36.8（17~52.3）%，常与檵木（*Loropetalum chinense*）、南烛（*Vaccinium bracteatum*）、盐肤木（*Rhus chinensis*）组成共优群落，偶见单优群落。灌木层盖度75（50~90）%，高度201（100~390）厘米；物种丰富度10（4~16）；主要有柯（*Lithocarpus glaber*）、高粱泡（*Rubus lambertianus*）、绿叶胡枝子（*Lespedeza buergeri*）、白背叶（*Mallotus apelta*）、大青（*Clerodendrum cyrtophyllum*）、苦槠（*Castanopsis sclerophylla*）、杜鹃（*Rhododendron simsii*）等。草本层有或无，繁茂或稀疏，盖度35（0~93）%，高度38（0~93）厘米；物种丰富度3（0~6），优势种有芒萁（*Dicranopteris pedata*）、蕨（*Pteridium aquilinum* var. *latiusculum*）、芒（*Miscanthus sinensis*），常见耳草（*Hedyotis auricularia*）、野青茅（*Deyeuxia pyramidalis*）、紫花地丁（*Viola philippica*）、白茅（*Imperata cylindrica*）、狗脊（*Woodwardia japonica*）、水珍珠菜（*Pogostemon auricularius*）、鬼针草（*Bidens pilosa*）等。

样方分布于湖南株洲，江西德兴、奉新、金溪，浙江长兴；海拔97~277米。生长在平原或低山丘陵酸性土壤上；坡度5~50度，坡向50~310度。土壤有机碳6.7（0.86~20.79）毫克/克，全氮0.85（0.13~1.75）毫克/克，全磷0.50（0.22~1.11）毫克/克，pH值4.6（3.9~5.2）。

白背叶灌丛

Mallotus apelta Shrubland

低山丘陵次生灌丛。白背叶重要值为47（22.3~84.4）%，常为单优群落，或与乌桕（*Triadica sebifera*）、油茶（*Camellia oleifera*）、对叶榕（*Ficus hispida*）、算盘子（*Glochidion puberum*）、高粱泡（*Rubus lambertianus*）等组成共优群落，物种组成较丰富。灌木层盖度75（45~95）%，高度198（120~450）厘米；物种丰富度8（2~15），主要有藤黄檀（*Dalbergia hancei*）、盐肤木（*Rhus chinensis*）、白檀（*Symplocos paniculata*）、杉木（*Cunninghamia lanceolata*）、长叶冻绿（*Rhamnus crenata*）。草本层盖度39（1~86）%，高度38（8~76）厘米，物种丰富度5（2~9）；优势种为芒（*Miscanthus sinensis*），常见宽叶十万错（*Asystasia gangetica*）、大穗薹草（*Carex rhynchophysa*）、芒萁（*Dicranopteris pedata*）、毛果珍珠茅（*Scleria levis*）、日本乱子草（*Muhlenbergia japonica*）、千里光（*Senecio scandens*）、竹叶草（*Oplismenus compositus*）、麦冬（*Ophiopogon japonicus*）、鬼针草（*Bidens pilosa*）等。

样方分布于海南文昌，湖南张家界，江苏苏州，江西宜春；海拔20~220米。生长在平原或低山丘陵地区酸性至弱碱性土壤上；坡度5~40度，坡向40~351度。土壤有机碳7.28（1.51~20.61）毫克/克，全氮0.77（0.06~2.47）毫克/克，全磷1.49（0.1~4.25）毫克/克，pH值6.2（4.4~8.2）。

毛桐灌丛

Mallotus barbatus Shrubland

低山丘陵次生灌丛。建群种毛桐重要值为36.4%，亚优势种为东京银背藤（*Argyreia pierreana*）、红背山麻杆（*Alchornea trewioides*）。灌木层盖度90%，高度300厘米；物种丰富度10，主要有牡荆（*Vitex negundo* var. *cannabifolia*）、瓜木（*Alangium platanifolium*）、假木豆（*Dendrolobium triangulare*）、黄荆（*Vitex negundo*）、小蜡（*Ligustrum sinense*）、浆果楝（*Cipadessa baccifera*）、茅莓（*Rubus parvifolius*）等。草本层盖度87%，高度80厘米；物种丰富度5，优势种为友水龙骨（*Polypodiodes amoena*）、华南毛蕨（*Cyclosorus parasiticus*）、鬼针草（*Bidens pilosa*）、三裂叶野葛（*Pueraria phaseoloides*）、铁苋菜（*Acalypha australis*）。

样方分布于广西宜州；海拔219米。生长在酸性土的丘陵地区；坡度20度，坡向347度。土壤有机碳1.23毫克/克，全氮0.16毫克/克，全磷0.07毫克/克，pH值5.8。

疏花水柏枝灌丛

Myricaria laxiflora Shrubland

河谷原生灌丛。建群种疏花水柏枝为夏季落叶型灌木，重要值为67.2（58.2～74）%，单优或与秋华柳（*Salix variegata*）组成共优群落；是适应河谷夏季反复水淹的特殊灌丛，群落低矮，结构稀疏，物种组成简单。灌木层盖度27（20～35）%，高度70（60～80）厘米；物种丰富度2，样方内仅见秋华柳。草本层盖度28（21～33）%，高度12（10～15）厘米；物种丰富度6（5～8），优势种为狗牙根（*Cynodon dactylon*），常见紫苜蓿（*Medicago sativa*）、荻（*Miscanthus sacchariflorus*）、香附子（*Cyperus rotundus*）、黄鹌菜（*Youngia japonica*）、蚕茧蓼（*Polygonum japonicum*）、野艾蒿（*Artemisia lavandulifolia*）、牛鞭草（*Hemarthria altissima*）等。

该灌丛原广泛分布于湖北宜昌至重庆长寿长江干流河谷两岸，三峡水库蓄水后仅见于宜昌少数地点。样方分布于湖北宜昌；海拔49米。生长在江心冲积性沙洲上。土壤有机碳7.75（5.26～10.09）毫克/克，全氮1.07（0.86～1.32）毫克/克，全磷0.35（0.32～0.38）毫克/克，pH值8.3（8.2～8.4）。

马甲子灌丛

Paliurus ramosissimus Shrubland

石灰岩山地次生灌丛。马甲子重要值为46.3（35.7~61.8）%，单优或与斜叶榕（*Ficus tinctoria* subsp. *gibbosa*）等组成共优群落。灌木层盖度60（50~65）%，高度222（130~256）厘米；物种丰富度9（7~14），主要有浆果楝（*Cipadessa baccifera*）、南岭柞木（*Xylosma controversa*）、清香木（*Pistacia weinmanniifolia*）、红枝蒲桃（*Syzygium rehderianum*）、瘤枝微花藤（*Iodes seguinii*）、地桃花（*Urena lobata*）、长蕊杜鹃（*Rhododendron stamineum*）、圆叶乌桕（*Triadica rotundifolia*）、小黄构（*Wikstroemia micrantha*）等。草本层盖度36（27~45）%，高度53（38~90）厘米；物种丰富度6（5~7），优势种为肾蕨（*Nephrolepis cordifolia*）、地果（*Ficus tikoua*），常见鬼针草（*Bidens pilosa*）、楼梯草（*Elatostema involucratum*）、马兰（*Aster indicus*）、薯蓣（*Dioscorea polystachya*）、欧洲凤尾蕨（*Pteris cretica*）、兰香草（*Caryopteris incana*）、渐尖毛蕨（*Cyclosorus acuminatus*）、魁蒿（*Artemisia princeps*）等。

样方分布于广西靖西、天等；海拔524~843米。生长在石灰岩低山地区；坡度35~55度，坡向3~60度。土壤有机碳2.95（1.73~4.16）毫克/克，全氮1.19（0.65~2.55）毫克/克，全磷1.39（0.10~3.14）毫克/克，pH值7.7（7.2~8.1）。

枫杨灌丛

Pterocarya stenoptera Shrubland

  河谷次生性萌生灌丛。建群种枫杨为高大乔木，在河漫滩等特殊生境，由于长期水淹和水流的侵蚀，其树干演变为残存的树蔸，并在其上多发分枝形成萌生灌木状。枫杨重要值为55.8（47～67.4）%，通常为单优群落，物种较丰富。灌木层盖度74（60～85）%，高度248（220～280）厘米；物种丰富度8（5～11），主要有小梾木（*Swida paucinervis*）、小蜡（*Ligustrum sinense*）、水麻（*Debregeasia orientalis*）、地桃花（*Urena lobata*）、巴东醉鱼草（*Buddleja albiflora*）、马桑（*Coriaria nepalensis*）、茅栗（*Castanea seguinii*）、白马骨（*Serissa serissoides*）、八角枫（*Alangium chinense*）、乌泡子（*Rubus parkeri*）等。草本层盖度48（32～65）%，高度33（18～50）厘米；物种丰富度15（11～19），优势种有地果（*Ficus tikoua*）、蜈蚣凤尾蕨（*Pteris vittata*），常见粗齿冷水花（*Pilea sinofasciata*）、野艾蒿（*Artemisia lavandulifolia*）、节节草（*Equisetum ramosissimum*）、紫苏（*Perilla frutescens*）、矛叶荩草（*Arthraxon lanceolatus*）、龙芽草（*Agrimonia pilosa*）、野菊（*Chrysanthemum indicum*）、过路黄（*Lysimachia christinae*）等。

  样方分布于湖北长阳，重庆开州区；海拔191～219米。生长在河谷两岸或河漫滩上。土壤有机碳8.34（5.83～11.15）毫克/克，全氮0.68（0.51～0.99）毫克/克，全磷0.64（0.54～0.78）毫克/克，pH值8.3（7.9～8.6）。

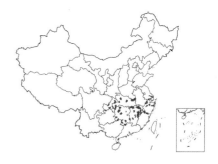

白栎灌丛

Quercus fabri Shrubland

低山丘陵次生性萌生灌丛，亚热带地区广泛分布。白栎重要值为36.4（可达100）%，常为单优群落，偶见白栎纯灌丛，有时与檵木（*Loropetalum chinense*）、杜鹃（*Rhododendron simsii*）、南烛（*Vaccinium bracteatum*）等组成共优群落；不同生境和演替阶段物种组成差异大，简单至丰富。灌木层盖度79（可达98）%，高度163（50~550）厘米；物种丰富度9（1~26），常见盐肤木（*Rhus chinensis*）、油茶（*Camellia oleifera*）、茅栗（*Castanea seguinii*）、枫香树（*Liquidambar formosana*）、长叶冻绿（*Rhamnus crenata*）、栓皮栎（*Quercus variabilis*）、黄檀（*Dalbergia hupeana*）等。草本层有或无，盖度35（0~88）%，高度51（0~187）厘米；物种丰富度4（0~13），优势种有芒萁（*Dicranopteris pedata*）、芒（*Miscanthus sinensis*），常见褐果薹草（*Carex brunnea*）、十字薹草（*Carex cruciata*）、白茅（*Imperata cylindrica*）、蕨（*Pteridium aquilinum* var. *latiusculum*）、五节芒（*Miscanthus floridulus*）、大白茅（*Imperata cylindrica* var. *major*）、麦冬（*Ophiopogon japonicus*）等。

样方分布于安徽金寨，福建浦城、寿宁，广东连县，湖北保康、崇阳、红安、京山、麻城、十堰、通山、宣恩、秭归，湖南城步、慈利、桂阳、会同、临武、龙山、望城、新化、炎陵、永州、沅陵、株洲，江苏宜兴，江西德兴、东乡、都昌、高安、广昌、金溪、景德镇、九江、乐安、乐平、临川、南城、南丰、鄱阳、铅山、万安、武宁、宜黄、弋阳、鹰潭，浙江安吉、建德、临安、宁波、庆元、桐庐、新昌、诸暨，重庆垫江、奉节、黔江、武隆、长寿；海拔20~1506米。生长在平原、低山丘陵、中山山地；坡度0~60度，坡向0~345度。土壤有机碳11.66（0.85~57.41）毫克/克，全氮1.21（0.09~5.3）毫克/克，全磷0.49（0.06~2.17）毫克/克，pH值5（3.6~7.7）。

枹栎灌丛

Quercus serrata Shrubland

　　低山丘陵次生性萌生灌丛。建群种枹栎重要值为29.2（可达72.3）%，单优或与檵木（*Loropetalum chinense*）、杜鹃（*Rhododendron simsii*）、南烛（*Vaccinium bracteatum*）等组成共优群落。灌木层盖度88（70~95）%，高度151（79~346）厘米；物种丰富度14（2~25），主要有山胡椒（*Lindera glauca*）、山桂花（*Bennettiodendron leprosipes*）、茅栗（*Castanea seguinii*）、满山红（*Rhododendron mariesii*）、栀子（*Gardenia jasminoides*）、白栎（*Quercus fabri*）、算盘子（*Glochidion puberum*）等。草本层有或无，繁茂或稀疏，盖度21（0~87）%，高度44（0~153）厘米；物种丰富度3（0~11），优势种为芒（*Miscanthus sinensis*）、蕨（*Pteridium aquilinum* var. *latiusculum*）、芒萁（*Dicranopteris pedata*），常见野青茅（*Deyeuxia pyramidalis*）、两色鳞毛蕨（*Dryopteris setosa*）、耳草（*Hedyotis auricularia*）、毛秆野古草（*Arundinella hirta*）、细叶薹草（*Carex duriuscula* subsp. *stenophylloides*）、三穗薹草（*Carex tristachya*）等。

　　样方分布于安徽广德、霍山、绩溪，湖南常德、怀化、溆浦，浙江淳安、德清、磐安、诸暨；海拔27~645米。生长在平原或低山丘陵酸性土壤上；坡度8~55度，坡向80~370度。土壤有机碳16.52（0.94~58.07）毫克/克，全氮1.38（0.12~4.17）毫克/克，全磷0.4（0.07~1.16）毫克/克，pH值4.7（3.6~6.0）。

栓皮栎灌丛
Quercus variabilis Shrubland

低山丘陵次生性萌生灌丛。栓皮栎重要值为62（可达100）%，常为单优群落，偶见栓皮栎纯灌丛，有时与白栎（*Quercus fabri*）、黄荆（*Vitex negundo*）组成共优群落；外貌通常整齐，结构组成简单或复杂。灌木层盖度75（40～90）%，高度192（70～450）厘米；物种丰富度5（1～28），主要有黄檀（*Dalbergia hupeana*）、盐肤木（*Rhus chinensis*）、牡荆（*Vitex negundo* var. *cannabifolia*）、毛黄栌（*Cotinus coggygria* var. *pubescens*）、山胡椒（*Lindera glauca*）、枫香树（*Liquidambar formosana*）、槲栎（*Quercus aliena*）、野青树（*Indigofera suffruticosa*）等。草本层稀疏或繁茂，盖度22（1～83）%，高度38（10～86）厘米；物种丰富度5（1～11），优势种有褐果薹草（*Carex brunnea*）、野菊（*Chrysanthemum indicum*）、大白茅（*Imperata cylindrica* var. *major*），常见白茅（*Imperata cylindrica*）、三脉紫菀（*Aster trinervius* subsp. *ageratoides*）、春兰（*Cymbidium goeringii*）、橘草（*Cymbopogon goeringii*）、阿拉伯黄背草（*Themeda triandra*）、结缕草（*Zoysia japonica*）、十字薹草（*Carex cruciata*）等。

样方分布于安徽金寨，广西大化、东兰，湖北大悟、谷城、广水、随县、随州、宜城、郧西、枣阳、长阳、钟祥，湖南宁远，重庆綦江；生长在平原、低山丘陵的酸性至弱碱性土壤上；坡度0～40度，坡向25～270度。土壤有机碳13.04（0.56～90.76）毫克/克，全氮1.23（0.06～5.75）毫克/克，全磷0.45（0.12～1.53）毫克/克，pH值5.6（3.1～8.2）。

杜鹃灌丛

Rhododendron simsii Shrubland

　　低山丘陵次生灌丛。杜鹃重要值为28.6（可达61.2）%，单优或与白栎（*Quercus fabri*）、檵木（*Loropetalum chinense*）、南烛（*Vaccinium bracteatum*）组成共优群落。灌木层盖度69（30～90）%，高度121（27～250）厘米；物种丰富度10（4～29），主要有乌药（*Lindera aggregata*）、枹栎（*Quercus serrata*）、木荷（*Schima superba*）、柃木（*Eurya japonica*）、刚竹（*Phyllostachys sulphurea* var. *viridis*）、杨桐（*Adinandra millettii*）、算盘子（*Glochidion puberum*）等。草本层盖度55（12～99）%，高度57（15～120）厘米；物种丰富度4（1～12），优势种为芒萁（*Dicranopteris pedata*）、芒（*Miscanthus sinensis*），常见蕨（*Pteridium aquilinum* var. *latiusculum*）、狗脊（*Woodwardia japonica*）、欧洲凤尾蕨（*Pteris cretica*）、马唐（*Digitaria sanguinalis*）、白茅（*Imperata cylindrica*）、耳草（*Hedyotis auricularia*）、毛秆野古草（*Arundinella hirta*）、石松（*Lycopodium japonicum*）等。

　　样方分布于安徽绩溪，福建寿宁，江西浮梁、吉水、井冈山、靖安、龙南、石城、万年、修水，浙江江山、龙游、泰顺；海拔79～1004米。生长在低山丘陵至中山山地；坡度20～42度，坡向20～315度。土壤为酸性土，有机碳12.51（0.26～79.57）毫克/克，全氮1.33（0.09～5.63）毫克/克，全磷0.66（0.07～1.76）毫克/克，pH值4.7（3.8～5.3）。

盐肤木灌丛
Rhus chinensis Shrubland

低山丘陵次生灌丛，广泛分布于亚热带地区。盐肤木为荒山荒坡常见的强喜光先锋物种，重要值为43.2（最高可达100）%，常为单优群落，偶见盐肤木纯灌丛，有时与黄檀（*Dalbergia hupeana*）、油茶（*Camellia oleifera*）、檵木（*Loropetalum chinense*）等组成共优群落；外貌整齐，结构简单至复杂。灌木层盖度74（40~95）%，高度201（25~470）厘米；物种丰富度8（1~27），主要有白背叶（Mallotus apelta）、插田泡（*Rubus coreanus*）、算盘子（*Glochidion puberum*）、黄荆（*Vitex negundo*）、高梁泡（*Rubus lambertianus*）、白栎（*Quercus fabri*）、牡荆（*Vitex negundo* var. *cannabifolia*）等。草本层有或无，繁茂或稀疏，盖度37（0~94）%，高度63（0~217）厘米；物种丰富度6（0~16），优势种为芒（*Miscanthus sinensis*）、白茅（*Imperata cylindrica*）、十字薹草（*Carex cruciata*），常见蕨（*Pteridium aquilinum* var. *latiusculum*）、芒萁（*Dicranopteris pedata*）、野菊（*Chrysanthemum indicum*）、三脉紫菀（*Aster trinervius* subsp. *ageratoides*）、大白茅（*Imperata cylindrica* var. *major*）、小蓬草（*Erigeron canadensis*）等。

样方分布于安徽宁国、青阳，福建霞浦，广西贺州、宜州，湖北巴东、浠水、宜都，湖南花垣、耒阳、冷水江、临澧、祁阳、石门、武陵、芷江，江西高安、金溪、进贤、瑞金、上高、宜春、永修，浙江常山、富阳、江山、金华、绍兴、新昌，重庆巴南、南川、綦江、云阳；海拔20~1625米。生长在平原、低山丘陵、中山山地；坡度0~50度，坡向15~320度。土壤有机碳11.60（1.07~54.91）毫克/克，全氮1.28（0.12~4.58）毫克/克，全磷0.59（0.11~2.26）毫克/克，pH值5.4（3.6~8.2）。

插田泡灌丛
Rubus coreanus Shrubland

低山丘陵次生灌丛。插田泡重要值为66.6（57.4~74.7）%，为单优群落。灌木层盖度53（45~60）%，高度177（170~180）厘米；物种丰富度3（2~4），有构树（*Broussonetia papyrifera*）、桑叶葡萄（*Vitis heyneana* subsp. *ficifolia*）、盐肤木（*Rhus chinensis*）、掌叶覆盆子（*Rubus chingii*）。草本层盖度38（30~47）%，高度40（17~65）厘米；物种丰富度8（8~9）；优势种为小蓬草（*Erigeron canadensis*）、艾（*Artemisia argyi*）、一年蓬（*Erigeron annuus*），常见乌蔹莓（*Cayratia japonica*）、狗尾草（*Setaria viridis*）、垂序商陆（*Phytolacca americana*）、酢浆草（*Oxalis corniculata*）、尖裂假还阳参（*Crepidiastrum sonchifolium*）、青蒿（*Artemisia caruifolia*）、益母草（*Leonurus japonicus*）。

样方分布于江西九江；海拔70米。生长在平原地区酸性土壤上。土壤有机碳1.5（1.24~1.78）毫克/克，全氮0.40（0.27~0.51）毫克/克，全磷0.59（0.44~0.77）毫克/克，pH值5.1（4.8~5.5）。

灰白毛莓灌丛

Rubus tephrodes Shrubland

低山丘陵次生灌丛。灰白毛莓重要值为37.6（20.1～62.7）%，单优或与山鸡椒（*Litsea cubeba*）、盐肤木（*Rhus chinensis*）组成共优群落。灌木层盖度65（30～90）%，高度164（80～266）厘米；物种丰富度7（4～11），主要有山油麻（*Trema cannabina* var. *dielsiana*）、小蜡（*Ligustrum sinense*）、小果蔷薇（*Rosa cymosa*）、白背叶（*Mallotus apelta*）、网络鸡血藤（*Callerya reticulata*）、黄毛楤木（*Aralia chinensis*）、马桑（*Coriaria nepalensis*）、野漆（*Toxicodendron succedaneum*）。草本层有或无，繁茂或稀疏，盖度45（0～92）%，高度37（0～106）厘米；物种丰富度7（0～14），优势种有十字薹草（*Carex cruciata*）、小叶海金沙（*Lygodium microphyllum*）、芒（*Miscanthus sinensis*），常见野艾蒿（*Artemisia lavandulifolia*）、垂序商陆（*Phytolacca americana*）、狗脊（*Woodwardia japonica*）、海金沙（*Lygodium japonicum*）、淡竹叶（*Lophatherum gracile*）、龙葵（*Solanum nigrum*）、牵牛（*Ipomoea nil*）等。

样方分布于湖南安化、鼎城、花垣，江西高安；海拔72～295米。生长在低山丘陵酸性至中性土壤上；坡度5～45度，坡向68～290度。土壤有机碳20.9（2.61～49.1）毫克/克，全氮2.17（1.03～4.45）毫克/克，全磷0.64（0.15～1.41）毫克/克，pH值5.0（4.2～7）。

银叶柳灌丛
Salix chienii Shrubland

　　河谷原生灌丛。银叶柳重要值为65.2（55.4～78.9）%，通常为单优群落；结构简单，物种较少。灌木层盖度84（80～90）%，高度222（160～270）厘米；物种丰富度3（2～4），有紫柳（*Salix wilsonii*）、细叶水团花（*Adina rubella*）、显脉香茶菜（*Isodon nervosus*）、乌桕（*Triadica sebifera*）。草本层稀疏，盖度11（2～20）%，高度49（10～133）厘米；物种丰富度6（4～8），优势种为狗牙根（*Cynodon dactylon*）、辣蓼（*Polygonum hydropiper*）、五节芒（*Miscanthus floridulus*），常见问荆（*Equisetum arvense*）、紫苏（*Perilla frutescens*）、野茼蒿（*Crassocephalum crepidioides*）、狼杷草（*Bidens tripartita*）、荩草（*Arthraxon hispidus*）、苦荞麦（*Fagopyrum tataricum*）、青葙（*Celosia argentea*），有刺苋（*Amaranthus spinosus*）入侵等。

　　样方分布于湖北崇阳、麻城；海拔93～166米。生长在河流两岸，呈带状分布。土壤有机碳12.36（1.17～43.33）毫克/克，全氮0.92（0.21～1.87）毫克/克，全磷0.72（0.35～1.48）毫克/克，pH值7.4（6.7～7.9）。

秋华柳灌丛
Salix variegata Shrubland

河谷原生灌丛。建群种秋华柳为夏季落叶型灌木，重要值为79.8（78.2~82.5）%，常为单优群落；结构简单，物种较少。灌木层盖度78（75~80）%，高度147（140~150）厘米；物种丰富度2，仅见疏花水柏枝（*Myricaria laxiflora*）。草本层盖度27（21~31）%，高度14（13~14）厘米；物种丰富度7（6~9）；狗牙根（*Cynodon dactylon*）、狗尾草（*Setaria viridis*）、香附子（*Cyperus rotundus*）占优势，常见紫苜蓿（*Medicago sativa*）、火炭母（*Polygonum chinense*）、小巢菜（*Vicia hirsuta*）、风轮菜（*Clinopodium chinense*）、荻（*Miscanthus sacchariflorus*）、辣蓼（*Polygonum hydropiper*）、野艾蒿（*Artemisia lavandulifolia*）等。

样方分布于湖北宜昌；海拔48米。生长在江心河漫滩上。土壤有机碳3.80（1.61~5.25）毫克/克，全氮0.63（0.45~0.74）毫克/克，全磷0.03（0.01~0.05）毫克/克，pH值8.3（8.1~8.5）。

山乌桕灌丛

Triadica cochinchinensis Shrubland

低山丘陵次生灌丛。山乌桕重要值为31.4（26.2～38.2）%，亚优势种为光叶山黄麻（*Trema cannabina*）、山鸡椒（*Litsea cubeba*）、漆（*Toxicodendron vernicifluum*）。灌木层盖度60（50～70）%，高度340（240～420）厘米；物种丰富度7（6～10），主要有异形南五味子（*Kadsura heteroclita*）、粗叶悬钩子（*Rubus alceifolius*）、檵木（*Loropetalum chinense*）、枫香树（*Liquidambar formosana*）、杜鹃（*Rhododendron simsii*）、高粱泡（*Rubus lambertianus*）、托竹（*Pseudosasa cantorii*）等。草本层盖度21（20～23）%，高度39（27～50）厘米；物种丰富度5（5～6），五节芒（*Miscanthus floridulus*）、乌毛蕨（*Blechnum orientale*）、白茅（*Imperata cylindrica*）、芒萁（*Dicranopteris pedata*）占优势，常见欧洲凤尾蕨（*Pteris cretica*）、小叶海金沙（*Lygodium microphyllum*）、商陆（*Phytolacca acinosa*）等。

样方分布于江西龙南；海拔302米。生长在酸性土的丘陵地区；坡度45度，坡向180度；有中度采沙干扰。土壤有机碳2.47（2.22～2.64）毫克/克，全氮0.65（0.61～0.7）毫克/克，全磷0.76（0.72～0.79）毫克/克，pH值4.8（4.6～5）。

黄荆灌丛
Vitex negundo Shrubland

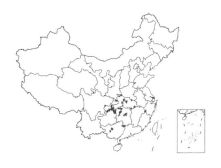

石灰岩山地次生灌丛。黄荆重要值为47.5（可达100）%，通常为单优群落，偶见纯黄荆灌丛，有时与火棘（*Pyracantha fortuneana*）、盐肤木（*Rhus chinensis*）、竹叶花椒（*Zanthoxylum armatum*）、小果蔷薇（*Rosa cymosa*）、河北木蓝（*Indigofera bungeana*）等组成共优群落；外貌整齐，不同群落结构和物种组成差异大。灌木层盖度73（45~93）%，高度175（63~561）厘米；物种丰富度7（1~18），主要有插田泡（*Rubus coreanus*）、马桑（*Coriaria nepalensis*）、桑（*Morus alba*）、烟管荚蒾（*Viburnum utile*）、黄檀（*Dalbergia hupeana*）等。草本层有或无，繁茂或稀疏，盖度39（0~88）%，高度54（0~167）厘米；物种丰富度7（0~15），优势种有野菊（*Chrysanthemum indicum*）、褐果薹草（*Carex brunnea*）、白茅（*Imperata cylindrica*）、十字薹草（*Carex cruciata*）、常见芒（*Miscanthus sinensis*）、荩草（*Arthraxon hispidus*）、大白茅（*Imperata cylindrica* var. *major*）、毡毛马兰（*Aster shimadae*）、蔓生莠竹（*Microstegium fasciculatum*）、三脉紫菀（*Aster trinervius* subsp. *ageratoides*）等。

样方分布于广西都安、富川、平果、宜州，湖北崇阳、大悟、南漳、襄阳、阳新、宜昌、宜都、郧县、钟祥，湖南辰溪、慈利、怀化、江华、冷水江、涟源、宁乡、桑植、湘乡、沅陵，浙江江山，重庆丰都、南川、彭水、綦江、潼南、巫溪、武隆、秀山、酉阳、忠县；海拔29~853米。生长在平原、低山丘陵，为石灰岩山地常见灌丛，且在酸性土壤上也能生长；坡度0~46度，坡向15~330度。土壤有机碳27.46（1.73~100.8）毫克/克，全氮2.14（0.09~6.87）毫克/克，全磷0.59（0.12~1.48）毫克/克，pH值7.7（4.2~9.4）。

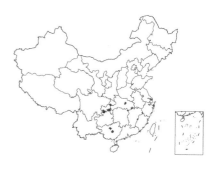

牡荆灌丛

Vitex negundo var. *cannabifolia* Shrubland

　　石灰岩山地次生灌丛。牡荆重要值为51.1（19.5~92.3）%，通常为单优群落，有时与盐肤木（*Rhus chinensis*）、河北木蓝（*Indigofera bungeana*）、烟管荚蒾（*Viburnum utile*）等组成共优群落。灌木层盖度67（40~85）%，高度211（80~384）厘米；物种丰富度7（2~23），主要有细叶水团花（*Adina rubella*）、构树（*Broussonetia papyrifera*）、雀梅藤（*Sageretia thea*）、楝（*Melia azedarach*）、金樱子（*Rosa laevigata*）、铁仔（*Myrsine africana*）、金佛山荚蒾（*Viburnum chinshanense*）等。草本层盖度46（6~90）%，高度52（10~155）厘米；物种丰富度7（3~15），优势种有褐果薹草（*Carex brunnea*）、白茅（*Imperata cylindrica*）、五节芒（*Miscanthus floridulus*）、野艾蒿（*Artemisia lavandulifolia*）、野菊（*Chrysanthemum indicum*），常见荩草（*Arthraxon hispidus*）、翠云草（*Selaginella uncinata*）、芒（*Miscanthus sinensis*）、络石（*Trachelospermum jasminoides*）、鬼针草（*Bidens pilosa*）等。

　　样方分布于广西环江、象州，湖北京山、通城、阳新，江西会昌、九江，浙江江山，重庆江津、彭水、綦江、万州、武隆；海拔32~398米。生长在平原、低山丘陵，为石灰岩地区常见灌丛，和黄荆灌丛一样在酸性土壤上也能生长；坡度0~55度，坡向35~360度。土壤有机碳11.01（0.03~36.9）毫克/克，全氮1.43（0.06~3.82）毫克/克，全磷0.66（0.15~2.53）毫克/克，pH值7.0（4.1~8.6）。

竹叶花椒灌丛
Zanthoxylum armatum Shrubland

石灰岩山地次生灌丛。竹叶花椒重要值为27.9（15.8~36.1）%，通常与黄荆（*Vitex negundo*）、紫薇（*Lagerstroemia indica*）、扁担杆（*Grewia biloba*）等组成共优群落；外貌参差不齐，有些群落中有零星乔木分布。灌木层盖度85（45~98）%，高度206（150~252）厘米；物种丰富度9（7~11），主要有光荚含羞草（*Mimosa bimucronata*）、黄檀（*Dalbergia hupeana*）、山石榴（*Catunaregam spinosa*）、野柿（*Diospyros kaki* var. *silvestris*）、柞木（*Xylosma congesta*）、野山楂（*Crataegus cuneata*）、马甲子（*Paliurus ramosissimus*）等。草本层较稀疏或无草本层，盖度7（0~28）%，高度26（0~105）厘米；物种丰富度2（0~8），假臭草（*Praxelis clematidea*）、干旱毛蕨（*Cyclosorus aridus*）、曲边线蕨（*Leptochilus elliptica* var. *flexilobus*）较占优势，常见海金沙（*Lygodium japonicum*）、粉背薯蓣（*Dioscorea collettii* var. *hypoglauca*）、小蓼花（*Polygonum muricatum*）、一点红（*Emilia sonchifolia*）、马兰（*Aster indicus*）、络石（*Trachelospermum jasminoides*）等。

样方分布于广西贺州，湖南攸县；海拔58~125米。生长在石灰岩低山丘陵地区；坡度0~23度，坡向150度。土壤有机碳10.13（2.59~14.31）毫克/克，全氮0.76（0.37~1.05）毫克/克，全磷0.49（0.13~0.68）毫克/克，pH值7.8（5.5~9.0）。

（三）热性落叶阔叶灌丛

红背山麻杆灌丛
Alchornea trewioides Shrubland

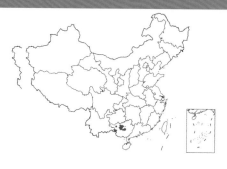

石灰岩山地次生灌丛。红背山麻杆重要值为42.6（可达78.8）%，单优或与浆果楝（*Cipadessa baccifera*）、白背叶（*Mallotus apelta*）、黄荆（*Vitex negundo*）等组成共优群落。灌木层盖度58（35~90）%，高度146（37~350）厘米；物种丰富度7（2~19），主要有龙须藤（*Bauhinia championii*）、苎麻（*Boehmeria nivea*）、地桃花（*Urena lobata*）、老虎刺（*Pterolobium punctatum*）、茅莓（*Rubus parvifolius*）、八角枫（*Alangium chinense*）、菜豆树（*Radermachera sinica*）等。草本层稀疏或繁茂，盖度46（2~95）%，高度49（5~216）厘米；物种丰富度7（1~16）；优势种有蔓生莠竹（*Microstegium fasciculatum*）、肾蕨（*Nephrolepis cordifolia*），常见求米草（*Oplismenus undulatifolius*）、翠云草（*Selaginella uncinata*）、荩草（*Arthraxon hispidus*）、刚莠竹（*Microstegium ciliatum*）、千里光（*Senecio scandens*）、五月艾（*Artemisia indica*）、五节芒（*Miscanthus floridulus*）、雀麦（*Bromus japonicus*）等。

样方分布于广西大化、德保、都安、金城江、靖西、凌云、鹿寨、马山、上林、象州、宜州，海南临高；海拔4~902米。生长在平原、低山丘陵，常见于石灰岩地区；坡度5~50度，坡向30~340度。土壤有机碳34.94（1.87~177.54）毫克/克，全氮3.77（0.05~16.19）毫克/克，全磷1.32（0.18~4.9）毫克/克，pH值7.6（5~9.2）。

假木豆灌丛

Dendrolobium triangulare Shrubland

低山丘陵次生灌丛。假木豆重要值为38.7（18.0～
60.3）％，单优或与光荚含羞草（*Mimosa bimucronata*）
组成共优群落。灌木层盖度75（70～80）％，高度186
（180～200）厘米；物种丰富度5（3～8），主要有绒毛叶杭子梢（*Campylotropis pinetorum*）、盐肤木
（*Rhus chinensis*）、多花梣（*Fraxinus floribunda*）、牡荆（*Vitex negundo* var. *cannabifolia*）、五月茶
（*Antidesma bunius*）、黄荆（*Vitex negundo*）、油桐（*Vernicia fordii*）、马桑（*Coriaria nepalensis*）、
东京银背藤（*Argyreia pierreana*）等。草本层盖度54（37～65）％，高度37（15～77）厘米；物种
丰富度9（7～11），优势种为鬼针草（*Bidens pilosa*）、苍耳（*Xanthium strumarium*），常见牛膝菊
（*Galinsoga parviflora*）、野菊（*Chrysanthemum indicum*）、叶下珠（*Phyllanthus urinaria*）、银胶菊
（*Parthenium hysterophorus*）、刚莠竹（*Microstegium ciliatum*）、金毛狗（*Cibotium barometz*）、狗
牙根（*Cynodon dactylon*）、飞扬草（*Euphorbia hirta*）等。

样方分布于广西乐业、宜州；海拔185～461米。生长在低山丘陵地区；坡度25～30度，坡向
140～258度。土壤有机碳1.14（0.79～1.36）毫克/克，全氮0.54（0.31～1.08）毫克/克，全磷0.52
（0.16～1.29）毫克/克，pH值6.4（6.1～7.3）。

光荚含羞草灌丛

Mimosa bimucronata Shrubland

　　低山丘陵次生灌丛。建群种光荚含羞草重要值为57.5（31.5～82.7）%，是一种原产热带美洲的外来植物，逸生后通常形成单优群落，有时与灰白毛莓（*Rubus tephrodes*）、牡荆（*Vitex negundo* var. *cannabifolia*）、山黄麻（*Trema tomentosa*）组成共优群落，物种组成较丰富。灌木层盖度76（55～90）%，高度329（240～400）厘米；物种丰富度5（2～13），主要有广西牡荆（*Vitex kwangsiensis*）、毛桐（*Mallotus barbatus*）、山桃（*Amygdalus davidiana*）、地桃花（*Urena lobata*）、光叶山黄麻（*Trema cannabina*）、野牡丹（*Melastoma malabathricum*）、番石榴（*Psidium guajava*）等。草本层盖度33（12～80）%，高度63（7～140）厘米；物种丰富度6（3～11），鬼针草（*Bidens pilosa*）、马唐（*Digitaria sanguinalis*）、白茅（*Imperata cylindrica*）、芒（*Miscanthus sinensis*）、类芦（*Neyraudia reynaudiana*）等占优势，常见藿香蓟（*Ageratum conyzoides*）、飞机草（*Chromolaena odorata*）、小蓬草（*Erigeron canadensis*）、假臭草（*Praxelis clematidea*）、芒萁（*Dicranopteris pedata*）等。

　　样方分布于广西凤山、贺州、靖西、来宾、宁明、平南、田林、田阳、西林、兴业、宣州，江西信丰；海拔8～873米。生长在平原和低山丘陵地区；坡度0～40度，坡向25～295度。土壤有机碳1.69（0.18～4.22）毫克/克，全氮0.8（0.11～2.74）毫克/克，全磷0.67（0.11～2.2）毫克/克，pH值6.4（5～8.2）。

余甘子灌丛

Phyllanthus emblica Shrubland

　　低山丘陵次生灌丛。余甘子重要值为39.3（20.1～67.1）%，单优或与桃金娘（*Rhodomyrtus tomentosa*）、白背叶（*Mallotus apelta*）、破布叶（*Microcos paniculata*）组成共优群落。灌木层盖度41（可达80）%，高度161（60～352）厘米；物种丰富度7（2～13），主要有岗松（*Baeckea frutescens*）、野牡丹（*Melastoma malabathricum*）、潺槁木姜子（*Litsea glutinosa*）、山芝麻（*Helicteres angustifolia*）、广东大青（*Clerodendrum kwangtungense*）、了哥王（*Wikstroemia indica*）、盐肤木（*Rhus chinensis*）等。草本层盖度43（10～78）%，高度99（53～175）厘米；物种丰富度6（3～10），飞机草（*Chromolaena odorata*）、海金沙（*Lygodium japonicum*）、白茅（*Imperata cylindrica*）占优势，常见刺芒野古草（*Arundinella setosa*）、毛秆野古草（*Arundinella hirta*）、蔓生莠竹（*Microstegium fasciculatum*）、乌毛蕨（*Blechnum orientale*）、五节芒（*Miscanthus floridulus*）、铁线蕨（*Adiantum capillus-veneris*）、小叶海金沙（*Lygodium microphyllum*）等。

　　样方分布于广西博白、那坡、钦州、容县、田阳；海拔65～492米。生长在平原、低山丘陵地区酸性土壤上；坡度5～70度，坡向10～271度。土壤有机碳14.94（0.73～42.89）毫克/克，全氮1.36（0.31～3.43）毫克/克，全磷0.32（0.11～0.49）毫克/克，pH值5.4（3.9～6.7）。

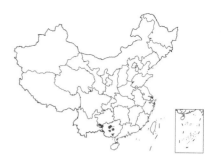

老虎刺灌丛
Pterolobium punctatum Shrubland

　　石灰岩山地次生灌丛。老虎刺重要值为39.7（24.6~62.7）%，单优或与红背山麻杆（*Alchornea trewioides*）、牡荆（*Vitex negundo* var. *cannabifolia*）等组成共优群落。灌木层盖度72（45~95）%，高度194（150~400）厘米；物种丰富度7（3~11），主要有浆果楝（*Cipadessa baccifera*）、盐肤木（*Rhus chinensis*）、雀梅藤（*Sageretia thea*）、龙须藤（*Bauhinia championii*）、金钟花（*Forsythia viridissima*）、白毛鸡矢藤（*Paederia pertomentosa*）、构树（*Broussonetia papyrifera*）、地桃花（*Urena lobata*）。草本层盖度34（6~85）%，高度57（5~133）厘米；物种丰富度6（3~23），优势种有鬼针草（*Bidens pilosa*）、知风草（*Eragrostis ferruginea*）、白茅（*Imperata cylindrica*）等，常见刚莠竹（*Microstegium ciliatum*）、水蔗草（*Apluda mutica*）、破坏草（*Ageratina adenophora*）、糯米团（*Gonostegia hirta*）、荩草（*Arthraxon hispidus*）、肾蕨（*Nephrolepis cordifolia*）、地果（*Ficus tikoua*）等。

　　样方分布于广西德保、环江、来宾、乐业、隆林、鹿寨、罗城、马兰、平乡、兴业、宣州；海拔153~1113米。主要生长在石灰岩丘陵山地；坡度0~60度，坡向20~340度。土壤有机碳2.58（0.26~5.62）毫克/克，全氮1.17（0.14~4.69）毫克/克，全磷1.41（0.17~7.35）毫克/克，pH值7.2（5.3~8.2）。

假烟叶树灌丛
Solanum erianthum Shrubland

石灰岩山地次生灌丛。假烟叶树重要值为22.7（22.7）%，亚优势种为番石榴（*Psidium guajava*）、桉（*Eucalyptus robusta*）、大叶紫珠（*Callicarpa macrophylla*）。灌木层盖度80%，高度200厘米；物种丰富度9，主要有雀梅藤（*Sageretia thea*）、长序苎麻（*Boehmeria dolichostachya*）、浆果楝（*Cipadessa baccifera*）、毛枝绣线菊（*Spiraea martini*）、野牡丹（*Melastoma malabathricum*）、葛（*Pueraria montana*）等。草本层盖度72%，高度47厘米；物种丰富度17，益母草（*Leonurus japonicus*）、类芦（*Neyraudia reynaudiana*）、友水龙骨（*Polypodiodes amoena*）占优势，常见荩草（*Arthraxon hispidus*）、小蓬草（*Erigeron canadensis*）、鬼针草（*Bidens pilosa*）、肾蕨（*Nephrolepis cordifolia*）、白茅（*Imperata cylindrica*）、石生铁角蕨（*Asplenium saxicola*）、破坏草（*Ageratina adenophora*）等。

样方分布于广西凌云；海拔710米。生长在石灰岩山地；坡度40度，坡向120度。土壤有机碳2.49毫克/克，全氮0.14毫克/克，全磷0.28毫克/克，pH值7.5。

常绿阔叶灌丛

Evergreen Broadleaf Shrubland

（一）寒温性常绿阔叶灌丛

粉红杜鹃灌

Rhododendron oreodoxa var. *fargesii* Shrubland

　　高山亚高山原生灌丛。粉红杜鹃重要值为55（29.7～75.2）%，通常为单优灌丛，物种组成简单。灌木层盖度75%，高度340（320～350）厘米，物种丰富度3（2～5）；可分为2层，粉红杜鹃占据上层，下层以神农箭竹（*Fargesia murielae*）为优势；常见陕甘花楸（*Sorbus koehneana*）、微毛樱桃（*Cerasus clarofolia*）、山梅花（*Philadelphus incanus*）、绵果悬钩子（*Rubus lasiostylus*）等。草本层较稀疏，盖度16（0～29）%，高度6（2～11）厘米；物种丰富度2（2～3），常见种为褐果薹草（*Carex brunnea*）、凉山悬钩子（*Rubus fockeanus*）、藏薹草（*Carex thibetica*）。

　　样方分布于湖北神农架；海拔2818米。生长在亚高山地带；坡度18度，坡向290度。土壤有机碳115.68（105.6～123.31）毫克/克，全氮9.07（8.55～9.48）毫克/克，全磷0.27（0.25～0.31）毫克/克，pH值4.4（4.3～4.7）。

（二）暖性常绿阔叶灌丛

杨桐灌丛
Adinandra millettii Shrubland

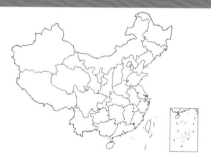

低山丘陵次生灌丛。杨桐重要值为26.6（11.9~40.7）%，常与檵木（*Loropetalum chinense*）、杜鹃（*Rhododendron simsii*）、南烛（*Vaccinium bracteatum*）、石斑木（*Rhaphiolepis indica*）等组成共优群落。灌木层盖度75（55~95）%，高度174（97~293）厘米；物种丰富度11（9~16），主要有赤楠（*Syzygium buxifolium*）、乌药（*Lindera aggregata*）、枸骨（*Ilex cornuta*）、白栎（*Quercus fabri*）、长叶冻绿（*Rhamnus crenata*）、黄毛冬青（*Ilex dasyphylla*）。草本层盖度74（12~90）%，高度63（13~123）厘米；物种丰富度3（2~6），优势种为芒萁（*Dicranopteris pedata*）、芒（*Miscanthus sinensis*），常见五节芒（*Miscanthus floridulus*）、狗牙根（*Cynodon dactylon*）、地菍（*Melastoma dodecandrum*）、白茅（*Imperata cylindrica*）、黑莎草（*Gahnia tristis*）、牛筋草（*Eleusine indica*）、皱叶狗尾草（*Setaria plicata*）、耳草（*Hedyotis auricularia*）等。

样方分布于福建永定，江西金溪、景德镇；海拔53~265米。生长在酸性土的低山丘陵；坡度0~35度，坡向110~324度。土壤有机碳9.49（1.8~22.81）毫克/克，全氮1.08（0.54~1.94）毫克/克，全磷0.38（0.1~0.65）毫克/克，pH值4.6（4.4~5.1）。

龙须藤灌丛
Bauhinia championii Shrubland

石灰岩山地次生灌丛。龙须藤重要值为35.4（可达60.6）%，单优或与红背山麻杆（*Alchornea trewioides*）、牡荆（*Vitex negundo* var. *cannabifolia*）、雀梅藤（*Sageretia thea*）、小果蔷薇（*Rosa cymosa*）等组成共优群落，外貌披散状。灌木层盖度75（50~95）%，高度204（60~300）厘米；物种丰富度7（3~19），主要有八角枫（*Alangium chinense*）、高粱泡（*Rubus lambertianus*）、滇桂木莲（*Manglietia forrestii*）、野桐（*Mallotus tenuifolius*）、鸡仔木（*Sinoadina racemosa*）、石岩枫（*Mallotus repandus*）等。草本层盖度31（2~57）%，高度51（2~115）厘米；物种丰富度4（1~9），优势种有鬼针草（*Bidens pilosa*）、剑叶凤尾蕨（*Pteris ensiformis*）、荩草（*Arthraxon hispidus*）、盾叶冷水花（*Pilea peltata*），常见类芦（*Neyraudia reynaudiana*）、蔓生莠竹（*Microstegium fasciculatum*）、野菊（*Chrysanthemum indicum*）、刚莠竹（*Microstegium ciliatum*）、千里光（*Senecio scandens*）、薹草（*Carex* sp.）等。

样方分布于广东英德，广西桂林、金州、隆安、鹿寨、昭平、钟山；海拔74~339米。生长在石灰岩低山丘陵；坡度10~80度，坡向23~280度。土壤有机碳6.36（0.16~43.99）毫克/克，全氮1.39（0.08~4.81）毫克/克，全磷0.36（0.06~0.96）毫克/克，pH值7.2（5.5~8.1）。

油茶灌丛

Camellia oleifera Shrubland

低山丘陵次生灌丛。油茶在我国南方广泛栽培并多有逸生群落，其重要值为43.8（最高可达82.9）%，单优或与檵木（*Loropetalum chinense*）、枫香树（*Liquidambar formosana*）、乌药（*Lindera aggregata*）、杨桐（*Adinandra millettii*）、盐肤木（*Rhus chinensis*）等组成共优群落。灌木层盖度77（45~95）%，高度212（134~360）厘米；物种丰富度9（2~14），主要有满山红（*Rhododendron mariesii*）、毛叶木姜子（*Litsea mollis*）、石斑木（*Rhaphiolepis indica*）、栀子（*Gardenia jasminoides*）、鹅掌柴（*Schefflera heptaphylla*）等。草本层盖度60（3~96）%，高度64（14~174）厘米；物种丰富度5（1~12），优势种有芒萁（*Dicranopteris pedata*）、芒（*Miscanthus sinensis*）、蕨（*Pteridium aquilinum* var. *latiusculum*）、五节芒（*Miscanthus floridulus*）等，常见淡竹叶（*Lophatherum gracile*）、狗脊（*Woodwardia japonica*）、十字薹草（*Carex cruciata*）、麦冬（*Ophiopogon japonicus*）、凤尾蕨（*Pteris cretica*）、金星蕨（*Parathelypteris glanduligera*）等。

样方分布于福建大田，广西岑溪，湖南汝城、桃源、湘潭、永顺，江西会昌、莲花、南昌、永新；海拔41~755米。生长在低山丘陵的酸性土壤上；坡度5~45度，坡向21~289度。土壤有机碳16.26（1.42~59.18）毫克/克，全氮1.67（0.81~3.84）毫克/克，全磷0.56（0.22~1.56）毫克/克，pH值4.7（4.2~5.9）。

青冈灌丛

Cyclobalanopsis glauca Shrubland

　　低山丘陵次生性萌生灌丛。建群种青冈为亚热带常绿阔叶林常见优势种，在遭受长期砍伐等人为干扰后形成萌生灌丛。青冈重要值为35.5（12.2～64.6）%，单优或与檵木（*Loropetalum chinense*）、杜鹃（*Rhododendron simsii*）、黄檀（*Dalbergia hupeana*）等组成共优群落，结构复杂，物种组成较丰富。灌木层盖度79（70～90）%，高度282（125～386）厘米；物种丰富度10（4～19），主要有柯（*Lithocarpus glaber*）、乌药（*Lindera aggregata*）、野漆（*Toxicodendron succedaneum*）、化香树（*Platycarya strobilacea*）、灰白毛莓（*Rubus tephrodes*）、黄荆（*Vitex negundo*），有些样方有零星马尾松（*Pinus massoniana*）幼树。草本层较稀疏，盖度26（1～70）%，高度43（13～93）厘米；物种丰富度5（1～12），优势种有芒萁（*Dicranopteris pedata*）、蕨（*Pteridium aquilinum* var. *latiusculum*），常见薹草（*Carex* spp.）、芒（*Miscanthus sinensis*）、荩草（*Arthraxon hispidus*）、一点红（*Emilia sonchifolia*）等。

　　样方分布于安徽霍山，福建浦城，江西婺源、修水，浙江舟山；海拔26～352米。生长在酸性土质的低山丘陵；坡度5～35度、坡向5～225度。土壤有机碳7.72（1.25～16.56）毫克/克，全氮1.01（0.53～1.46）毫克/克，全磷0.7（0.2～1.52）毫克/克，pH值5.3（4.1～6.2）。

刺叶冬青灌丛

Ilex bioritsensis Shrubland

　　石灰岩山地次生灌丛。刺叶冬青重要值为24（18.1～33.1）%，常与雀梅藤（*Sageretia thea*）、毛黄栌（*Cotinus coggygria* var. *pubescens*）、野花椒（*Zanthoxylum simulans*）、化香树（Platycarya strobilacea）等组成共优群落。灌木层盖度79（60～85）%，高度114（82～150）厘米；物种丰富度12（7～16），主要有探春花（*Jasminum floridum*）、荚蒾（*Viburnum dilatatum*）、黄荆（*Vitex negundo*）、金佛山荚蒾（*Viburnum chinshanense*）、铁仔（*Myrsine africana*）、菝葜（*Smilax china*）等。草本层稀疏，盖度13（8～18）%，高度38（30～43）厘米；物种丰富度6（3～8），褐果薹草（*Carex brunnea*）、芒（*Miscanthus sinensis*）、丛毛羊胡子草（*Eriophorum comosum*）占优势，常见十字薹草（*Carex cruciata*）、荩草（*Arthraxon hispidus*）、三脉紫菀（*Aster trinervius* subsp. *ageratoides*）、野艾蒿（*Artemisia lavandulifolia*）、阿拉伯黄背草（*Themeda triandra*）、龙芽草（*Agrimonia pilosa*）、苦荬菜（*Ixeris polycephala*）等。

　　样方分布于重庆丰都、武隆；海拔232～395米。生长在石灰岩丘陵山地；坡度25度，坡向80～95度。土壤有机碳35.59（25.93～49.29）毫克/克，全氮1.33（0.19～2.54）毫克/克，全磷0.32（0.15～0.48）毫克/克，pH值7.7（6.7～8.7）。

冬青叶鼠刺灌丛
Itea ilicifolia Shrubland

石灰岩山地次生灌丛。冬青叶鼠刺重要值为15.3（15.2~15.4）%，亚优势种有小叶青冈（*Cyclobalanopsis myrsinifolia*）、红果山胡椒（*Lindera erythrocarpa*）、糯米条（*Abelia chinensis*）。灌木层盖度85（80~90）%，高度322（293~370）厘米；物种丰富度18（17~20），主要有香叶树（*Lindera communis*）、藤黄檀（*Dalbergia hancei*）、华中枸骨（*Ilex centrochinensis*）、崖花子（*Pittosporum truncatum*）、香叶子（*Lindera fragrans*）、化香树（*Platycarya strobilacea*）、软条七蔷薇（*Rosa henryi*）等。草本层盖度37（31~40）%，高度45（38~56）厘米；物种丰富度7（6~8），褐果薹草（*Carex brunnea*）、翠云草（*Selaginella uncinata*）、野青茅（*Deyeuxia pyramidalis*）、披针薹草（*Carex lancifolia*）占优势，常见细穗腹水草（*Veronicastrum stenostachyum*）、舌叶薹草（*Carex ligulata*）、佩兰（*Eupatorium fortunei*）、蜈蚣凤尾蕨（*Pteris vittata*）、野菊（*Chrysanthemum indicum*）、贯众（*Cyrtomium fortunei*）等。

样方分布于湖北兴山；海拔523米。生长在石灰岩低山地区；坡度45度，坡向125度。土壤有机碳49.19（34.53~56.54）毫克/克，全氮1.9（1.47~2.16）毫克/克，全磷0.91（0.89~0.94）毫克/克，pH值8.6（8.3~8.8）。

乌药灌丛
Lindera aggregata Shrubland

低山丘陵次生灌丛。建群种乌药重要值为19.3（可达29.4）%，优势不明显，常与檵木（*Loropetalum chinense*）、山矾（*Symplocos sumuntia*）、杜鹃（*Rhododendron simsii*）、格药柃（*Eurya muricata*）等组成共优群落；灌木层物种丰富，草本层简单。灌木层盖度80（70~95）%，高度176（127~260）厘米；物种丰富度19（11~27），主要有白栎（*Quercus fabri*）、甜槠（*Castanopsis eyrei*）、赤楠（*Syzygium buxifolium*）、杨桐（*Adinandra millettii*）、油茶（*Camellia oleifera*）、马银花（*Rhododendron ovatum*）等。草本层盖度48（11~87）%，高度48（22~76）厘米；物种丰富度3（1~5），优势种为芒萁（*Dicranopteris pedata*），常见黑莎草（*Gahnia tristis*）、芒（*Miscanthus sinensis*）、五节芒（*Miscanthus floridulus*）、三穗薹草（*Carex tristachya*）、柔枝莠竹（*Microstegium vimineum*）、日本乱子草（*Muhlenbergia japonica*）、狗脊（*Woodwardia japonica*）、紫萁（*Osmunda japonica*）、薹草（*Carex* sp.）等。

样方分布于福建大田、松溪，湖南新邵；海拔215~712米。生长在酸性土的低山丘陵地区；坡度15~50度，坡向25~66度。土壤有机碳12.91（0.56~56.56）毫克/克，全氮1.07（0.08~4.74）毫克/克，全磷0.43（0.07~1.35）毫克/克，pH值4.7（4.4~5.3）。

香叶树灌丛

Lindera communis Shrubland

石灰岩山地次生灌丛。香叶树重要值为29.7（16.6～52.6）%，单优或与球核荚蒾（*Viburnum propinquum*）、山胡椒（*Lindera glauca*）、铁仔（*Myrsine africana*）组成共优群落，物种较丰富。灌木层盖度75（70～80）%，高度239（180～293）厘米；物种丰富度13（7～19），主要有火棘（*Pyracantha fortuneana*）、香花鸡血藤（*Callerya dielsiana*）、浆果楝（*Cipadessa baccifera*）、红麸杨（*Rhus punjabensis* var. *sinica*）、冻绿（*Rhamnus utilis*）、云实（*Caesalpinia decapetala*）、锡兰莲（*Naravelia zeylanica*）等。草本层盖度36（17～67）%，高度48（43～53）厘米；物种丰富度10（6～16），优势种有芒（*Miscanthus sinensis*）、翠云草（*Selaginella uncinata*）、褐果薹草（*Carex brunnea*），常见丛毛羊胡子草（*Eriophorum comosum*）、细穗腹水草（*Veronicastrum stenostachyum*）、披针薹草（*Carex lancifolia*）、蔓生莠竹（*Microstegium fasciculatum*）、麦冬（*Ophiopogon japonicus*）、野青茅（*Deyeuxia pyramidalis*）、野菊（*Chrysanthemum indicum*）等。

样方分布于广西乐业，湖北咸丰；海拔711～926米。生长在石灰岩山地；坡度50度，坡向162～300度。土壤有机碳71.5（1.01～101.23）毫克/克，全氮1.8（0.53～2.69）毫克/克，全磷0.46（0.27～0.87）毫克/克，pH值8.4（7.4～8.8）。

柯灌丛

Lithocarpus glaber Shrubland

　　低山丘陵次生性萌生灌丛。建群种柯为亚热带常绿阔叶林常见优势种，在长期干扰下形成萌生灌丛，其重要值为32.7（可达60.4）%，单优或与檵木（*Loropetalum chinense*）、木荷（*Schima superba*）、赤楠（*Syzygium buxifolium*）等组成共优群落；灌木层物种丰富，草本层简单。灌木层盖度77（65~85）%，高度182（78~320）厘米；物种丰富度15（4~34），主要有小蜡（*Ligustrum sinense*）、厚皮香（*Ternstroemia gymnanthera*）、马银花（*Rhododendron ovatum*）、甜槠（*Castanopsis eyrei*）、杜鹃（*Rhododendron simsii*）、盐肤木（*Rhus chinensis*）、黄檀（*Dalbergia hupeana*）等。草本层盖度28（1~53）%，高度59（3~173）厘米；物种丰富度3（1~6），优势种为芒萁（*Dicranopteris pedata*）、十字薹草（*Carex cruciata*），常见芒（*Miscanthus sinensis*）、淡竹叶（*Lophatherum gracile*）、薯蓣（*Dioscorea polystachya*）、一点红（*Emilia sonchifolia*）、蕨（*Pteridium aquilinum* var. *latiusculum*）、紫菀（*Aster tataricus*）、败酱（*Patrinia scabiosaefolia*）、白酒草（*Eschenbachia japonica*）等。

　　样方分布于福建邵武，湖北远安；海拔138~251米。生长在酸性土的低山丘陵地区；坡度25~40度，坡向120~270度。土壤有机碳15.63（4.47~33.07）毫克/克，全氮1.18（0.49~2.35）毫克/克，全磷0.39（0.23~0.54）毫克/克，pH值4.6（4.2~5）。

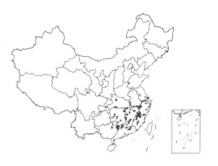

檵木灌丛
Loropetalum chinense Shrubland

低山丘陵次生灌丛，是我国南方最常见、分布最广泛的灌丛类型。建群种檵木重要值为35.9（26.0~45.9）%，常与杜鹃（*Rhododendron simsii*）、油茶（*Camellia oleifera*）、白栎（*Quercus fabri*）、南烛（*Vaccinium bracteatum*）、盐肤木（*Rhus chinensis*）、杨桐（*Adinandra millettii*）等组成共优群落，也有单优群落；不同生境和演替阶段群落结构和物种组成差异很大。灌木层盖度78（20~98）%，高度168（66~480）厘米；物种丰富度12（2~39），主要有金樱子（*Rosa laevigata*）、乌药（*Lindera aggregata*）、黄荆（*Vitex negundo*）、长叶冻绿（*Rhamnus crenata*）等。草本层有或无，繁茂或稀疏，盖度37（0~95）%，高度50（0~175）厘米；物种丰富度4（0~20），优势种有芒萁（*Dicranopteris pedata*）、芒（*Miscanthus sinensis*）、十字薹草（*Carex cruciata*）、五节芒（*Miscanthus floridulus*）、蕨（*Pteridium aquilinum* var. *latiusculum*）等，常见褐果薹草（*Carex brunnea*）、淡竹叶（*Lophatherum gracile*）、大白茅（*Imperata cylindrica* var. *major*）、白茅（*Imperata cylindrica*）、黑莎草（*Gahnia tristis*）等。

样方分布于安徽广德、黄山、祁门、歙县、休宁，福建大田、将乐、浦城、邵武、寿宁、松溪、武夷山、政和，广东东源、龙川、乳源、翁源、阳山，广西苍梧、富川、桂林、贺州、鹿寨，湖北崇阳、罗田、南漳、蕲春、通山，湖南常宁、洪江、江华、平江、邵阳、石门、双牌、新邵、溆浦、宜章，江苏苏州，江西东乡、分宜、赣县、高安、井冈山、九江、莲花、南康、铅山、上高、石城、万年、宜春、永新、永修、余干，浙江淳安、开化、宁波、泰顺、仙居、长兴，重庆丰都；海拔57~951米。生长在平原、低山丘陵，适应各种土壤类型；坡度0~50度，坡向20~350度。土壤有机碳13（0.15~57.22）毫克/克，全氮1.22（0.07~4.98）毫克/克，全磷0.34（0.06~1.24）毫克/克，pH值5（2.7~9.1）。

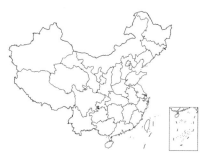

野牡丹灌丛

Melastoma malabathricum Shrubland

　　低山丘陵次生灌丛。野牡丹重要值为58.9（42.1～71.6）%，常为单优群落，偶与桃金娘（*Rhodomyrtus tomentosa*）等组成共优群落；结构简单，物种较少。灌木层盖度54（30～75）%，高度126（90～200）厘米；物种丰富度4（2～6），主要有盐肤木（*Rhus chinensis*）、锈毛莓（*Rubus reflexus*）、扭肚藤（*Jasminum elongatum*）、石斑木（*Rhaphiolepis indica*）、毛桐（*Mallotus barbatus*）、玉叶金花（*Mussaenda pubescens*）、山黄麻（*Trema tomentosa*）、栀子（*Gardenia jasminoides*）。草本层盖度49（35～67）%，高度79（41～127）厘米；物种丰富度4（2～6），优势种有五节芒（*Miscanthus floridulus*）、芒萁（*Dicranopteris pedata*）、圆果雀稗（*Paspalum scrobiculatum* var. *orbiculare*），常见毛果珍珠茅（*Scleria levis*）、鬼针草（*Bidens pilosa*）、铺地黍（*Panicum repens*）、飞机草（*Chromolaena odorata*）、凤尾蕨（*Pteris cretica*）、芒（*Miscanthus sinensis*）、毛蕨（*Cyclosorus interruptus*）等。

　　样方分布于广东汕尾，广西灵山，重庆江津；海拔1～364米。生长在平原、低山丘陵地区；坡度0～30度，坡向170～280度。土壤有机碳1.45（0.32～3）毫克/克，全氮0.31（0.22～0.37）毫克/克，全磷0.45（0.16～0.99）毫克/克，pH值5.1（4.3～7.3）。

杨梅灌丛
Myrica rubra Shrubland

　　低山丘陵次生灌丛。杨梅重要值为45.6（41～49.5）%，通常为单优群落。灌木层盖度63（50～70）%，高度298（200～450）厘米；物种丰富度8（6～15），主要有檵木（*Loropetalum chinense*）、黄荆（*Vitex negundo*）、盐肤木（*Rhus chinensis*）、乌桕（*Triadica sebifera*）、油茶（*Camellia oleifera*）、轮叶蒲桃（*Syzygium grijsii*）、插田泡（*Rubus coreanus*）、茅栗（*Castanea seguinii*）、风箱树（*Cephalanthus tetrandrus*），样方中有零星杉木（*Cunninghamia lanceolata*）幼树。草本层盖度51（40～60）%，高度38（25～58）厘米；物种丰富度6（1～9），优势种为芒萁（*Dicranopteris pedata*），常见类芦（*Neyraudia reynaudiana*）、地菍（*Melastoma dodecandrum*）、牛筋草（*Eleusine indica*）、白茅（*Imperata cylindrica*）、荩草（*Arthraxon hispidus*）、商陆（*Phytolacca acinosa*）、扇叶铁线蕨（*Adiantum flabellulatum*）、狗脊（*Woodwardia japonica*）、马兜铃（*Aristolochia debilis*）等。

　　样方分布于江西赣县、修水；海拔198～335米。生长在酸性土的低山丘陵；坡度25～45度，坡向190～200度。土壤有机碳2.27（1.48～2.71）毫克/克，全氮0.66（0.45～0.96）毫克/克，全磷1.11（0.78～1.69）毫克/克，pH值4.3（4.1～4.6）。

铁仔灌丛
Myrsine africana Shrubland

　　石灰岩山地次生灌丛。铁仔重要值为23.7（可达36.9）%，单优或与黄荆（*Vitex negundo*）、盐肤木（*Rhus chinensis*）、檵木（*Loropetalum chinense*）组成共优群落。灌木层盖度68（40~90）%，高度111（90~154）厘米；物种丰富度11（8~15），主要有勾儿茶（*Berchemia sinica*）、雀梅藤（*Sageretia thea*）、火棘（*Pyracantha fortuneana*）、小黄构（*Wikstroemia micrantha*）、金佛山荚蒾（*Viburnum chinshanense*）、菝葜（*Smilax china*）、野花椒（*Zanthoxylum simulans*）等。草本层盖度24（4~62）%，高度56（37~96）厘米；物种丰富度6（1~13），优势种有黄茅（*Heteropogon contortus*）、芒（*Miscanthus sinensis*）、褐果薹草（*Carex brunnea*），常见野青茅（*Deyeuxia pyramidalis*）、地果（*Ficus tikoua*）、大白茅（*Imperata cylindrica* var. *major*）、十字薹草（*Carex cruciata*）、荩草（*Arthraxon hispidus*）、野艾蒿（*Artemisia lavandulifolia*）、苏门白酒草（*Erigeron sumatrensis*）等。

　　样方分布于湖南桑植，重庆合川、巫溪、长寿；海拔384~691米。生长在石灰岩山地；坡度25~45度，坡向60~230度。土壤有机碳41.99（24.05~57.21）毫克/克，全氮3.28（2.41~4.76）毫克/克，全磷0.72（0.3~1.72）毫克/克，pH值7.9（7.3~9.0）。

清香木灌丛
Pistacia weinmanniifolia Shrubland

　　石灰岩山地次生灌丛。清香木重要值为46.1（40.3~50.2）%，为单优群落；结构简单，物种较少。灌木层盖度73（70~75）%，高度283（280~290）厘米；物种丰富度7（6~8），主要有山拐枣（*Poliothyrsis sinensis*）、红背山麻杆（*Alchornea trewioides*）、构树（*Broussonetia papyrifera*）、青檀（*Pteroceltis tatarinowii*）、疏花卫矛（*Euonymus laxiflorus*）、广西八角枫（*Alangium kwangsiense*）、牡荆（*Vitex negundo* var. *cannabifolia*）、光荚含羞草（*Mimosa bimucronata*）。草本层较稀疏或无，盖度12（0~35）%，高度12（0~27）厘米；物种丰富度3（2~4），白花丹（*Plumbago zeylanica*）、求米草（*Oplismenus undulatifolius*）占优势，常见蕨（*Pteridium aquilinum* var. *latiusculum*）、刚莠竹（*Microstegium ciliatum*）、野菊（*Chrysanthemum indicum*）。

　　样方分布于广西来宾；海拔119米。生长在石灰岩低山丘陵地区；坡度80度，坡向270度。土壤有机碳5.66（5.34~5.94）毫克/克，全氮4.47（4.16~4.84）毫克/克，全磷1.21（0.73~1.71）毫克/克，pH值7.7（7.7~7.8）。

火棘灌丛

Pyracantha fortuneana Shrubland

石灰岩山地次生灌丛。建群种火棘重要值为37.2（11.1～87.8）%，单优或与马桑（*Coriaria nepalensis*）、小果蔷薇（*Rosa cymosa*）、盐肤木（*Rhus chinensis*）等组成共优群落，是石灰岩地区最常见的灌丛之一。灌木层盖度63（30～90）%，高度190（87～309）厘米；物种丰富度8（2～15），主要有小舌紫菀（*Aster albescens*）、插田泡（*Rubus coreanus*）、青冈（*Cyclobalanopsis glauca*）、黄荆（*Vitex negundo*）、竹叶花椒（*Zanthoxylum armatum*）、檵木（*Loropetalum chinense*）、河北木蓝（*Indigofera bungeana*）。草本层盖度50（8～88）%，高度77（17～173）厘米；物种丰富度8（2～17），优势种有芒（*Miscanthus sinensis*）、褐果薹草（*Carex brunnea*）、白茅（*Imperata cylindrica*）、野菊（*Chrysanthemum indicum*）、大白茅（*Imperata cylindrica* var. *major*）等，常见三脉紫菀（*Aster trinervius* subsp. *ageratoides*）、打破碗花花（*Anemone hupehensis*）、地果（*Ficus tikoua*）、金星蕨（*Parathelypteris glanduligera*）、狼尾草（*Pennisetum alopecuroides*）等。

样方分布于广东连县，广西富川、乐业、凌云、隆林，湖北巴东、当阳、恩施、鹤峰、利川，湖南石门、宜章，重庆丰都、石柱、铜梁、酉阳；海拔115～1399米。生长在石灰岩低山丘陵至中山山地；坡度0～50度，坡向30～355度。土壤有机碳22.33（2.87～63.45）毫克/克，全氮2.11（0.16～5.07）毫克/克，全磷0.55（0.14～2.16）毫克/克，pH值7.6（6.2～9.0）。

乌冈栎灌丛

Quercus phillyreoides Shrubland

低山丘陵原生灌丛。建群种乌冈栎是亚热带常绿阔叶林常见树种，在一些陡峭的岩壁上，由于土层浅薄、风大等生境条件，其植株生长稠密、分枝低矮、粗壮而扭曲，形成一种特殊的灌丛类型。乌冈栎重要值为66.0（35.1~83.1）%，通常为单优群落，结构简单，物种很少。灌木层盖度77（75~80）%，高度350（300~400）厘米；物种丰富度3（2~5），主要有檵木（*Loropetalum chinense*）、白栎（*Quercus fabri*）、杜鹃（*Rhododendron simsii*）、网络鸡血藤（*Callerya reticulata*）等。草本层极稀疏，盖度4（2~5）%，高度21（15~27）厘米；物种丰富度1，为薹草（*Carex* sp.）。

样方分布于湖南新兴；海拔540米。生长在低山丘陵酸性土壤上；坡度60度，坡向170度。土壤有机碳50.19（22.06~72.43）毫克/克，全氮2.95（1.69~4.16）毫克/克，全磷0.32（0.24~0.4）毫克/克，pH值5.1（4.5~6.4）。

异叶鼠李灌丛

Rhamnus heterophylla Shrubland

　　石灰岩山地次生灌丛。异叶鼠李重要值为41.2（39.4～44.3）%，为单优群落。灌木层盖度90%，高度150厘米，物种丰富度9（8～9）；主要有牡荆（*Vitex negundo* var. *cannabifolia*）、石海椒（*Reinwardtia indica*）、金佛山荚蒾（*Viburnum chinshanense*）、火棘（*Pyracantha fortuneana*）、网络鸡血藤（*Callerya reticulata*）、胡颓子（*Elaeagnus pungens*）、铁仔（*Myrsine africana*）、刺茶裸实（*Gymnosporia variabilis*）、小叶菝葜（*Smilax microphylla*）、构树（*Broussonetia papyrifera*）等。草本层稀疏，盖度12（9～17）%，高度52（43～63）厘米；物种丰富度4（3～4），褐果薹草（*Carex brunnea*）居多，还有白茅（*Imperata cylindrica*）、芒（*Miscanthus sinensis*）、地果（*Ficus tikoua*）、野菊（*Chrysanthemum indicum*）、翠云草（*Selaginella uncinata*）、小羽贯众（*Cyrtomium lonchitoides*）等。

　　样方分布于重庆南川；海拔551米。生长在石灰岩低丘；坡度35度，坡向130度。土壤有机碳33.77（26.94～37.94）毫克/克，全氮3.35（2.78～3.68）毫克/克，全磷0.64（0.49～0.75）毫克/克，pH值7.7（7.5～7.9）。

小果蔷薇灌丛
Rosa cymosa Shrubland

石灰岩山地次生灌丛。建群种小果蔷薇在温暖地区为常绿或半常绿植物，冬季叶片不完全脱离，其重要值为26（3.7~47.3）%，单优或与盐肤木（*Rhus chinensis*）、檵木（*Loropetalum chinense*）、牡荆（*Vitex negundo* var. *cannabifolia*）、黄荆（*Vitex negundo*）组成共优群落。灌木层盖度69（50~100）%，高度192（78~310）厘米；物种丰富度10（3~27），主要有紫薇（*Lagerstroemia indica*）、马桑（*Coriaria nepalensis*）、雀梅藤（*Sageretia thea*）、忍冬（*Lonicera japonica*）、香叶子（*Lindera fragrans*）、龙须藤（*Bauhinia championii*）等。草本层盖度32（7~61）%，高度88（18~197）厘米；物种丰富度7（2~15），优势种有白茅（*Imperata cylindrica*）、五节芒（*Miscanthus floridulus*）、芒（*Miscanthus sinensis*）等，常见刚莠竹（*Microstegium ciliatum*）、野菊（*Chrysanthemum indicum*）、十字薹草（*Carex cruciata*）、楼梯草（*Elatostema involucratum*）、金星蕨（*Parathelypteris glanduligera*）、毛蕨（*Cyclosorus interruptus*）、垂盆草（*Sedum sarmentosum*）等。

样方分布于广西灌阳、阳朔，湖北宣恩，湖南麻阳，江西南城，重庆酉阳；海拔99~945米。主要生长在石灰岩山地，但在酸性土壤上也有出现。土壤有机碳15.07（1.93~44.71）毫克/克，全氮1.78（0.03~4.13）毫克/克，全磷0.57（0.2~2.07）毫克/克，pH值6.9（5.4~8.0）。

雀梅藤灌丛
Sageretia thea Shrubland

　　石灰岩山地次生灌丛。雀梅藤重要值为36.5（可达59.7）%，常为单优群落，有时与牡荆（*Vitex negundo* var. *cannabifolia*）、龙须藤（*Bauhinia championii*）等组成共优群落，物种较丰富。灌木层盖度75（55~95）%，高度194（100~300）厘米；物种丰富度9（3~26），主要有牯岭勾儿茶（*Berchemia kulingensis*）、红背山麻杆（*Alchornea trewioides*）、竹叶花椒（*Zanthoxylum armatum*）、柘（*Maclura tricuspidata*）、番石榴（*Psidium guajava*）、小果蔷薇（*Rosa cymosa*）、朴树（*Celtis sinensis*）、飞龙掌血（*Toddalia asiatica*）等。草本层较稀疏，盖度20（3~40）%，高度54（18~142）厘米；物种丰富度5（2~10），薹草（*Carex* sp.）、蔓生莠竹（*Microstegium fasciculatum*）、芒（*Miscanthus sinensis*）较多，还有类芦（*Neyraudia reynaudiana*）、卷柏（*Selaginella tamariscina*）、辣蓼（*Polygonum hydropiper*）、野菊（*Chrysanthemum indicum*）、崖姜（*Drynaria coronans*）、篱栏网（*Merremia hederacea*）、细叶薹草（*Carex duriuscula* subsp. *stenophylloides*）等。

　　样方分布于安徽东至，广东乳源、英德，广西江州、平乐、象州、阳朔；海拔111~240米。生长在石灰岩低山丘陵地区；坡度10~40度，坡向50~340度。土壤有机碳21.37（1.72~97.46）毫克/克，全氮3.38（1.27~9.85）毫克/克，全磷1.00（0.25~2.76）毫克/克，pH值7.1（6.0~8.0）。

木荷灌丛
Schima superba Shrubland

　　低山丘陵次生性萌生灌丛。建群种木荷在长期砍伐等干扰下，植株生长稠密而低矮，分枝多，呈萌生状，重要值为33.8（10.4~76.0）%，常为单优群落，也可与柯（*Lithocarpus glaber*）、赤楠（*Syzygium buxifolium*）、檵木（*Loropetalum chinense*）、甜槠（*Castanopsis eyrei*）等组成共优群落。灌木层盖度62（30~98）%，高度247（80~427）厘米；物种丰富度12（3~27），主要有金竹（*Phyllostachys sulphurea*）、枫香树（*Liquidambar formosana*）、马银花（*Rhododendron ovatum*）、山矾（*Symplocos sumuntia*）、苦槠（*Castanopsis sclerophylla*）、硃砂根（*Ardisia crenata*）等。草本层有或无，常较稀疏，盖度25（0~59）%，高度36（0~115）厘米；物种丰富度3（0~7），优势种为里白（*Diplopterygium glaucum*）、芒萁（*Dicranopteris pedata*），常见芒（*Miscanthus sinensis*）、淡竹叶（*Lophatherum gracile*）、蕨（*Pteridium aquilinum* var. *latiusculum*）、披针薹草（*Carex lancifolia*）、半边旗（*Pteris semipinnata*）、两色鳞毛蕨（*Dryopteris setosa*）、魔芋（*Amorphophallus* sp.）、黑莎草（*Gahnia tristis*）等。

　　样方分布于福建沙县、霞浦、政和，广东乳源，浙江宁波；海拔120~678米。生长在低山丘陵酸性土壤上；坡度6~30度，坡向130~320度。土壤有机碳22.97（1.46~52.69）毫克/克，全氮1.51（0.13~3.04）毫克/克，全磷0.24（0.14~0.35）毫克/克，pH值4.3（3.4~5.1）。

六月雪灌丛
Serissa japonica Shrubland

低山丘陵次生灌丛。六月雪重要值为32（24.5~43.9）%，单优或与黄荆（*Vitex negundo*）组成共优群落。灌木层盖度53（40~60）%，高度78（60~98）厘米；物种丰富度6（5~8），主要有了哥王（*Wikstroemia indica*）、野蔷薇（*Rosa multiflora*）、胡枝子（*Lespedeza bicolor*）、河北木蓝（*Indigofera bungeana*）、金樱子（*Rosa laevigata*）、羊蹄甲（*Bauhinia purpurea*）、紫薇（*Lagerstroemia indica*）、火棘（*Pyracantha fortuneana*）、绣线菊（*Spiraea salicifolia*）等。草本层较稀疏或无，盖度23（0~42）%，高度43（0~75）厘米；物种丰富度6（0~9），芒（*Miscanthus sinensis*）、柔枝莠竹（*Microstegium vimineum*）较占优，常见楼梯草（*Elatostema involucratum*）、矛叶荩草（*Arthraxon lanceolatus*）、兰香草（*Caryopteris incana*）、五月艾（*Artemisia indica*）、垫状卷柏（*Selaginella pulvinata*）、三脉紫菀（*Aster trinervius* subsp. *ageratoides*）、野菊（*Chrysanthemum indicum*）、丛毛羊胡子草（*Eriophorum comosum*）等。

样方分布于江西南城，重庆巫溪；海拔113~274米。生长在酸性或碱性土质的低山丘陵；坡度50度，坡向110~250度。土壤有机碳25.69（2.41~54.16）毫克/克，全氮1.97（0.86~3.04）毫克/克，全磷0.64（0.4~0.94）毫克/克，pH值7.2（5.3~9.1）。

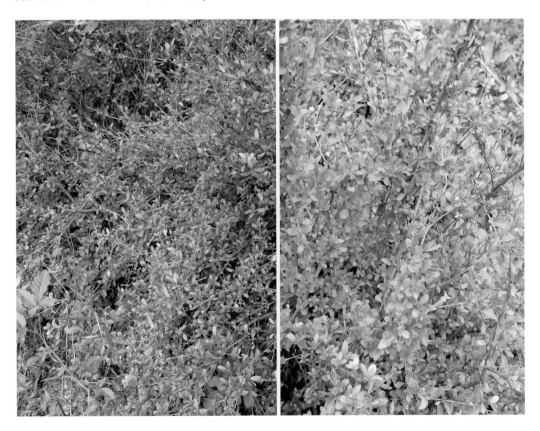

赤楠灌丛

Syzygium buxifolium Shrubland

低山丘陵次生灌丛。赤楠重要值为34.7（14.1～63.7）%，单优群落少见，常与杜鹃（*Rhododendron simsii*）、栀子（*Gardenia jasminoides*）、桃金娘（*Rhodomyrtus tomentosa*）、檵木（*Loropetalum chinense*）、石斑木（*Rhaphiolepis indica*）、南烛（*Vaccinium bracteatum*）、杨桐（*Adinandra millettii*）等组成共优群落。灌木层盖度69（30～95）%，高度122（55～233）厘米；物种丰富度11（2～29），主要有枹栎（*Quercus serrata*）、山鸡椒（*Litsea cubeba*）、油茶（*Camellia oleifera*）等。草本层稀疏或稠密，物种较少，盖度61（16～95）%，高度64（27～133）厘米；物种丰富度3（1～10），优势种为芒萁（*Dicranopteris pedata*），常见芒（*Miscanthus sinensis*）、黑莎草（*Gahnia tristis*）、白茅（*Imperata cylindrica*）、牛筋草（*Eleusine indica*）、蕨（*Pteridium aquilinum* var. *latiusculum*）、华珍珠茅（*Scleria ciliaris*）、箭叶薹草（*Carex ensifolia*）、楼梯草（*Elatostema involucratum*）、鳞籽莎（*Lepidosperma chinense*）等。

样方分布于福建将乐、上杭、永定，广西环江，湖南桂东，江西吉水、铅山，浙江临安、龙游；海拔94～986米。生长在酸性至弱碱性土质的低山丘陵；坡度18～37度，坡向5～356度。土壤有机碳8.88（0.9～35.37）毫克/克，全氮0.83（0.11～2.68）毫克/克，全磷0.24（0.05～0.57）毫克/克，pH值4.9（3.6～7.7）。

南烛灌丛

Vaccinium bracteatum Shrubland

　　低山丘陵次生灌丛。南烛重要值为62.4（52.3～81.3）%，为单优群落，群落低矮，物种组成简单。灌木层盖度40（35～50）%，高度90（83～99）厘米；物种丰富度4（3～5），主要有长叶冻绿（*Rhamnus crenata*）、盐肤木（*Rhus chinensis*）、白檀（*Symplocos paniculata*）、杜鹃（*Rhododendron simsii*）、算盘子（*Glochidion puberum*）等。草本层盖度30（24～34）%，高度35（32～39）厘米；物种丰富度3，芒（*Miscanthus sinensis*）、披碱草（*Elymus dahuricus*）占优势，还有芒萁（*Dicranopteris pedata*）、蕨（*Pteridium aquilinum* var. *latiusculum*）。

　　样方分布于江西贵溪；海拔62米。生长在酸性土质低丘上；坡度10度，坡向340度。土壤有机碳20.94（13.31～25.02）毫克/克，全氮1.46（0.94～1.75）毫克/克，全磷0.29（0.27～0.3）毫克/克，pH值4.9（4.7～5.0）。

金佛山荚蒾灌丛

Viburnum chinshanense Shrubland

石灰岩山地次生灌丛。金佛山荚蒾重要值为45.8（37.5～54.9）%，常为单优群落，有时与火棘（*Pyracantha fortuneana*）、胡颓子（*Elaeagnus pungens*）组成共优群落。灌木层盖度77（70～85）%，高度120（103～143）厘米；物种丰富度7（7～8），主要有铁仔（*Myrsine africana*）、小果蔷薇（*Rosa cymosa*）、缫丝花（*Rosa roxburghii*）、川莓（*Rubus setchuenensis*）、野花椒（*Zanthoxylum simulans*）、球核荚蒾（*Viburnum propinquum*）等。草本层盖度29（27～32）%，高度49（42～57）厘米；物种丰富度7（5～9），优势种有芒（*Miscanthus sinensis*）、褐果薹草（*Carex brunnea*）、野青茅（*Deyeuxia pyramidalis*），常见金星蕨（*Parathelypteris glanduligera*）、大白茅（*Imperata cylindrica* var. *major*）、打破碗花花（*Anemone hupehensis*）、野胡萝卜（*Daucus carota*）、地果（*Ficus tikoua*）、天名精（*Carpesium abrotanoides*）、野菊（*Chrysanthemum indicum*）等。

样方分布于重庆渝北；海拔878米。生长在石灰岩山地；坡度20度，坡向125度。土壤有机碳12.49（11.77～13.57）毫克/克，全氮1.45（1.4～1.56）毫克/克，全磷0.52（0.51～0.53）毫克/克，pH值7.9（7.8～8.0）。

烟管荚蒾灌丛
Viburnum utile Shrubland

　　石灰岩山地次生灌丛。烟管荚蒾重要值为40.6（26.1～61）%，常为单优群落，有时与大金刚藤（*Dalbergia dyeriana*）、铁仔（*Myrsine africana*）、黄荆（*Vitex negundo*）等组成共优群落。灌木层盖度85%，高度230（142～326）厘米；物种丰富度12（5～20），主要有扩展女贞（*Ligustrum expansum*）、河北木蓝（*Indigofera bungeana*）、小果蔷薇（*Rosa cymosa*）、毛萼莓（*Rubus chroosepalus*）、紫弹树（*Celtis biondii*）、马桑（*Coriaria nepalensis*）、球核荚蒾（*Viburnum propinquum*）等。草本层盖度22（11～47）%，高度34（24～50）厘米；物种丰富度5（3～11），优势种有褐果薹草（*Carex brunnea*）、野青茅（*Deyeuxia pyramidalis*）、野菊（*Chrysanthemum indicum*），常见棕叶狗尾草（*Setaria palmifolia*）、黄茅（*Heteropogon contortus*）、翠云草（*Selaginella uncinata*）、大白茅（*Imperata cylindrica* var. *major*）、龙芽草（*Agrimonia pilosa*）、阿拉伯黄背草（*Themeda triandra*）、千里光（*Senecio scandens*）。

　　样方分布于湖北保康，重庆酉阳；海拔275～736米。生长在石灰岩山地；坡度30～42度，坡向105～270度。土壤有机碳30.10（23.59～33.47）毫克/克，全氮2.53（2.34～2.83）毫克/克，全磷1.00（0.55～1.47）毫克/克，pH值8.1（6.9～8.8）。

（三）热性常绿阔叶灌丛

岗松灌丛
Baeckea frutescens Shrubland

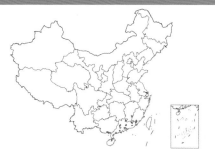

　　低山丘陵次生灌丛。岗松重要值为39.9（13.1～55.4）%，单优或常与桃金娘（*Rhodomyrtus tomentosa*）组成共优群落。灌木层盖度55（26～95）%，高度126（53～280）厘米；物种丰富度6（1～18），主要有石斑木（*Rhaphiolepis indica*）、无根藤（*Cassytha filiformis*）、栀子（*Gardenia jasminoides*）、野牡丹（*Melastoma malabathricum*）、了哥王（*Wikstroemia indica*）、白木乌桕（*Neoshirakia japonica*）、变叶榕（*Ficus variolosa*）、秤星树（*Ilex asprella*）、枫香树（*Liquidambar formosana*）等。草本层较茂密，盖度63（7～96）%，高度74（15～160）厘米；物种丰富度4（1～9），优势种为芒萁（*Dicranopteris pedata*），常见芒（*Miscanthus sinensis*）、鹧鸪草（*Eriachne pallescens*）、黑莎草（*Gahnia tristis*）、乌毛蕨（*Blechnum orientale*）、刺芒野古草（*Arundinella setosa*）、红裂稃草（*Schizachyrium sanguineum*）、画眉草（*Eragrostis pilosa*）、细毛鸭嘴草（*Ischaemum ciliare*）、鳞籽莎（*Lepidosperma chinense*）等。

　　样方分布于福建南靖，广东电白、东莞、高要、揭西、龙门、梅县、深圳、始兴、兴宁、肇庆，广西合浦、钦州，海南澄迈，江西石城；海拔0～716米。生长在酸性至中性的平原和低山丘陵地区；坡度0～70度，坡向113～331度。土壤有机碳10.91（1.05～30.93）毫克/克，全氮0.99（0.09～2.73）毫克/克，全磷0.28（0.07～1.37）毫克/克，pH值4.8（3.8～7.5）。

羊蹄甲灌丛

Bauhinia purpurea Shrubland

　　石灰岩山地次生灌丛。羊蹄甲重要值为45.3（17.2～70.4）%，通常为单优群落，有时与盐肤木（*Rhus chinensis*）、浆果楝（*Cipadessa baccifera*）等组成共优群落。灌木层盖度73（55～90）%，高度261（170～405）厘米；物种丰富度7（4～11），主要有红背山麻杆（*Alchornea trewioides*）、假木豆（*Dendrolobium triangulare*）、番石榴（*Psidium guajava*）、野桐（*Mallotus tenuifolius*）、黄檀（*Dalbergia hupeana*）、尖子木（*Oxyspora paniculata*）、山麻杆（*Alchornea davidii*）、毛桐（*Mallotus barbatus*）等。草本层盖度39（7～65）%，高度51（18～127）厘米；物种丰富度6（2～12），优势种除芒（*Miscanthus sinensis*）外，其余如鬼针草（*Bidens pilosa*）、飞机草（*Chromolaena odorata*）、破坏草（*Ageratina adenophora*）均为外来入侵植物，常见种有三叶崖爬藤（*Tetrastigma hemsleyanum*）、毛蕨（*Cyclosorus interruptus*）、地果（*Ficus tikoua*）、刚莠竹（*Microstegium ciliatum*）、白茅（*Imperata cylindrica*）、广防风（*Anisomeles indica*）等。

　　样方分布于广西德保、东兰、龙州、隆林、南丹、右江，江西龙南；海拔164～953米。常生长在石灰岩低山丘陵地区；坡度22～60度，坡向20～350度。土壤有机碳2.98（1.25～5.42）毫克/克，全氮1.62（0.53～3.6）毫克/克，全磷1.54（0.27～3.41）毫克/克，pH值7.1（5.5～7.9）。

浆果楝灌丛

Cipadessa baccifera Shrubland

石灰岩山地次生灌丛。浆果楝重要值为33.1（14.6～58.8）%，通常为单优群落，有时与红背山麻杆（*Alchornea trewioides*）、雀梅藤（*Sageretia thea*）、番石榴（*Psidium guajava*）等组成共优群落。灌木层盖度66（30～85）%，高度190（95～390）厘米；物种丰富度8（3～13），主要有山拐枣（*Poliothyrsis sinensis*）、假鹰爪（*Desmos chinensis*）、盐肤木（*Rhus chinensis*）、牛筋藤（*Malaisia scandens*）、潺槁木姜子（*Litsea glutinosa*）、灰白毛莓（*Rubus tephrodes*）、沙针（*Osyris quadripartita*）等。草本层繁茂，盖度50（13～84）%，高度76（21～163）厘米；物种丰富度7（2～17），优势种有鬼针草（*Bidens pilosa*）、肾蕨（*Nephrolepis cordifolia*）、刚莠竹（*Microstegium ciliatum*）、水蔗草（*Apluda mutica*），常见飞机草（*Chromolaena odorata*）、类芦（*Neyraudia reynaudiana*）、弓果黍（*Cyrtococcum patens*）、荩草（*Arthraxon hispidus*）、兰香草（*Caryopteris incana*）、白茅（*Imperata cylindrica*）等。

样方分布于广西大新、德保、都安、靖西、鹿寨、平果、天等、宜州；海拔125～806米。生长在石灰岩山地；坡度15～55度，坡向75～350度。土壤有机碳14.55（0.99～45.4）毫克/克，全氮2.26（0.12～5.33）毫克/克，全磷0.95（0.06～2.44）毫克/克，pH值7.5（6.6～8.3）。

剑叶龙血树灌丛
Dracaena cochinchinensis Shrubland

石灰岩山地次生灌丛。剑叶龙血树重要值为55.7（24.9~100）%，单优或与闭花木（*Cleistanthus sumatranus*）、红背山麻杆（*Alchornea trewioides*）等组成共优群落；结构较稀疏，外貌不整齐，植物种类较少。灌木层盖度33（30~40）%，高度218（150~287）厘米；物种丰富度4（1~7），主要有黑老虎（*Kadsura coccinea*）、盐肤木（*Rhus chinensis*）、少脉羊蹄甲（*Bauhinia paucinervata*）、云南羊蹄甲（*Bauhinia yunnanensis*）、茶（*Camellia sinensis*）、单叶铁线莲（*Clematis henryi*）、海南大风子（*Hydnocarpus hainanensis*）等。草本层盖度22（2~60）%，高度87（37~153）厘米；物种丰富度4（1~9），优势种为鸥鸪草（*Eriachne pallescens*）、飞机草（*Chromolaena odorata*），常见假鞭叶铁线蕨（*Adiantum malesianum*）、贴生石韦（*Pyrrosia adnascens*）、水蔗草（*Apluda mutica*）、积雪草（*Centella asiatica*）、阿尔泰铁角蕨（*Asplenium altajense*）、柔枝莠竹（*Microstegium vimineum*）、毛轴碎米蕨（*Cheilanthes chusana*）、求米草（*Oplismenus undulatifolius*）等。

样方分布于广西崇左、龙州；海拔105~212米。生长在石灰岩低山丘陵，地表有大面积裸岩出露；坡度20度，坡向110~190度。土壤有机碳39.12（2.51~65.71）毫克/克，全氮4.22（0.35~7.21）毫克/克，全磷0.72（0.14~1.06）毫克/克，pH值7.3（6.5~8）。

石榕树灌丛
Ficus abelii Shrubland

　　河谷原生灌丛。石榕树重要值为54.9（35.6~76.4）%，通常为单优群落。灌木层盖度74（50~90）%，高度246（150~350）厘米；物种丰富度5（2~12），主要有白饭树（*Flueggea virosa*）、细叶水团花（*Adina rubella*）、水杨梅（*Geum chiloense*）、构树（*Broussonetia papyrifera*）、唐竹（*Sinobambusa tootsik*）、黑面神（*Breynia fruticosa*）、香叶树（*Lindera communis*）、鱼藤（*Derris trifoliata*）、水团花（*Adina pilulifera*）、黄毛楤木（*Aralia chinensis*）等。草本层盖度35（12~67）%，高度94（18~160）厘米；物种丰富度5（3~11），优势种为类芦（*Neyraudia reynaudiana*）、斑茅（*Saccharum arundinaceum*），常见红足蒿（*Artemisia rubripes*）、金星蕨（*Parathelypteris glanduligera*）、海芋（*Alocasia odora*）、柳叶箬（*Isachne globosa*）、海金沙（*Lygodium japonicum*）、圆穗拳参（*Polygonum macrophyllum*）、凤尾蕨（*Pteris cretica*）、大苞水竹叶（*Murdannia bracteata*）等。

　　样方分布于广西象州、宜州、永福；海拔107~169米。生长在河流两岸或河漫滩上；坡度0~30度，坡向90~150度。土壤有机碳1.32（0.61~4.42）毫克/克，全氮0.18（0.04~0.36）毫克/克，全磷0.25（0.16~0.32）毫克/克，pH值6.2（5.0~7.5）。

马缨丹灌丛
Lantana camara Shrubland

低山丘陵次生灌丛。建群种马缨丹原产美洲热带地区，在我国南亚热带至热带地区有逸生群落，其重要值为33.0（23.7~43.2）%，单优或与地桃花（*Urena lobata*）、紫玉盘（*Uvaria macrophylla*）等组成共优群落；外貌呈亮绿色，较整齐。灌木层盖度45%，高度161（151~173）厘米；物种丰富度4，有金合欢（*Acacia farnesiana*）、翻白叶树（*Pterospermum heterophyllum*）、钝叶山芝麻（*Helicteres obtusa*）。草本层盖度高达95%，高度21（21~23）厘米；物种丰富度8（6~10），优势种马唐（*Digitaria sanguinalis*）、巴西含羞草（*Mimosa diplotricha*）、含羞草（*Mimosa pudica*），常见种有茜草（*Rubia cordifolia*）、飞机草（*Chromolaena odorata*）、牛筋草（*Eleusine indica*）、青葙（*Celosia argentea*）、黄花稔（*Sida acuta*）、雀稗（*Paspalum thunbergii*）等。

样方分布于海南陵水；海拔14米。生长在酸性土壤的低山丘陵下部；坡度14度，坡向270度。土壤有机碳5.55（5.28~5.82）毫克/克，全氮0.59（0.55~0.64）毫克/克，全磷0.2（0.19~0.2）毫克/克，pH值5.7（5.7~5.8）。

中平树灌丛

Macaranga denticulata Shrubland

低山丘陵次生灌丛。中平树重要值为40.8（24.7～49.1）%，常为单优群落。灌木层盖度67（50～80）%，高度203（190～220）厘米；物种丰富度7（5～9），主要有毛黄肉楠（*Actinodaphne pilosa*）、异色山黄麻（*Trema orientalis*）、小果枣（*Ziziphus oenopolia*）、水麻（*Debregeasia orientalis*）、光荚含羞草（*Mimosa bimucronata*）、葛（*Pueraria montana*）、云南肖菝葜（*Heterosmilax yunnanensis*）、醉鱼草（*Buddleja lindleyana*）、长波叶山蚂蝗（*Desmodium sequax*）、毛相思子（*Abrus pulchellus* subsp. *mollis*）等。草本层盖度52（50～53）%，高度119（67～220）厘米；物种丰富度9（6～13），优势种为蔓生草本海金沙（*Lygodium japonicum*），常见鬼针草（*Bidens pilosa*）、乌蕨（*Odontosoria chusana*）、蔓生莠竹（*Microstegium fasciculatum*）、猪菜藤（*Hewittia malabarica*）、圆叶野扁豆（*Dunbaria rotundifolia*）、石芒草（*Arundinella nepalensis*）、黄独（*Dioscorea bulbifera*）、毛轴碎米蕨（*Cheilanthes chusana*）、肾蕨（*Nephrolepis cordifolia*）等。

样方分布于广西巴马、凭祥、上思；海拔256～540米。生长在低山丘陵地区；坡度20～62度，坡向40～290度。土壤有机碳2.76（2.57～2.98）毫克/克，全氮0.26（0.01～0.46）毫克/克，全磷0.2（0.13～0.26）毫克/克，pH值6.8（6.4～7.1）。

番石榴灌丛
Psidium guajava Shrubland

低山丘陵次生灌丛。建群种番石榴原产南美洲，华南地区多有逸生群落，其重要值为51.7（25.3～75.3）%，通常为单优群落。灌木层盖度58（30～85）%，高度225（90～409）厘米；物种丰富度7（3～15），主要有浆果楝（*Cipadessa baccifera*）、假木豆（*Dendrolobium triangulare*）、长叶苎麻（*Boehmeria penduliflora*）、大叶紫珠（*Callicarpa macrophylla*）、马缨丹（*Lantana camara*）、潺槁木姜子（*Litsea glutinosa*）、余甘子（*Phyllanthus emblica*）、牡荆（*Vitex negundo* var. *cannabifolia*）、粗糠柴（*Mallotus philippensis*）、云桂叶下珠（*Phyllanthus pulcher*）等。草本层盖度40（1～73）%，高度72（37～120）厘米；物种丰富度6（1～13），优势种除白茅（*Imperata cylindrica*）外，还有鬼针草（*Bidens pilosa*）、破坏草（*Ageratina adenophora*）、飞机草（*Chromolaena odorata*）等外来入侵植物，常见种有五节芒（*Miscanthus floridulus*）、荩草（*Arthraxon hispidus*）、小蓬草（*Erigeron canadensis*）、假臭草（*Praxelis clematidea*）、野艾蒿（*Artemisia lavandulifolia*）等。

样方分布于广西崇左、德保、乐业、凌云、南宁、凭祥、天等、田阳、西林；海拔186～726米。生长在酸性至弱碱性土质的低山丘陵地区；坡度5～50度，坡向60～320度。土壤有机碳15.19（1.13～57.93）毫克/克，全氮1.83（0.04～4.82）毫克/克，全磷0.67（0.13～1.75）毫克/克，pH值6.8（4.6～7.9）。

桃金娘灌丛

Rhodomyrtus tomentosa Shrubland

低山丘陵次生灌丛，是我国南方亚热带和热带最常见的灌丛类型。建群种桃金娘重要值为44.4（10.5～100）%，通常为单优群落，有时与岗松（*Baeckea frutescens*）、石斑木（*Rhaphiolepis indica*）、野牡丹（*Melastoma malabathricum*）等组成共优群落。灌木层盖度54（30～95）%，高度133（34～300）厘米；物种丰富度8（1～22），主要有米碎花（*Eurya chinensis*）、栀子（*Gardenia jasminoides*）、秤星树（*Ilex asprella*）、豺皮樟（*Litsea rotundifolia* var. *oblongifolia*）、变叶榕（*Ficus variolosa*）、杨桐（*Adinandra millettii*）、无根藤（*Cassytha filiformis*）等。草本层盖度59（8～98）%，高度75（3～174）厘米；物种丰富度4（1～18），优势种为芒萁（*Dicranopteris pedata*），常见种有芒（*Miscanthus sinensis*）、五节芒（*Miscanthus floridulus*）、鹧鸪草（*Eriachne pallescens*）、细毛鸭嘴草（*Ischaemum ciliare*）、黑莎草（*Gahnia tristis*）、乌毛蕨（*Blechnum orientale*）、山菅（*Dianella ensifolia*）、刺芒野古草（*Arundinella setosa*）、粗毛鸭嘴草（*Ischaemum barbatum*）等。

样方分布于福建华安、南靖、上杭、永宝、漳平、漳浦，广东博罗、大埔、东莞、东源、恩平、和平、怀集、惠城、惠东、惠州、江门、龙门、陆丰、平远、普宁、清新、汕尾、韶关、深圳、始兴、五华、阳春、肇庆、紫金，广西防城港、良庆、鹿寨、马山、钦州、融安、田阳、兴业，海南澄迈、琼海、琼中、文昌，江西大余、信丰、寻乌；海拔4～347米。生长在酸性土质的平原和低山丘陵地区；坡度2～50度，坡向20～330度。土壤有机碳11.25（0.26～51.52）毫克/克，全氮1（0.03～9.31）毫克/克，全磷0.45（0.04～8.59）毫克/克，pH值4.8（3.8～5.9）。

水柳灌丛

Homonoia riparia Shrubland

　　河谷原生灌丛。水柳重要值为59.6（59.6）%，为单优群落，近水边常只有水柳一种灌木，近岸边种类渐多。灌木层结构简单，物种少，盖度70%，高度180厘米；物种丰富度4，常见种为白饭树（*Flueggea virosa*）、苎麻（*Boehmeria nivea*）、石榕树（*Ficus abelii*）。草本层盖度67%，高度47厘米；物种丰富度16，优势种为狗牙根（*Cynodon dactylon*）、芦苇（*Phragmites australis*），常见鬼针草（*Bidens pilosa*）、台湾青葙（*Celosia taitoensis*）、香附子（*Cyperus rotundus*）、友水龙骨（*Polypodiodes amoena*）、金毛狗（*Cibotium barometz*）、牛筋草（*Eleusine indica*）、一年蓬（*Erigeron annuus*）、熊耳草（*Ageratum houstonianum*）等。

　　样方分布于广西凌云；海拔266米。生长在河流两岸石砾质河滩上，呈狭长带状分布。土壤有机碳1.35毫克/克，全氮0.2毫克/克，全磷0.22毫克/克，pH值7.6。

山黄麻灌丛

Trema tomentosa Shrubland

低山丘陵次生灌丛。山黄麻重要值为64.8（39～79.2）%，常为单优群落。灌木层盖度60（55～65）%，高度180（170～200）厘米；物种丰富度4（2～9），主要有杨树（*Populus* sp.）、潺槁木姜子（*Litsea glutinosa*）、粗叶榕（*Ficus hirta*）、杉木（*Cunninghamia lanceolata*）、大青（*Clerodendrum cyrtophyllum*）、木姜子（*Litsea pungens*）、地桃花（*Urena lobata*）、匙羹藤（*Gymnema sylvestre*）、葫芦茶（*Tadehagi triquetrum*）、野牡丹（*Melastoma malabathricum*）等。草本层盖度54（43～63）%，高度65（40～113）厘米；物种丰富度5（3～8），优势种有阔叶丰花草（*Spermacoce alata*）、飞机草（*Chromolaena odorata*）、鸭嘴草（*Paspalum scrobiculatum*），常见垂序商陆（*Phytolacca americana*）、芒萁（*Dicranopteris pedata*）、芒（*Miscanthus sinensis*）、小蓬草（*Erigeron canadensis*）、海金沙（*Lygodium japonicum*）、鬼针草（*Bidens pilosa*）、马唐（*Digitaria sanguinalis*）等。

样方分布于广西陆川、象州；海拔130～185米。生长在酸性土质的低山丘陵地区；坡度20度，坡向220～260度。土壤有机碳2.43（1.67～3.56）毫克/克，全氮0.90（0.72～1.26）毫克/克，全磷0.56（0.18～0.77）毫克/克，pH值4.8（4.7～4.9）。

红树丛
Mangrove Shrubland

海榄雌灌丛
Avicennia marina Shrubland

　　海滨原生灌丛。建群种海榄雌重要值为62.3%，通常为单优群落；结构简单，灌木生长稠密而多分枝。灌木层盖度80%，高度190厘米；物种丰富度4，伴生种为木榄（*Bruguiera gymnorhiza*）、黄槿（*Hibiscus tiliaceus*）、沙拐枣（*Calligonum mongolicum*）。草本层稀疏，盖度10%，高度30厘米；物种丰富度3，常见种为鬼针草（*Bidens pilosa*）、厚藤（*Ipomoea pes-caprae*）、狗牙根（*Cynodon dactylon*）。

　　样方分布于广西防城港；海拔0米。生长在海滨洼地。土壤有机碳1.64毫克/克，全氮0.18毫克/克，全磷0.15毫克/克，pH值5.1。

木榄灌丛

Bruguiera gymnorhiza Shrubland

海滨原生灌丛。建群种木榄重要值为100%，为木榄纯灌丛，外貌整齐，深绿色，结构简单。灌木层盖度75%，高度230厘米，物种丰富度1。草本层未见。

样方分布于广西防城港；海拔0米。生长在海滨，常大面积连片分布。土壤为冲积性细沙土，常年积水潮湿；有机碳3.01毫克/克，全氮0.38毫克/克，全磷0.14毫克/克，pH值4.7。

秋茄树灌丛

Kandelia obovata Shrubland

　　海滨原生灌丛。建群种秋茄树重要值为64.5%，为单优群落，外貌整齐，结构组成简单。灌木层盖度85%，高度230厘米；物种丰富度3，伴生种有海榄雌（*Avicennia marina*）、木犀榄（*Olea europaea*）。草本层未见。

　　样方分布于广西北海；海拔2米。生长在海滨，大面积分布。土壤有机碳0.34毫克/克，全氮0.16毫克/克，全磷0.11毫克/克，pH值6.3。

肉质刺灌丛

Succulent Thorny Shrubland

量天尺灌丛

Hylocereus undatus Shrubland

石灰岩山地次生灌丛。建群种量天尺重要值为42.7（37.4～48.1）%，为单优群落。灌木层盖度73（70～75）%，高度110（100～120）厘米；物种丰富度8（7～8），伴生种有浆果棟（*Cipadessa baccifera*）、小果微花藤（*Iodes vitiginea*）、银合欢（*Leucaena leucocephala*）、毛柱铁线莲（*Clematis meyeniana*）、蓝树（*Wrightia laevis*）、流苏子（*Coptosapelta diffusa*）、见血飞（*Caesalpinia cucullata*）、盐肤木（*Rhus chinensis*）、番石榴（*Psidium guajava*）、红背山麻杆（*Alchornea trewioides*）。草本层盖度63（60～65）%，高度65（62～68）厘米；物种丰富度10（8～12），优势种有友水龙骨（*Polypodiodes amoena*）、类芦（*Neyraudia reynaudiana*）、狗娃花（*Aster hispidus*），常见白茅（*Imperata cylindrica*）、金毛狗（*Cibotium barometz*）、野艾蒿（*Artemisia lavandulifolia*）、一年蓬（*Erigeron annuus*）、长萼鸡眼草（*Kummerowia stipulacea*）、鬼针草（*Bidens pilosa*）、蔓生莠竹（*Microstegium fasciculatum*）。

样方分布于广西德保、凌云；海拔413～723米。生长在石灰岩山地，地表有大面积裸岩出露；坡度53～55度，坡向180～220度。土壤有机碳2.12（1.79～2.44）毫克/克，全氮0.26（0.13～0.39）毫克/克，全磷0.21（0.14～0.28）毫克/克，pH值7（6.7～7.3）。

仙人掌灌丛

Opuntia dillenii Shrubland

平原沙地次生灌丛。建群种仙人掌重要值为46.4（12.1~76.4）%，单优或与露兜树（*Pandanus tectorius*）组成共优群落。灌木层盖度72（40~99）%，高度113（60~270）厘米；物种丰富度4（2~9），主要有蔓荆（*Vitex trifolia*）、苦郎树（*Clerodendrum inerme*）、变叶裸实（*Gymnosporia diversifolia*）、草海桐（*Scaevda taccada*）、厚藤（*Ipomoea pes-caprae*）、光萼猪屎豆（*Crotalaria trichotoma*）、海刀豆（*Canavalia rosea*）、单叶蔓荆（*Vitex rotundifolia*）、阔苞菊（*Pluchea indica*）等。草本层稀疏或无草本，盖度21（0~90）%，高度31（0~58）厘米；物种丰富度3（0~8），铺地黍（*Panicum repens*）、白茅（*Imperata cylindrica*）较多，还有薹草（*Carex* sp.）、褐穗莎草（*Cyperus fuscus*）、地杨桃（*Microstochys chamaelea*）、林泽兰（*Eupatorium lindleyanum*）、狗牙根（*Cynodon dactylon*）、钻形紫菀（*Symphyotrichum subulatum*）、小苦荬（*Ixeridium dentatum*）等。

样方分布于广西北海，海南昌江、儋州、临高；海拔2~16米。生长在平原沙地；坡度0~9度，坡向208~279度。土壤有机碳2.66（0.08~7.21）毫克/克，全氮0.09（0.05~0.16）毫克/克，全磷0.11（0.08~0.12）毫克/克，pH值7.8（4.5~9.5）。

五

竹丛
Bamboo Shrubland

神农箭竹灌丛
Fargesia murielae Shrubland

山地竹丛。神农箭竹重要值为79（35.6～100）%，为单优群落，许多地段为纯竹丛。灌木层盖度92（80～95）%，高度260（180～400）厘米；物种丰富度2（1～6），伴生种有粉红杜鹃（*Rhododendron oreodoxa* var. *fargesii*）、微毛樱桃（*Cerasus clarofolia*）、栓翅卫矛（*Euonymus phellomanus*）、湖北山楂（*Crataegus hupehensis*）、陕甘花楸（*Sorbus koehneana*）。草本层极稀疏或无，盖度2（0～4）%，高度5（1～14）厘米；物种丰富度2（1～4），有薹草（*Carex* sp.）、凉山悬钩子（*Rubus fockeanus*）、褐果薹草（*Carex brunnea*）、半育鳞毛蕨（*Dryopteris sublacera*）、短叶赤车（*Pellionia brevifolia*）、山酢浆草（*Oxalis griffithii*）。

样方分布于湖北神农架；海拔2642～2693米。生长在山地；坡度10～20度，坡向180～225度。土壤有机碳75.23（52.86～112.61）毫克/克，全氮6.81（4.7～9.55）毫克/克，全磷0.5（0.04～1.01）毫克/克，pH值4.5（3.9～4.8）。

篌竹灌丛
Phyllostachys nidularia Shrubland

　　丘陵山地竹丛。篌竹重要值为81.8（37.9～100）%，单优群落，结构和物种组成简单。灌木层盖度89（65～99）%，高度204（119～285）厘米；物种丰富度3（1～5），伴生种有龙须藤（*Bauhinia championii*）、红背山麻杆（*Alchornea trewioides*）、构树（*Broussonetia papyrifera*）、盐肤木（*Rhus chinensis*）、雀梅藤（*Sageretia thea*）、檵木（*Loropetalum chinense*）、葛（*Pueraria montana*）、油茶（*Camellia oleifera*）、印度崖豆（*Millettia pulchra*）、香椿（*Toona sinensis*）。草本层有或无，盖度18（0～80）%，高度40（0～144）厘米；物种丰富度2（0～3），十字薹草（*Carex cruciata*）、芒萁（*Dicranopteris pedata*）、野菊（*Chrysanthemum indicum*）等占优势，常见沿阶草（*Ophiopogon bodinieri*）、芒（*Miscanthus sinensis*）、海金沙（*Lygodium japonicum*）、三脉紫菀（*Aster trinervius* subsp. *ageratoides*）、卷柏（*Selaginella tamariscina*）、野青茅（*Deyeuxia pyramidalis*）、剑叶凤尾蕨（*Pteris ensiformis*）等。

　　样方分布于广西恭城、荔浦，湖北通城、竹山，湖南吉首、汝城；海拔169～611米。生长在低山丘陵地区；坡度5～45度，坡向78～315度。土壤有机碳16.11（2～47.37）毫克/克，全氮2.15（0.32～4.82）毫克/克，全磷0.96（0.15～3.69）毫克/克，pH值6.5（4.9～8.4）。

刚竹灌丛

Phyllostachys sulphurea var. *viridis* Shrubland

　　丘陵山地竹丛。刚竹重要值为45.2（24.1~85.2）%，通常为单优群落，有时与檵木（*Loropetalum chinense*）组成共优群落。灌木层盖度92（85~98）%，高度245（190~400）厘米；物种丰富度9（3~15），主要有飞龙掌血（*Toddalia asiatica*）、小果蔷薇（*Rosa cymosa*）、金钟花（*Forsythia viridissima*）、胡颓子（*Elaeagnus pungens*）、牡荆（*Vitex negundo* var. *cannabifolia*）、龙须藤（*Bauhinia championii*）、白檀（*Symplocos paniculata*）、灰白毛莓（*Rubus tephrodes*）、金樱子（*Rosa laevigata*）等。草本层有或无，盖度25（0~45）%，高度77（0~158）厘米；物种丰富度5（0~12），优势种为刚莠竹（*Microstegium ciliatum*），常见五节芒（*Miscanthus floridulus*）、小蓬草（*Erigeron canadensis*）、细柄草（*Capillipedium parviflorum*）、薄叶卷柏（*Selaginella delicatula*）、四方麻（*Veronicastrum caulopterum*）、海金沙（*Lygodium japonicum*）、紫背天葵（*Begonia fimbristipula*）、鳞毛蕨（*Dryopteridaceae* sp.）、酢浆草（*Oxalis corniculata*）等。

　　样方分布于广西阳朔，江西安义；海拔36~231米。生长在酸性土质的平原或低山丘陵；坡度0~10度，坡向180度。土壤有机碳2.05（1.22~4.00）毫克/克，全氮0.38（0.19~0.57）毫克/克，全磷0.66（0.28~1.04）毫克/克，pH值5.6（4.4~6.7）。

植物图鉴

蕨类植物

Pteridophyta

（一）乌毛蕨科

乌毛蕨
Blechnum orientale Linnaeus

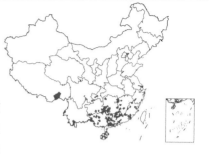

　　植株高 0.5～2 米。根状茎直立，木质。叶簇生于根状茎顶端；叶片卵状披针形，长达 1 米左右，一回羽状；羽片多数，二形，互生，无柄，下部羽片不育，极度缩小为圆耳形，长仅数毫米，向上羽片突然伸长，能育，至中上部最长，下侧往往与叶轴合生，全缘或呈微波状，干后反卷，上部羽片向上逐渐缩短，基部与叶轴合生并沿叶轴下延，顶生羽片与其下的侧生羽片同形，但长于其下的侧生羽片。孢子囊群线形，连续，紧靠主脉两侧，与主脉平行；囊群盖线形，开向主脉，宿存。

　　产广东、广西、海南、福建、西藏、四川、重庆、云南、贵州、湖南、江西、浙江、台湾，海拔 300～800 米，生长在桃金娘灌丛、岗松灌丛、余甘子灌丛、光荚含羞草灌丛、红背山麻杆灌丛、檵木灌丛、山乌桕灌丛、盐肤木灌丛、枫香树灌丛、灰白毛莓灌丛、山黄麻灌丛、杨梅灌丛中。

狗脊

Woodwardia japonica（Linnaeus f.）Smith

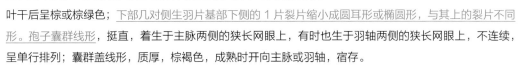

植株高 50～120 厘米；根状茎横卧，与叶柄基部密被长约
1.5 厘米的披针形或线状披针形鳞片，全缘，老时渐脱落。叶近
生，近革质，二回羽裂；顶生羽片卵状披针形或长三角状披针形；
叶干后呈棕或棕绿色；下部几对侧生羽片基部下侧的 1 片裂片缩小成圆耳形或椭圆形，与其上的裂片不同
形。孢子囊群线形，挺直，着生于主脉两侧的狭长网眼上，有时也生于羽轴两侧的狭长网眼上，不连续，
呈单行排列；囊群盖线形，质厚，棕褐色，成熟时开向主脉或羽轴，宿存。

广布于长江流域以南各省份，海拔 300～1500 米，生长在檵木灌丛、马桑灌丛、白栎灌丛、杜鹃灌
丛、火棘灌丛、茅栗灌丛、盐肤木灌丛、油茶灌丛、山鸡椒灌丛、黄荆灌丛、蜡莲绣球灌丛、木荷灌丛、
灰白毛莓灌丛、八角枫灌丛、枫香树灌丛、柯灌丛、乌药灌丛、杨梅灌丛、野牡丹灌丛中。

Dennstaedtiaceae
（二）碗蕨科

蕨

Pteridium aquilinum （Linnaeus） Kuhn var. *latiusculum* （Desvaux） Underwood ex A. Heller

　　植株高可达 1 米。根状茎长而横走，密被锈黄色柔毛，后渐脱落。叶远生；叶片阔三角形或长圆三角形，先端渐尖，三回羽状；羽片 4~6 对，对生或近对生，基部一对最大，二回羽状；小羽片约 10 对，互生，一回羽状；裂片 10~15 对，<u>全缘，阔披针形至长圆形，彼此间的间隔不超过裂片的宽</u>，基部不与小羽轴合生。叶上面无毛，下面在裂片主脉上多少被疏毛或近无毛。叶轴及羽轴均光滑，小羽轴下面被疏毛，<u>各回羽轴上面均有深纵沟 1 条，沟内无毛</u>。

　　产全国各地，主要产长江流域及以北地区，亚热带地区也有分布，海拔 200~830 米，生长在檵木灌丛、白栎灌丛、枹栎灌丛、盐肤木灌丛、杜鹃灌丛、茅栗灌丛、油茶灌丛、山鸡椒灌丛、火棘灌丛、青冈灌丛、胡枝子灌丛、黄荆灌丛、赤楠灌丛、化香树灌丛、马桑灌丛、木荷灌丛、白背叶灌丛、枫香树灌丛、红背山麻杆灌丛、柯灌丛、南烛灌丛、清香木灌丛、栓皮栎灌丛、小果蔷薇灌丛、杨梅灌丛中。

Equisetaceae
（三）木贼科

问荆
Equisetum arvense Linnaeus

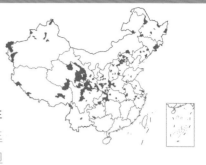

　　中小型植物。根茎斜升，直立和横走，黑棕色，节和根密生黄棕色长毛或光滑无毛。地上枝当年枯萎。枝二型。营养枝的主枝连侧枝宽常在 10 厘米以下；营养枝的轮生分枝指向上方，向上与主枝成一约 30 度或更小的角；分枝直径约为主枝直径的一半；主枝中部以下有或无分枝。成熟能育枝不能分枝。孢子囊穗圆柱形，长 1.8～4.0 厘米，直径 0.9～1.0 厘米，顶端钝，成熟时柄伸长，柄长 3～6 厘米。

　　几乎遍布全国，海拔 3700 米以下，生长在火棘灌丛、枫杨灌丛、银叶柳灌丛中。

Gleicheniaceae
（四）里白科

芒萁
Dicranopteris pedata（Houttuyn）Nakaike

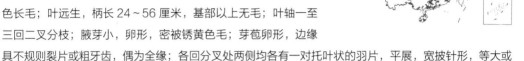

　　植株高 45~120 厘米。根状茎横走，粗约 2 毫米，密被暗锈色长毛；叶远生，柄长 24~56 厘米，基部以上无毛；叶轴一至三回二叉分枝；腋芽小，卵形，密被锈黄色毛；芽苞卵形，边缘具不规则裂片或粗牙齿，偶为全缘；各回分叉处两侧均各有一对托叶状的羽片，平展，宽披针形，等大或不等。孢子囊群圆形，1 列，着生于基部上侧或上下两侧小脉的弯弓处，由 5~8 个孢子囊组成。

　　产江苏（南部）、浙江、江西、安徽、湖北、湖南、贵州、四川、西康、福建、广东、广西、云南、香港、台湾等省份，海拔 100~2200 米，生于强酸性土，生长在桃金娘灌丛、檵木灌丛、白栎灌丛、岗松灌丛、杜鹃灌丛、油茶灌丛、赤楠灌丛、盐肤木灌丛、枫香树灌丛、乌药灌丛、杨桐灌丛、枹栎灌丛、青冈灌丛、山鸡椒灌丛、算盘子灌丛、木荷灌丛、柯灌丛、茅栗灌丛、杨梅灌丛、光荚含羞草灌丛、野牡丹灌丛、白背叶灌丛、黄荆灌丛、山乌桕灌丛、余甘子灌丛、南烛灌丛、糯米条灌丛、枇杷叶紫珠灌丛、红背山麻杆灌丛、火棘灌丛、山黄麻灌丛、栓皮栎灌丛、羊蹄甲灌丛中。

中华里白

Diplopterygium chinense（Rosenstock）De Vol

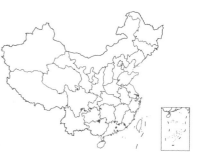

植株高约 3 米。根状茎横走，粗约 5 毫米，深棕色，密被棕色鳞片。叶片巨大，二回羽状，坚质，叶柄、羽轴、小羽轴或裂片背面密被淡棕色或锈色的鳞片和星状毛；小羽片基部宽度通常超过 20 毫米，裂片长 6 毫米以上，小脉通常超过 11 对；裂片先端为圆头或凹陷。孢子囊群圆形，一列，位于中脉和叶缘之间，着生于基部上侧小脉上，被夹毛，和裂片背面的细脉裸出，明显，由 3~4 个孢子囊组成。

产湖南、浙江、福建、广东、广西、贵州、四川，海拔 100~2800m，生长在岗松灌丛、檵木灌丛中。

（五）鳞始蕨科

乌蕨

Odontosoria chinensis（Linnaeus）J. Smith

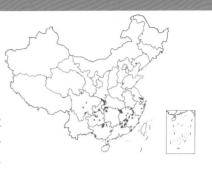

植株高达 65 厘米。根状茎短而粗，横走，密被赤褐色的钻状鳞片。叶近生，柄长 25 厘米，上面有沟，除基部外通体光滑；叶片坚草质，四回羽状，羽片 15~20 对，互生，密接；末回裂片近线形，宽约 1 毫米，叶脉 1~2 条。孢子囊群边缘着生，每裂片上 1~2 枚，顶生于 1~2 条细脉上；囊群盖灰棕色，革质，半杯形，宽与叶缘等长，近全缘或多少啮蚀，宿存。

产浙江、福建、安徽、江西、广东、海南、广西、湖南、湖北、四川、贵州、云南、香港、台湾，海拔 300~1700 米，生长在檵木灌丛、盐肤木灌丛、黄荆灌丛、马桑灌丛、白栎灌丛、油茶灌丛、红背山麻杆灌丛、化香树灌丛、火棘灌丛、小果蔷薇灌丛、枫香树灌丛、光荚含羞草灌丛、桃金娘灌丛、杨梅灌丛、中平树灌丛中。

Lycopodiaceae
（六）石松科

藤石松
Lycopodiastrum casuarinoides
（Spring）Holub ex R. D. Dixit

大型土生植物。地下茎长而匍匐。地上主茎木质攀援藤状，长达数米，圆柱形，径约2毫米，具疏叶。叶螺旋状排列，无柄，具1长2~5毫米的长芒或芒脱落。不育枝多回不等位二叉分枝，叶基扭曲使小枝呈扁平状；能育枝呈红棕色，小枝扁平，多回二叉分枝，叶鳞片状。孢子囊穗每6~26个一组生于多回二叉分枝的孢子枝顶端，排列成圆锥形，具直立的总柄和小柄；孢子叶阔卵形，先端具膜质长芒，边缘具钝齿；孢子囊生于孢子叶腋，内藏，圆肾形，黄色。

产华东、华南、华中及西南大部分省份，海拔100~3100米，生长在岗松灌丛中。

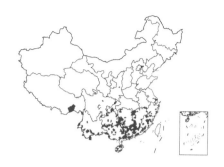

垂穗石松

Lycopodium cernuum Linnaeus

中型至大型土生植物。主茎直立，高达 60 厘米，圆柱形，中部直径 1.5～2.5 毫米，光滑无毛，多回不等位二叉分枝；侧枝上斜，有毛或无毛。叶钻形至线形，长 3～5 毫米，宽 0.4 毫米，通直或略内弯，纸质，螺旋状排列，无柄，先端渐尖，全缘；主茎上的叶稀疏，侧枝及小枝上密集。孢子囊穗单生于小枝顶端，短圆柱形，成熟时通常下垂，长 3～10 毫米，淡黄色，无柄；孢子叶覆瓦状排列，卵状菱形，长约 0.6 毫米，具不规则锯齿；孢子囊生于孢子叶腋，内藏，圆肾形，黄色。

产浙江、江西、福建、湖南、广东、广西、海南、四川、重庆、贵州、云南、香港、台湾等省份，海拔 100～1800 米，生长在桃金娘灌丛、岗松灌丛、光荚含羞草灌丛、余甘子灌丛中。

石松

Lycopodium japonicum Thunberg

多年生土生植物。匍匐茎地上生，细长横走，二至三回分叉，被稀疏的叶；侧枝直立，高达 40 厘米，多回二叉分枝，压扁状。叶披针形或线状披针形，长 4~8 毫米，基部下延，无柄，具透明发丝，边全缘。孢子囊穗 3~8 个集生于长达 30 厘米的总柄，总柄上苞片螺旋状稀疏着生；孢子囊穗不等位着生（即小柄不等长），直立，长 2~8 厘米，具 1~5 厘米长小柄；孢子叶阔卵形，宽约 2 毫米，先端具芒状长尖头，边缘啮蚀状；孢子囊生于孢子叶腋，略外露，圆肾形，黄色。

产全国除东北、华北以外的其他各省份，海拔 100~3300 米，生长在杜鹃灌丛、岗松灌丛、桃金娘灌丛、枫香树灌丛、檵木灌丛、油茶灌丛中。

海金沙

Lygodium japonicum（Thunberg）Swartz

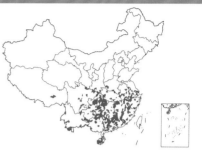

植株攀援，长可达 4 米。叶多数，对生于茎上的短枝两侧，短枝长 3~5 毫米，相距 9~11 厘米。叶二型，纸质，连同叶轴和羽轴有疏短毛；不育叶尖三角形，长宽各 10~12 厘米，二回羽状，小羽片掌状 3 裂，裂片短而阔，中央一条长约 3 厘米，宽约 6 毫米，边缘有不整齐的浅钝齿；能育叶卵状三角形，长宽各 10~20 厘米，小羽片边缘生流苏状的孢子囊穗，穗长 2~4 毫米，宽 1~1.5 毫米，排列稀疏，暗褐色。

产江苏、浙江、安徽、福建、广东、广西、湖南、贵州、四川、云南、陕西、香港、台湾等省份，海拔 100~1000 米，生长在檵木灌丛、盐肤木灌丛、红背山麻杆灌丛、桃金娘灌丛、黄荆灌丛、余甘子灌丛、白栎灌丛、岗松灌丛、牡荆灌丛、小果蔷薇灌丛、光荚含羞草灌丛、灰白毛莓灌丛、马桑灌丛、石榕树灌丛、栓皮栎灌丛、铁仔灌丛、油茶灌丛、中平树灌丛、白饭树灌丛、番石榴灌丛、枫香树灌丛、枫杨灌丛、河北木蓝灌丛、胡枝子灌丛、化香树灌丛、假木豆灌丛、马缨丹灌丛、毛黄栌灌丛、雀梅藤灌丛、山黄麻灌丛、羊蹄甲灌丛、杨桐灌丛、竹叶花椒灌丛中。

小叶海金沙

Lygodium microphyllum (Cavanilles) R. Brown

　　植株蔓攀，长达 5~7 米。叶轴纤细如铜丝，二回羽状，羽片对生于叶轴的距上，顶端密生红棕色毛。不育羽片生于叶轴下部，奇数羽状，或顶生小羽片有时两叉，<u>小羽片 4 对，互生，柄端有关节</u>；叶脉清晰，三出，小脉二至三回二叉分歧，斜向上直达锯齿。能育羽片常奇数，<u>小羽片柄端有关节，9~11 片，互生，三角形或卵状三角形，钝头，长 1.5~3 厘米，宽 1.5~2 厘米</u>。孢子囊穗排列于叶缘，到达先端，5~8 对，线形，黄褐色，光滑。

　　产福建、广东、海南、广西、云南、香港、台湾，产溪边灌木丛中，海拔 700 米以下，生长在桃金娘灌丛、白饭树灌丛、光荚含羞草灌丛、老虎刺灌丛、灰白毛莓灌丛、山鸡椒灌丛、余甘子灌丛、白栎灌丛、赤楠灌丛、枫香树灌丛、枇杷叶紫珠灌丛、白背叶灌丛、杜鹃灌丛、番石榴灌丛、假木豆灌丛、龙须藤灌丛、茅栗灌丛、青冈灌丛、山乌桕灌丛、石榕树灌丛、盐肤木灌丛、野牡丹灌丛、油茶灌丛中。

肾蕨

Nephrolepis cordifolia (Linnaeus) C. Presl

附生或土生。根状茎直立，下部生有粗铁丝状的匍匐茎；匍匐茎不分枝，疏被鳞片，生有近圆形块茎。叶簇生，柄上面有纵沟，下面密被淡棕色线形鳞片；叶片长 30~70 厘米，宽 3~5 厘米，叶轴两侧被纤维状鳞片，一回羽状，羽片披针形，常密集而呈覆瓦状排列，中部的长约 2 厘米，先端钝圆或有时为急尖头，基部常不对称。孢子囊群成 1 行位于主脉两侧，肾形或近圆形，长 1.5 毫米，生于每组侧脉的上侧小脉顶端，位于从叶边至主脉的 1/3 处；囊群盖肾形，褐棕色。

产浙江、福建、湖南、广东、海南、广西、贵州、云南、西藏、台湾，海拔 30~1500 米，生长在红背山麻杆灌丛、浆果楝灌丛、马甲子灌丛、老虎刺灌丛、桃金娘灌丛、番石榴灌丛、枫香树灌丛、黄荆灌丛、假烟叶树灌丛、羊蹄甲灌丛、中平树灌丛中。

Osmundaceae
（九）紫萁科

紫萁
Osmunda japonica Thunberg

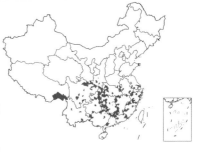

高 50~80 厘米或更高。根状茎短粗。叶簇生，叶柄长，幼时密被绒毛，不久脱落；叶片为三角广卵形，长 30~50 厘米，顶部一回羽状，其下为二回羽状；羽片 3~5 对，对生，基部一对稍大，奇数羽状；小羽片 5~9 对，近对生，无柄，长圆形或长圆披针形，不与羽轴合生，基部常有 1~2 合生裂片，边缘有均匀细锯齿；叶脉两面明显，小脉平行达于锯齿；孢子叶同营养叶等高或稍高，羽片和小羽片均短缩，小羽片变成线形，长 1.5~2 厘米，沿中肋两侧背面密生孢子囊。

分布北起山东，南达两广，东自海边，西迄云、贵、川、藏，向北至秦岭南坡，海拔 100~3000 米，生长在白栎灌丛、茅栗灌丛、乌药灌丛、盐肤木灌丛中。

星蕨
Microsorum punctatum（Linnaeus）Copeland

　　附生，高 40~60 厘米。根状茎粗壮，粗 6~8 毫米，疏被鳞片；鳞片阔卵形，长约 3 毫米，基部阔而成圆形，顶端急尖，边缘稍具齿，盾状着生，易落。叶近簇生，柄粗短或近无，长不及 1 厘米，基部疏被鳞片；叶纸质，阔线状披针形，长 35~55 厘米，顶端渐尖，基部长渐狭成翅，或呈圆楔形或近耳形，叶缘全缘或有时略呈不规则的波状；侧脉纤细而曲折，小脉两面均不显。孢子囊群直径约 1 毫米，橙黄色，不规则散生或汇合。孢子豆形，周壁平坦至浅瘤状。

　　产甘肃、湖南、广东、广西、海南、四川、贵州、云南、香港、台湾等省份，海拔 700 米以下，生长在浆果楝灌丛中。

江南星蕨

Neolepisorus fortunei (T. Moore) Li Wang

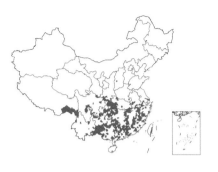

附生，植株高 30～100 厘米。<u>根状茎纤细，顶部被贴伏鳞片；鳞片卵状三角形，顶端锐尖</u>，有疏齿，盾状着生，易落。叶远生，相距 1.5 厘米；叶柄长 5～20 厘米，基部疏被鳞片；<u>叶厚纸质，线状披针形至披针形</u>，长 25～60 厘米，基部下延于柄成狭翅，全缘，有软骨质边；中脉两面隆起，侧脉不显，小脉网状略可见，两面无毛。孢子囊群大，圆形，沿中脉两侧排列成较整齐的 1 行或不规则的 2 行，靠近中脉。孢子豆形，周壁具不规则褶皱。

产长江流域及以南各省份，北达陕西和甘肃，海拔 300～1800 米，生长在浆果楝灌丛中。

有柄石韦

Pyrrosia petiolosa（Christ）Ching

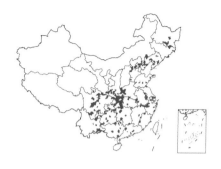

　　植株高 5~15 厘米。根状茎细长横走，幼时密被披针形棕色鳞片；鳞片长尾状渐尖头，边缘具睫毛。叶疏生，二型；不育叶高 5~8 厘米，椭圆形，长 3~6 厘米，圆钝头，基部楔形下延，具长柄；能育叶高 12~15 厘米，长卵形或长圆状披针形，长 4~7 厘米，内卷，基部被鳞片，向上被星状毛；主脉下面稍隆起，上面凹陷，侧脉和小脉均不明显；叶干后厚革质，全缘，上面有洼点，疏被星状毛，下面被厚层星状毛。孢子囊群布满叶片下面，成熟时扩散并汇合。

　　产中国东北、华北、西北、西南和长江中下游各省份，海拔 250~2200 米，生长在剑叶龙血树灌丛中。

（十一）凤尾蕨科

扇叶铁线蕨
Adiantum flabellulatum Linnaeus

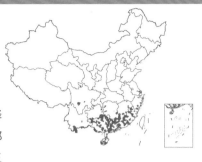

　　植株高 20～45 厘米。根状茎短而直立，密被棕色、有光泽的钻状披针形鳞片。叶簇生，柄长 10～30 厘米，紫黑色，基部被有和根状上同样的鳞片；叶片扇形，长 10～25 厘米，二至三回不对称的二叉分枝，长可达 5 厘米；小羽片 8～15 对，具短柄；叶脉多回二歧分叉，直达边缘，两面均明显。孢子囊群每羽片 2～5 枚，横生于裂片上缘和外缘，以缺刻分开；囊群盖半圆形或长圆形，革质，褐黑色，全缘，宿存。

　　产福建、江西、广东、海南、湖南、浙江、广西、贵州、四川、云南、台湾，海拔 100～1100 米，生长在桃金娘灌丛、檵木灌丛、栓皮栎灌丛、杨梅灌丛、枫香树灌丛、黄荆灌丛中。

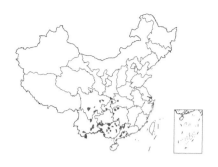

假鞭叶铁线蕨

Adiantum malesianum J. Ghatak

　　植株高 15～20 厘米。根状茎短而直立，密被披针形、棕色、缘具锯齿的鳞片。叶簇生，柄长 5～20 厘米；叶片线状披针形，长 12～20 厘米或更长，中部宽约 3 厘米，向顶端渐变小，基部不变狭，一回羽状；羽片约 25 对，基部一对羽片不缩小，近团扇形；羽片下面的毛密而紧贴并朝向羽片的前方，叶轴下面的毛密，叶轴先端往往延长成鞭状。孢子囊群每羽片 5～12 枚；囊群盖圆肾形，上缘平直，上面被密毛，棕色，纸质，全缘，宿存。

　　产广东、海南、广西、湖南、贵州、四川、云南，海拔 200～1400 米，生长在剑叶龙血树灌丛、尖尾枫灌丛、浆果楝灌丛、龙须藤灌丛中。

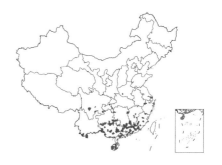

剑叶凤尾蕨

Pteris ensiformis N. L. Burman

植株高 30～50 厘米。根状茎细长，被黑褐色鳞片。叶密生，二型；叶轴两侧无翅，叶柄与叶轴禾秆色，光滑；叶片长圆状卵形，羽状，羽片 3～6 对，对生；不育叶的下部羽片三角形，尖头，常为羽状，小羽片 2～3 对，对生，密接，无柄，基部全缘，上部及先端有尖齿；能育叶的羽片疏离，基部通常为二至三叉，顶端不分叉，下部 2 对羽片有时为羽状，小羽片 2～3 对，狭线形，先端渐尖，基部下侧下延；侧脉密接，通常分叉。叶干后草质，灰绿色至褐绿色，无毛。

产浙江、江西、福建、广东、广西、贵州、四川、云南、台湾，海拔 150～1000 米，生长在龙须藤灌丛、桃金娘灌丛、白栎灌丛、光荚含羞草灌丛、红背山麻杆灌丛、羊蹄甲灌丛中。

井栏边草

Pteris multifida Poiret

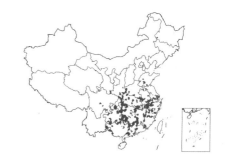

　　植株高 30~45 厘米。根状茎短而直立，先端被黑褐色鳞片。叶簇生，二型；不育叶片卵状长圆形，一回羽状，羽片通常 3 对，对生，无柄，叶缘有不整齐的尖锯齿并有软骨质的边，下部 1~2 对通常分叉，顶生三叉羽片及上部羽片的基部显著下延，在叶轴两侧形成宽 3~5 毫米的狭翅；能育叶羽片 4~6 对，仅不育部分具锯齿，余均全缘，基部 1 对有时近羽状，有长约 1 厘米的柄，余均无柄，下部 2~3 对通常二至三叉，上部几对基部长下延，在叶轴两侧形成宽 3~4 毫米的翅。

　　产河北、山东、河南、陕西、四川、贵州、广西、广东、福建、浙江、江苏、安徽、江西、湖南、湖北、台湾，海拔 1000 米以下，生长在黄荆灌丛、牡荆灌丛、盐肤木灌丛、火棘灌丛、马桑灌丛、白栎灌丛、铁仔灌丛、河北木蓝灌丛、化香树灌丛、檵木灌丛、蜡莲绣球灌丛、栓皮栎灌丛中。

蜈蚣草

Pteris vittata Linnaeus

植株高 20~150 厘米。根状茎短而粗健，木质，密被蓬松的黄褐色鳞片。叶簇生；柄坚硬，幼时密被与根状茎相同的鳞片，后渐稀疏；叶片倒披针状长圆形，长 20~90 厘米或更长，一回羽状；顶生羽片与侧生羽片同形，侧生羽片可达 40 对，不分叉，不与叶轴合生，向下羽片逐渐缩短，基部羽片仅为耳形，中部羽片最长，不育的叶缘有微细而均匀的密锯齿，不为软骨质；叶干后薄革质，无毛；叶轴疏被鳞片。成熟植株除下部缩短羽片外，几乎全部能育。

广布于我国热带和亚热带，以秦岭南坡为其在我国分布的北方界线，南到广西、广东及台湾，海拔 2000 米，生长在马桑灌丛、黄荆灌丛、火棘灌丛、盐肤木灌丛、枫杨灌丛、河北木蓝灌丛、羊蹄甲灌丛、中华绣线菊灌丛、化香树灌丛、浆果楝灌丛、老虎刺灌丛、桃金娘灌丛、冬青叶鼠刺灌丛、枫香树灌丛、岗松灌丛、光荚含羞草灌丛、红背山麻杆灌丛、灰白毛莓灌丛、毛黄栌灌丛、牡荆灌丛、枇杷叶紫珠灌丛、青冈灌丛、铁仔灌丛中。

Selaginellaceae
（十二）卷柏科

江南卷柏
Selaginella moellendorffii Hieronymus

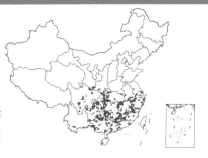

　　土生或石生，直立，高 20~55 厘米。具横走地下根茎和游走茎。根托生于茎基部。主茎中上部羽状分枝，无关节；侧枝 5~8 对，二至三回羽状分枝；分枝无毛，背腹扁，末回分枝连叶宽 2.5~4 毫米。叶（除不分枝主茎上的外）交互排列，二型，具白边；主茎的叶较疏，一型，边缘有细齿。孢子叶穗紧密，四棱柱形，单生于小枝末端，长 0.5~1.5 厘米；孢子叶一型，卵状三角形，有细齿，具白边，龙骨状；大孢子叶分布于孢子叶穗中部的下侧。大孢子浅黄色；小孢子橘黄色。

　　产云南、安徽、重庆、福建、甘肃、广东、广西、贵州、海南、湖北、河南、湖南、江苏、江西、陕西、四川、云南、浙江、香港、台湾，海拔 100~1500 米，生长在雀梅藤灌丛、黄荆灌丛、老虎刺灌丛中。

翠云草

Selaginella uncinata（Desvaux ex Poiret）Spring

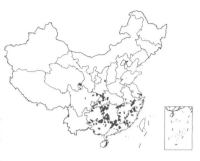

土生。主茎先直立而后攀援状，长 50～100 厘米，无横走地下茎。根托只生于主茎的下部或沿主茎断续着生。主茎自近基部羽状分枝，不呈"之"字形，无关节；侧枝 5～8 对，二回羽状分枝，末回分枝连叶宽 3.8～6 毫米。叶全部交互排列，二型，草质，表面光滑，具虹彩，边缘全缘，明显具白边；中叶基部无耳，侧叶不对称；孢子叶穗紧密，四棱柱形，单生于小枝末端；孢子叶一型；大孢子叶分布于孢子叶穗各部的下侧。大孢子灰白色或暗褐色；小孢子淡黄色。

产安徽、重庆、福建、广东、广西、贵州、湖北、湖南、江西、陕西、四川、陕西、云南、浙江、香港等省份，海拔 50～1200 米，生长在红背山麻杆灌丛、黄荆灌丛、马桑灌丛、牡荆灌丛、火棘灌丛、檵木灌丛、冬青叶鼠刺灌丛、毛黄栌灌丛、铁仔灌丛、香叶树灌丛、盐肤木灌丛、浆果楝灌丛、六月雪灌丛、小果蔷薇灌丛、烟管荚蒾灌丛、白栎灌丛、灰白毛莓灌丛、异叶鼠李灌丛中。

Thelypteridaceae
（十三）金星蕨科

渐尖毛蕨
Cyclosorus acuminatus（Houttuyn）Nakai

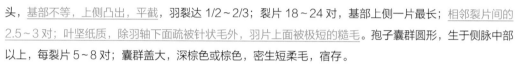

植株高 70～80 厘米。叶 2 列远生，叶柄长 30～42 厘米，无鳞片；叶片长圆状披针形，先端尾状渐尖并羽裂，基部不变狭，二回羽裂；羽片 13～18 对，中部以下的羽片披针形，渐尖头，基部不等，上侧凸出，平截，羽裂达 1/2～2/3；裂片 18～24 对，基部上侧一片最长；相邻裂片间的 2.5～3 对；叶坚纸质，除羽轴下面疏被针状毛外，羽片上面被极短的糙毛。孢子囊群圆形，生于侧脉中部以上，每裂片 5～8 对；囊群盖大，深棕色或棕色，密生短柔毛，宿存。

产陕西、甘肃、河南、山东、安徽、江苏、浙江、江西、湖北、湖南、福建、广东、广西、贵州、四川、重庆、云南、台湾等省份，海拔 100～2700 米，生长在马甲子灌丛、石榕树灌丛中。

金星蕨

Parathelypteris glanduligera（Kunze）Ching

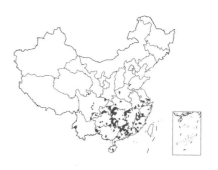

　　植株高 35~60 厘米。根状茎长而横走。叶近生，叶柄禾秆色，多少被短毛或有时光滑；二回羽状深裂，羽片约 15 对，无柄，下部羽片不缩短；中部羽片长 4~7 厘米，先端渐尖，羽裂几达羽轴；裂片 15 对以上，全缘；侧脉每裂片 5~7 对，基部一对出自主脉基部以上；叶草质，下面密被橙黄色圆球形腺体，上面沿羽轴纵沟密被针状毛。孢子囊群圆形，每裂片 4~5 对，背生于侧脉的近顶部，靠近叶边；囊群盖圆肾形，背面疏被灰白色刚毛，宿存。孢子两面型，圆肾形。

　　广布于长江以南各省份，北达河南、安徽（北部），东到台湾，南至海南，向西达四川、云南，海拔 50~1500 米。生长在马桑灌丛、黄荆灌丛、火棘灌丛、盐肤木灌丛、白栎灌丛、小果蔷薇灌丛、油茶灌丛、河北木蓝灌丛、化香树灌丛、檵木灌丛、茅栗灌丛、牡荆灌丛、枫杨灌丛、金佛山荚蒾灌丛、蜡莲绣球灌丛、毛黄栌灌丛、铁仔灌丛、灰白毛莓灌丛、浆果楝灌丛、石榕树灌丛、云实灌丛、中华绣线菊灌丛中。

裸子植物

Gymnospermae

Cupressaceae
（一）柏科

刺柏
Juniperus formosana Hayata

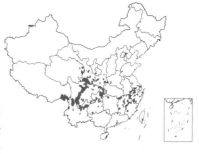

　　乔木，高达 12 米。树皮褐色，纵裂成长条薄片脱落；小枝下垂，三棱形。3 叶轮生，条状披针形或条状刺形，长 1.2～2（3.2）厘米，宽 1.2～2 毫米，先端渐尖具锐尖头，中脉绿色，两侧各有 1 条白色、很少紫色或淡绿色的气孔带，气孔带较绿色边带稍宽，在叶先端合为 1 条，下面具纵钝脊。雄球花圆球形或椭圆形，长 4～6 毫米，药隔先端渐尖，背有纵脊。球果近球形或宽卵圆形，长 6～10 毫米，熟时呈淡红褐色。种子半月圆形，具 3～4 棱脊，顶端尖，近基部有 3～4 个树脂槽。

　　产江苏、安徽、浙江、福建、江西、湖北、湖南、陕西、甘肃、青海、西藏、四川、贵州、云南、台湾等省份，海拔 200～3400 米，生长在白栎灌丛、枹栎灌丛中。

马尾松
Pinus massoniana Lambert

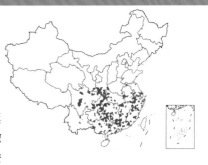

乔木，高达 45 米。树皮裂成不规则的鳞状块片，枝条每年生长一轮。针叶 2 针一束，稀 3 针一束，长 12~20 厘米，细柔，微扭曲，两面有气孔线，边缘有细齿，叶鞘宿存。雄球花圆柱形，弯垂，长 1~1.5 厘米，聚生于新枝下部苞腋，穗状，长 6~15 厘米；雌球花单生或 2~4 个聚生于新枝近顶端，一年生小球果圆球形或卵圆形，径约 2 厘米，上部珠鳞的鳞脊具向上直立的短刺。球果卵圆形或圆锥状卵圆形，长 4~7 厘米，下垂；鳞盾菱形，微隆起或平，鳞脐常无刺。种子连翅长 2~2.7 厘米长卵圆形。

广泛分布于秦岭—淮河以南各省份，海拔 1500 米以下，生长在檵木灌丛、白栎灌丛、桃金娘灌丛、枹栎灌丛、杜鹃灌丛、毛黄栌灌丛、青冈灌丛、山鸡椒灌丛、栓皮栎灌丛、赤楠灌丛、番石榴灌丛、化香树灌丛、马桑灌丛、山胡椒灌丛、杨梅灌丛、油茶灌丛、中华绣线菊灌丛中。

被子植物

Angiospermae

Acanthaceae
（一）爵床科

爵床
Justicia procumbens Linnaeus

　　草本，高 20~50 厘米。茎基部匍匐，常有短硬毛。叶椭圆形至椭圆状长圆形，长 1.5~3.5 厘米，两面常被短硬毛；叶柄长 3~5 毫米，被短硬毛。穗状花序密被长硬毛，顶生或生上部叶腋，长 1~3 厘米；苞片 1，小苞片 2，线状披针形，长 4~5 毫米，有缘毛；花萼裂片 4，线形，有膜质边缘和缘毛；花冠粉红色，长 7 毫米，2 唇形，下唇 3 浅裂；雄蕊 2，药室不等高，下方 1 室有距。蒴果长约 5 毫米，上部具 4 粒种子，下部实心似柄状。种子表面有瘤状皱纹。

　　产秦岭以南，东至江苏、台湾，南至广东，西南至云南、西藏，海拔 2400 米以下，生长在枫杨灌丛、黄荆灌丛、枇杷叶紫珠灌丛、青冈灌丛、八角枫灌丛、羊蹄甲灌丛、化香树灌丛、灰白毛莓灌丛、火棘灌丛、檵木灌丛、马甲子灌丛、马桑灌丛、牡荆灌丛中。

少花马蓝

Strobilanthes oligantha Miquel

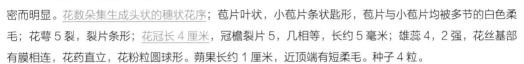

草本，高 40~50 厘米。茎基部节膨大膝曲，疏被白色，有时倒向的毛。叶柄长 3.5~4 厘米，叶片宽卵形至椭圆形，长 4~10 厘米，边具疏锯齿，侧脉每边 4~6 条，上面白色钟乳体密而明显。花数朵集生成头状的穗状花序；苞片叶状，小苞片条状匙形，苞片与小苞片均被多节的白色柔毛；花萼 5 裂，裂片条形；花冠长 4 厘米，冠檐裂片 5，几相等，长约 5 毫米；雄蕊 4，2 强，花丝基部有膜相连，花药直立，花粉粒圆球形。蒴果长约 1 厘米，近顶端有短柔毛。种子 4 粒。

产浙江、安徽、江西、福建、湖南、湖北、四川，海拔 100~800 米，生长在棕竹灌丛中。

Actinidiaceae
（二）猕猴桃科

中华猕猴桃
Actinidia chinensis Planchon

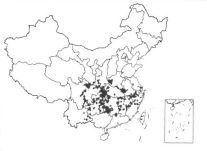

大型落叶藤本。幼枝有灰白色茸毛或褐色长硬毛或铁锈色硬毛状刺毛。叶纸质，倒阔卵形至倒卵形或阔卵形至近圆形，顶端截平形并中间凹入或具突尖、急尖至短渐尖，边缘具脉出的直伸的睫状小齿，背面苍绿色，密被灰白色或淡褐色星状绒毛，侧脉常在中部以上分歧成叉状；叶柄被灰白色茸毛或黄褐色长硬毛或铁锈色硬毛状刺毛。聚伞花序 1~3 花，花初时白色，后变淡黄色；萼片通常 5 片，两面密被压紧的黄褐色绒毛。果黄褐色，长 4~6 厘米；宿存萼片反折。

产陕西、湖北、湖南、河南、安徽、江苏、浙江、江西、福建、广东和广西等省份，海拔 200~600 米，生长在盐肤木灌丛、火棘灌丛、茅栗灌丛中。

阔叶猕猴桃

Actinidia latifolia（Gardner & Champion）Merrill

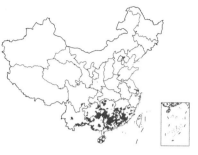

大型落叶藤本。叶坚纸质，通常为阔卵形，宽5～12厘米，基部钝圆形或浅心形；叶柄长3～7厘米，无毛或略被微茸毛。花序为三至四歧多花的大型聚伞花序，每一花序有花10朵或更多，花序柄长4～5厘米，雄花花序远较雌性花的为长；花瓣5～8片，前半部及边缘部分白色，下半部的中央部分橙黄色，开放时反折。果暗绿色，圆柱形或卵状圆柱形，无毛或仅在两端有少量残存茸毛。种子纵径2～2.5毫米。

产四川、云南、贵州、安徽、浙江、福建、江西、湖南、广西、广东、台湾等省份，海拔450～800米，生长在蜡瓣花灌丛中。

桦叶荚蒾
Viburnum betulifolium Batalin

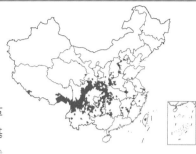

落叶灌木或小乔木。小枝稍有棱角。叶厚纸质或略带革质，宽卵形至菱状卵形或宽倒卵形，长 3.5～12 厘米，边缘离基 1/3～1/2 以上具不规则浅波状牙齿，下面中脉及侧脉被少数短伏毛，脉腋集聚簇状毛，侧脉 5～7 对。复伞形式聚伞花序顶生或生于具 1 对叶的侧生短枝上，直径 5～12 厘米，总花梗初时通常长不到 1 厘米，果时可达 3.5 厘米，第 1 级辐射枝通常 7 条，花生于第（3～）4（～5）级辐射枝上；萼筒有黄褐色腺点；花冠白色，无毛。果实红色，近圆形，长约 6 毫米；核扁。

产北京、河北、山西、宁夏、青海、山东、河南、安徽、江西、福建、湖南、广西、台湾、陕西、甘肃、四川、贵州、云南和西藏，海拔 1300～3100 米，生长在白栎灌丛、火棘灌丛、檵木灌丛、马桑灌丛、山胡椒灌丛、桃金娘灌丛、盐肤木灌丛中。

金佛山荚蒾

Viburnum chinshanense Graebner

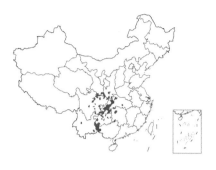

　　灌木，高达 5 米。幼枝、幼叶下面、叶柄和花序均被由灰白色或黄白色簇状毛组成的绒毛，二年生小枝无毛。叶纸质至厚纸质，披针状矩圆形或狭矩圆形，长 5～15 厘米，全缘，侧脉 7～10 对，近缘处互相网结，上面侧脉或有时连同小脉略凹陷，但不为极度皱纹状；叶柄长 1～2 厘米。聚伞花序，第 1 级辐射枝通常 5～7 条，花通常生于第 2 级辐射枝上；萼筒多少被簇状毛；花冠白色，辐状，径约 7 毫米，外面疏被簇状毛。果实先红色后变黑色；核甚扁，有 2 条背沟和 3 条腹沟。

　　产陕西、甘肃、四川、贵州及云南等省份，海拔 100～1900 米，生长在黄荆灌丛、火棘灌丛、盐肤木灌丛、牡荆灌丛、铁仔灌丛、刺叶冬青灌丛、金佛山荚蒾灌丛、异叶鼠李灌丛、山胡椒灌丛中。

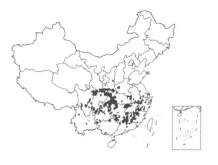

宜昌荚蒾

Viburnum erosum Thunberg

　　落叶灌木，高达 3 米。当年小枝连同芽、叶柄和花序均密被簇状短毛和简单长柔毛。叶纸质，长 3~11 厘米，顶端渐尖或急尖，边缘有波状小尖齿，下面密被簇状绒毛，近基部两侧有少数腺体；侧脉 7~14 对，直达齿端；叶柄长 3~5 毫米，基部有 2 枚宿存钻形小托叶。复伞形式聚伞花序生于具 1 对叶的侧生短枝之顶，径 2~4 厘米，总花梗长 1~2.5 厘米，第 1 级辐射枝通常 5 条，花生于第 2 至第 3 级辐射枝上；花冠白色，辐状，径约 6 毫米。果实红色。

　　产陕西、山东、江苏、安徽、浙江、江西、福建、河南、湖北、湖南、广东、广西、四川、贵州、云南、台湾等省份，海拔 300~2300 米，生长在白栎灌丛、檵木灌丛、盐肤木灌丛、蜡莲绣球灌丛、茅栗灌丛、烟管荚蒾灌丛中。

南方荚蒾

Viburnum fordiae Hance

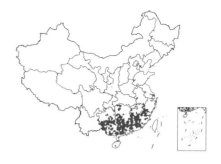

灌木或小乔木，高达 5 米。幼枝、芽、叶柄、花序、萼和花冠外面均被黄褐色簇状绒毛。叶宽卵形或菱状卵形，长 4~9 厘米，顶端钝至短渐尖，边缘常有小尖齿；上面老时仅脉上有毛，下面毛较密，无腺点，侧脉 5~9 对；无托叶。复伞形式聚伞花序，总花梗长 1~3.5 厘米或近无，第 1 级辐射枝通常 5 条；萼筒倒圆锥形，萼齿钝三角形；花冠白色，辐状；裂片卵形，比筒长；雄蕊与花冠等长或略超出；花柱高出萼齿，柱头头状。果实红色，长 6~7 毫米；核长约 6 毫米。

产安徽、浙江、江西、福建、湖南、广东、广西、贵州及云南等省份，海拔可达 1300 米，生长在茅栗灌丛、檵木灌丛、桃金娘灌丛、白栎灌丛、枫香树灌丛、浆果楝灌丛、老虎刺灌丛、栓皮栎灌丛、白饭树灌丛、尖尾枫灌丛、山鸡椒灌丛中。

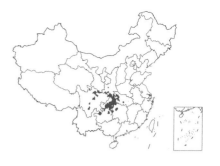

皱叶荚蒾

Viburnum rhytidophyllum Hemsley

　　常绿灌木或小乔木，高达 4 米。幼枝、芽、叶下面、叶柄及花序均被簇状厚绒毛。叶革质，卵状矩圆形至卵状披针形，长 8～25 厘米，全缘或有不明显小齿，上面各脉深凹陷而呈极度皱纹状；侧脉 6～12 对，近缘处互相网结，很少直达齿端；叶柄长 1.5～4 厘米。聚伞花序稠密，径 7～12 厘米，第 1 级辐射枝通常 7 条，花生于第 3 级辐射枝上，无柄；萼筒筒状钟形，被黄白色簇状绒毛；花冠白色，辐状，几无毛。果实红色，后变黑色；核有 2 条背沟和 3 条腹沟。

　　产陕西、湖北、四川及贵州等省份，海拔 800～2400 米，生长在茅栗灌丛、小果蔷薇灌丛中。

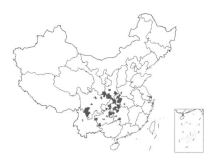

烟管荚蒾
Viburnum utile Hemsley

常绿灌木，高达 2 米。叶下面、叶柄和花序均被由灰白色或黄白色簇状细绒毛。叶革质，卵圆状矩圆形或卵圆形至卵圆状披针形，长 2~8.5 厘米，全缘或有少数不明显疏浅齿；侧脉 5~6 对，近缘前互相网结。聚伞花序径 5~7 厘米，第 1 级辐射枝常 5 条，花常生于第 2 至第 3 级辐射枝上；萼筒筒状，无毛，萼齿卵状三角形；花冠白色，辐状，径 6~7 毫米，裂片与筒等长或略长。果实红色，后变黑色，椭圆状矩圆形至椭圆形，长 6~8 毫米；核有 2 条极浅背沟和 3 条腹沟。

产陕西、湖北、湖南、四川及贵州等省份，海拔 500~1800 米，生长在黄荆灌丛、毛黄栌灌丛、化香树灌丛、火棘灌丛、牡荆灌丛、烟管荚蒾灌丛、蜡莲绣球灌丛、檵木灌丛、马桑灌丛、中华绣线菊灌丛、茅栗灌丛、枇杷叶紫珠灌丛、山胡椒灌丛中。

Alangiaceae
（四）八角枫科

八角枫
Alangium chinense（Loureiro）Harms

　　落叶乔木或灌木，高 3~5 米，稀达 15 米。小枝略呈"之"字形。叶近圆形或椭圆形、卵形；基出脉 3~7，成掌状，侧脉 3~5 对；叶柄长 2.5~3.5 厘米。聚伞花序腋生，每花序有 7~50 朵花；总花梗长 1~1.5 厘米，常分节；花冠圆筒形，花萼长 2~3 毫米，顶端分裂为 5~8 枚齿状萼片；花瓣 6~8，初为白色，后变黄色；雄蕊和花瓣同数而近等长，花药长 6~8 毫米，药隔无毛。核果卵圆形，长 5~7 毫米，成熟后黑色，顶端有宿存的萼齿和花盘，种子 1 颗。

　　产河南、陕西、甘肃、江苏、浙江、安徽、福建、江西、湖北、湖南、四川、贵州、云南、广东、广西、西藏、台湾等省份，海拔 1800 米以下，生长在红背山麻杆灌丛、黄荆灌丛、马桑灌丛、八角枫灌丛、浆果楝灌丛、枫杨灌丛、龙须藤灌丛、牡荆灌丛、木荷灌丛、羊蹄甲灌丛、番石榴灌丛、火棘灌丛、雀梅藤灌丛、山胡椒灌丛、栓皮栎灌丛、小果蔷薇灌丛、竹叶花椒灌丛中。

（五）苋科

土牛膝
Achyranthes aspera Linnaeus

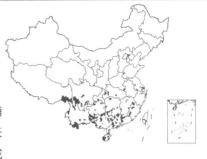

多年生草本，高 20～120 厘米。茎四棱形，有柔毛，节部稍膨大，分枝对生。叶片纸质，宽卵状倒卵形或椭圆状矩圆形，长 1.5～7 厘米，宽 0.4～4 厘米，顶端圆钝，具突尖，基部楔形或圆形，全缘或波状缘。穗状花序顶生，直立，长 10～30 厘米；小苞片刺状，基部两侧各有 1 个薄膜质翅；退化雄蕊顶端有具分枝流苏状长缘毛。胞果卵形，长 2.5～3 毫米。种子卵形，长约 2 毫米，棕色。

产湖南、江西、福建、广东、广西、四川、云南、贵州、台湾等省份，海拔 800～2300 米，生长在枫杨灌丛、黄荆灌丛、火棘灌丛、化香树灌丛、马桑灌丛、栓皮栎灌丛、小果蔷薇灌丛中。

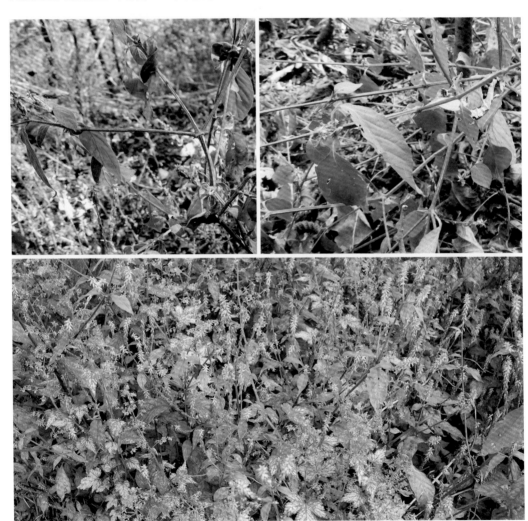

莲子草

Alternanthera sessilis
（Linnaeus）R. Brown ex Candolle

多年生草本，高 10~45 厘米。圆锥根粗。茎上升或匍匐，有条纹及纵沟，沟内有柔毛，在节处有 1 行横生柔毛。叶片长 1~8 厘米，宽 2~20 毫米，全缘或有不显明锯齿，叶柄长 1~4 毫米。头状花序 1~4 个，腋生，无总花梗，直径 3~6 毫米，花轴密生白色柔毛；苞片及花被片顶端不成刺状，花被片大小相等；雄蕊 3，花丝基部连合成杯状，退化雄蕊顶端全缘。胞果倒心形，长 2~2.5 毫米，侧扁，翅状，深棕色，包在宿存花被片内。种子卵球形。

产安徽、江苏、浙江、江西、湖南、湖北、四川、云南、贵州、福建、广东、广西、台湾等省份，海拔 1600 米以下，生长在雀梅藤灌丛、细叶水团花灌丛中。

刺苋

Amaranthus spinosus Linnaeus

一年生草本，高 30～100 厘米。茎直立，圆柱形或钝棱形，多分枝，有纵条纹。叶片菱状卵形或卵状披针形，长 3～12 厘米，宽 1～5.5 厘米，全缘；叶柄长 1～8 厘米，在其旁有 2 刺，刺长 5～10 毫米。圆锥花序腋生及顶生，下部顶生花穗常全部为雄花；苞片在腋生花簇及顶生花穗的基部者变成尖锐直刺，长 5～15 毫米。胞果矩圆形，长 1～1.2 毫米，在中部以下不规则横裂，包裹在宿存花被片内。种子近球形，直径约 1 毫米，黑色或带棕黑色。

产陕西、河南、安徽、江苏、浙江、江西、湖南、湖北、四川、云南、贵州、广西、广东、福建、台湾，海拔 200～2000 米，生长在银叶柳灌丛中。

青葙

Celosia argentea Linnaeus

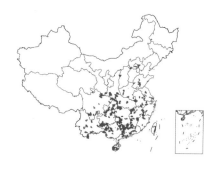

一年生草本，高 0.3~1 米，全体无毛。茎直立，有分枝，绿色或红色，具显明条纹。叶片长 5~8 厘米，宽 1~3 厘米，绿色常带红色。花多数，密生，在茎端或枝端成单一、无分枝的塔状或圆柱状穗状花序，长 3~10 厘米；苞片及小苞片披针形，长 3~4 毫米，白色，光亮，顶端渐尖，延长成细芒；花被片长 6~10 毫米，初为白色顶端带红色，或全部粉红色，后成白色；花药紫色；花柱紫色。胞果卵形，长 3~3.5 毫米，包裹在宿存花被片内。种子凸透镜状肾形，直径约 1.5 毫米。

分布几乎遍布全国，野生或栽培，海拔可达 1100 米，生长在红背山麻杆灌丛、银叶柳灌丛、马缨丹灌丛中。

（六）漆树科

毛黄栌

Cotinus coggygria var. pubescens Engler

灌木，高3~5m。叶多为阔椭圆形，稀圆形，叶背，尤其沿脉上和叶柄密被柔毛。花序无毛或近无毛。圆锥花序；花杂性，花梗长7~10毫米，花萼无毛，裂片卵状三角形；花瓣卵形或卵状披针形，无毛；雄蕊5，花药卵形，与花丝等长；花盘5裂，紫褐色；子房近球形，花柱3，分离，不等长。果肾形，无毛，长约4.5毫米，宽约2.5毫米。

产贵州、四川、甘肃、陕西、山西、山东、河南、湖北、江苏、浙江等省份，海拔800~1500米，生长在毛黄栌灌丛、刺叶冬青灌丛、栓皮栎灌丛、白栎灌丛、黄荆灌丛、化香树灌丛、马桑灌丛、烟管荚蒾灌丛、茅栗灌丛、铁仔灌丛中。

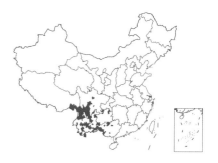

清香木

Pistacia weinmanniifolia J. Poisson ex Franchet

常绿小乔木或灌木，高15~20米。小枝、嫩叶及花序密生锈色茸毛。偶数羽状复叶互生，长6~15厘米，叶轴有窄翅；小叶8~18，革质，矩圆形，长1.5~4厘米，宽0.8~2厘米，顶端圆钝或微凹，具芒状短硬尖，基部楔形，全缘，边稍向下面反卷，上面稍有光泽。圆锥花序腋生，与叶同出，花小，雌雄异株，无花瓣；雄花萼片5~8，粉红色，有毛，雄蕊5~7，有不育雌蕊存在；雌花萼片7~10，子房1室，无柄，有胚珠1颗。核果球形，成熟时红色，直径约5毫米，上有网纹。

分布于四川、西藏、云南、贵州、广西等省份，多生于干热河谷地区，生长在浆果楝灌丛、清香木灌丛、火棘灌丛、老虎刺灌丛、番石榴灌丛、红背山麻杆灌丛、马甲子灌丛、青冈灌丛中。

盐肤木
Rhus chinensis Miller

落叶小乔木或灌木，高 2～10 米。小枝棕褐色，被锈色柔毛，具圆形小皮孔。奇数羽状复叶有小叶 2～6 对，叶轴具宽的叶状翅，小叶自下而上逐渐增大，叶轴和叶柄密被锈色柔毛；小叶长 6～12 厘米，宽 3～7 厘米，边缘具粗锯齿或圆齿，叶背被白粉，沿中脉被锈色柔毛；小叶无柄。圆锥花序顶生，多分枝，雄花序长 30～40 厘米，雌花序较短，密被锈色柔毛。核果球形，略压扁，径 4～5 毫米，被具节柔毛和腺毛，成熟时呈红色，果核径 3～4 毫米。

我国除东北、内蒙古和新疆外，其余省份均有分布，海拔 170～2700 米，生长在盐肤木灌丛、檵木灌丛、白栎灌丛、马桑灌丛、黄荆灌丛、火棘灌丛、桃金娘灌丛、枹栎灌丛、牡荆灌丛、栓皮栎灌丛、茅栗灌丛、算盘子灌丛、化香树灌丛、山鸡椒灌丛、小果蔷薇灌丛、羊蹄甲灌丛、枫香树灌丛、红背山麻杆灌丛、山胡椒灌丛、铁仔灌丛、油茶灌丛、毛黄栌灌丛、杜鹃灌丛、老虎刺灌丛、河北木蓝灌丛、浆果楝灌丛、木荷灌丛、中华绣线菊灌丛、紫薇灌丛、白背叶灌丛、柯灌丛、青冈灌丛、赤楠灌丛、光荚含羞草灌丛、假木豆灌丛、南烛灌丛、枇杷叶紫珠灌丛、乌药灌丛、番石榴灌丛、胡枝子灌丛、灰白毛莓灌丛、南蛇藤条灌丛、糯米条灌丛、杨梅灌丛、野牡丹灌丛、插田泡灌丛、大叶紫珠灌丛、枫杨灌丛、岗松灌丛、剑叶龙血树灌丛、龙须藤灌丛、雀梅藤灌丛、烟管荚蒾灌丛、杨桐灌丛、余甘子灌丛、云实灌丛中。

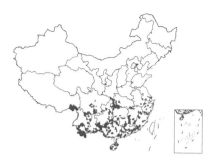

野漆

Toxicodendron succedaneum（Linnaeus）Kuntze

落叶乔木或小乔木，高达 10 米。植株无毛。奇数羽状复叶互生，常集生小枝顶端，长 25~35 厘米；叶柄长 6~9 厘米；小叶 4~7 对，对生或近对生，长圆状椭圆形、阔披针形或卵状披针形，先端渐尖或长渐尖，基部多少偏斜，全缘。圆锥花序长 7~15 厘米，为叶长之半，无毛；花黄绿色，径约 2 毫米；花萼裂片阔卵形；花瓣长圆形，中部具不明显的羽状脉或近无脉，开花时外卷；雄蕊伸出，花丝线形，花药卵形；花盘 5 裂；子房球形，柱头 3 裂。核果极偏斜，径 7~10 毫米。

华北至长江以南各省份均产，海拔 150~2500 米，生长在桃金娘灌丛、白栎灌丛、檵木灌丛、枹栎灌丛、岗松灌丛、青冈灌丛、灰白毛莓灌丛、柯灌丛、木荷灌丛、油茶灌丛、杨桐灌丛、赤楠灌丛、火棘灌丛、毛黄栌灌丛、茅栗灌丛、山鸡椒灌丛、算盘子灌丛、乌药灌丛中。

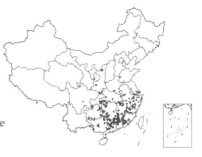

木蜡树

Toxicodendron sylvestre（Siebold & Zuccarini）Kuntze

　　落叶乔木或小乔木，高达 10 米。幼枝和芽、叶轴和叶柄、花序被黄褐色绒毛。奇数羽状复叶互生，小叶 3～7 对；小叶对生，基部不对称，全缘，两面被柔毛，侧脉 15～25 对，两面凸起。圆锥花序长 8～15 厘米，不超过叶长之半，密被锈色绒毛；花黄色，花梗被卷曲微柔毛，其余无毛；花萼裂片卵形；花瓣长圆形；雄蕊伸出，花丝线形，花药卵形，在雌花中雄蕊较短，花丝钻形；子房球形，径约 1 毫米。核果极偏斜，先端偏于一侧，长大于宽，外果皮成熟时不裂。

　　长江以南各省份均产，海拔 140～2300 米，生长在檵木灌丛、桃金娘灌丛、茅栗灌丛、乌药灌丛、白栎灌丛、岗松灌丛、杜鹃灌丛、光荚含羞草灌丛、黄荆灌丛、木荷灌丛、栓皮栎灌丛中。

漆树

Toxicodendron verniciluum（Stokes）F. A. Barkley

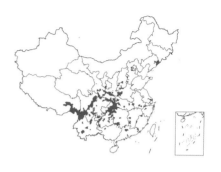

落叶乔木，高达 20 米。树皮呈不规则纵裂，小枝、叶轴、叶柄及花序轴纤细，均被毛。奇数羽状复叶互生，常螺旋状排列，小叶 4～6 对；小叶基部偏斜，全缘，叶背沿脉上被平展黄色柔毛，稀近无毛，侧脉 10～15 对；小叶柄长 4～7 毫米。圆锥花序长 15～30 厘米，与叶近等长；花黄绿色；花萼无毛，裂片卵形；花瓣长圆形，开花时外卷；花丝线形；花药长圆形；花盘 5 浅裂；子房球形，花柱 3。果序下垂，核果肾形或椭圆形，不偏斜，外果皮成熟后不裂；果核棕色。

除黑龙江、吉林、内蒙古和新疆外，其余省份均产，海拔 800～2800 米，生长在山乌桕灌丛、杜鹃灌丛、羊蹄甲灌丛、杨梅灌丛、枫香树灌丛、光荚含羞草灌丛、浆果楝灌丛、牡荆灌丛、青冈灌丛中。

Apiaceae
（七）伞形科

野胡萝卜
Daucus carota Linnaeus

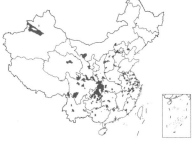

　　二年生草本，高 15~120 厘米。茎单生，全体有白色粗硬毛。基生叶薄膜质，二至三回羽状全裂；茎生叶近无柄，有叶鞘，末回裂片小或细长。复伞形花序，花序梗长有糙硬毛；总苞有多数苞片，呈叶状，羽状分裂，少有不裂的；伞辐多数，结果时外缘的伞辐向内弯曲；小总苞片 5~7，线形，边缘具纤毛；花通常白色，有时带淡红色。果实圆卵形，长 3~4 毫米，宽 2 毫米，棱上有白色刺毛。

　　产四川、贵州、湖北、江西、安徽、江苏、浙江等省份，海拔 200~3000 米，生长在黄荆灌丛、火棘灌丛、马桑灌丛、金佛山荚蒾灌丛、枫香树灌丛、牡荆灌丛、盐肤木灌丛中。

前胡

Peucedanum praeruptorum Dunn

多年生草本，高 0.6~1 米。茎圆柱形，<u>髓部充实。基生叶具长柄，叶柄长 5~15 厘米；叶宽卵形，二至三回分裂，小裂片菱状倒卵形，具粗齿或浅裂</u>，长 1.5~6 厘米；茎上部叶无柄，3 裂，中裂片基部下延。复伞形花序多数，径 3.5~9 厘米；花序梗顶端多短毛，伞辐 6~15；<u>小总苞片 8~12，披针形，比花柄稍长，与果柄近等长</u>；伞形花序有 15~20 花；萼齿不显著；花瓣白色。果卵圆形，<u>长约 4 毫米，径约 3 毫米</u>，褐色，有疏毛；背棱线形稍凸起，侧棱翅状稍厚，<u>棱槽油管 3~5，合生面油管 6~10</u>。

产甘肃、河南、贵州、广西、四川、湖北、湖南、江西、安徽、江苏、浙江、福建等省份，海拔 250~2000 米，生长在盐肤木灌丛、白栎灌丛、黄荆灌丛中。

（八）冬青科

满树星
Ilex aculeolata Nakai

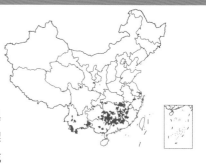

　　落叶灌木，高 1~4 米。小枝具长枝和短枝，长枝被柔毛，具宿存鳞片及叶痕。叶倒卵形，长 2~6 厘米，先端骤尖，基部楔形，具锯齿，侧脉 4~5 对；叶柄长 0.5~1.1 厘米，被柔毛。花序单生叶腋或鳞片腋内；花白色，芳香，4~5 基数；雄花序梗长 0.5~2 毫米，具 1~3 花；花梗长 1.5~3 毫米，无毛；花萼 4 深裂，花瓣圆卵形，啮蚀状，基部稍合生；雄蕊 4~5；不育子房卵球形，具短喙；雌花花梗长 3~4 毫米。果球形，径约 7 毫米，熟时黑色，分核 4，椭圆体形，背部具深皱纹及网状条纹。

　　产浙江、江西、福建、湖北、湖南、广东、广西、海南和贵州等省份，海拔 100~1200 米，生长在白栎灌丛、檵木灌丛、枹栎灌丛、山鸡椒灌丛、杜鹃灌丛、茅栗灌丛、乌药灌丛、枫香树灌丛、盐肤木灌丛、油茶灌丛中。

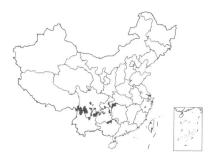

刺叶冬青
Ilex bioritsensis Hayata

　　常绿灌木或小乔木；高达 10 米。叶卵形或菱形，长 2~5.5 厘米，先端渐尖，具 1 长约 3 毫米的刺，基部圆或平截，边缘具 3~4 对硬刺齿，侧脉 4~6 对；叶柄长 3 毫米，被柔毛。花簇生于二年生枝叶腋，花梗长约 2 毫米；花 2~4 基数，淡黄绿色。雄花萼裂片宽三角形，花瓣宽椭圆形，长约 3 毫米，雄蕊长于花瓣，不育子房卵球形；雌花花被同雄花，子房长圆状卵圆形，柱头薄盘状。果椭圆形，长 0.8~1 厘米，熟时红色；分核 2，卵形或近圆形，长 5~6 毫米，宽 4~5 毫米。

　　产湖北、四川、贵州、云南、台湾等省份，海拔 1800~3200 米，生长在刺叶冬青灌丛、檵木灌丛、毛黄栌灌丛中。

枸骨

Ilex cornuta Lindley & Paxton

常绿灌木或小乔木，高 0.6～3 米。叶二型，厚革质，四角状长圆形，稀卵形，全缘或波状，每边具 1～3 坚挺的刺，长 4～9 厘米；侧脉 5～6 对。花序簇生叶腋，花 4 基数，淡黄绿色；雄花花梗长 5～6 毫米，花萼径 2.5 毫米，裂片疏被微柔毛、花瓣长圆状卵形，长 3～4 毫米，雄蕊与花瓣几等长，退化子房近球形；雌花花梗长 8～9 毫米，萼与瓣同雄花，退化雄蕊长为花瓣 4/5。果球形，径 0.8～1 厘米，熟时红色，宿存柱头盘状；分核 4，背部密被皱纹及纹孔及纵沟，内果皮骨质。

产江苏、上海、安徽、浙江、江西、湖北、湖南等省份，海拔 150～1900 米，生长在盐肤木灌丛、檵木灌丛、山胡椒灌丛、杨桐灌丛中。

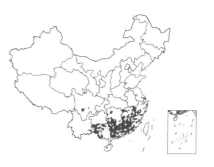

毛冬青
Ilex pubescens Hooker & Arnott

常绿灌木或小乔木，高3~4米。小枝、叶片、叶柄及花序均密被长硬毛。叶纸质或膜质，椭圆形或长卵形，长2~6厘米，边缘具疏而尖的细锯齿或近全缘。花序簇生1~2年生枝叶腋；雄花序分枝为具1或3花的聚伞花序，花4~5基数，粉红色，花萼被长柔毛及缘毛，退化雌蕊垫状具短喙；雌花序分枝具1（3）花，6~8基数，花瓣长圆形，花柱明显。果球形，径约4毫米，熟时红色，宿存柱头头状或厚盘状；分核5~7，椭圆形，背面具纵宽沟及3条纹。

产安徽、浙江、江西、福建、湖南、广东、香港、广西、贵州、海南等省份，海拔60~1000米，生长在檵木灌丛、桃金娘灌丛、木荷灌丛、岗松灌丛、乌药灌丛、赤楠灌丛、柯灌丛、枇杷叶紫珠灌丛、油茶灌丛中。

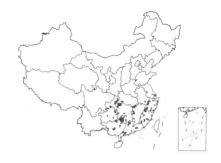

香冬青

Ilex suaveolens（H. Léveillé）Loesener

常绿乔木，高达 15 米。当年生小枝具棱角，秃净，二年生枝近圆柱形，皮孔隆起。叶片革质，卵形或椭圆形，长 5~6.5 厘米，宽 2~2.5 厘米，基部宽楔形，下延，叶缘疏生小圆齿，两面无毛，侧脉 8~10 对，和主脉在两面略隆起；叶柄长约 1.5~2 厘米，具翅。具 3 个果的聚伞状果序单生于叶腋，果序梗长 1~2 厘米，具棱，无毛，果梗长 5~8 毫米，无毛。成熟果红色，长球形，长约 9 毫米，宿存花萼径 2 毫米，5 裂，宿存柱头乳头状；分核 4，长圆形，长约 8 毫米，内果皮石质。

产安徽、浙江、江西、福建、湖北、湖南、广东、广西、四川、贵州和云南等省份，海拔 600~1600 米，生长在檵木灌丛、茅栗灌丛、盐肤木灌丛中。

Araliaceae

（九）五加科

楤木

Aralia elata（Miquel）Seemann

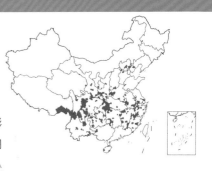

　　灌木或小乔木，高 1.5~6 米。小枝疏生多数细刺，基部膨大。叶为二回或三回羽状复叶；托叶和叶柄基部合生；叶轴和羽片轴基部通常有短刺；羽片有小叶 7~11，基部有小叶 1 对；小叶片卵形、阔卵形或长卵形，长 5~15 厘米或更长，宽 3~8 厘米，无毛绒两面脉上有短柔毛和细刺毛。圆锥花序较繁密，密生黄棕色或灰色短柔毛，长 30~45 厘米，伞房状；伞形花序直径 1~1.5 厘米；花黄白色；萼无毛，边缘有 5 个卵状三角形小齿。果实球形，黑色，直径 4 毫米，有 5 棱。

　　广泛分布于我国南北各省份，海拔 2700 米以下，生长在盐肤木灌丛、灰白毛莓灌丛、檵木灌丛、茅栗灌丛、木荷灌丛、山胡椒灌丛、山鸡椒灌丛、光荚含羞草灌丛、柯灌丛、白栎灌丛、枹栎灌丛、黄荆灌丛、毛黄栌灌丛、青冈灌丛、石榕树灌丛、桃金娘灌丛、油茶灌丛中。

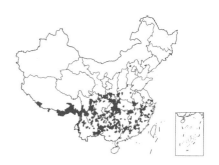

常春藤

Hedera nepalensis var. sinensis（Tobler）Rehder

常绿攀援灌木。茎长 3~20 米，有气生根，幼嫩部分和花序上有锈色鳞片。叶片革质，边缘全缘或 1~3 裂；叶柄细长。伞形花序单个顶生或数个总状排列或伞房状排列成圆锥花序，总花梗长 1~3.5 厘米；苞片三角形；花梗长 0.4~1.2 厘米；花淡黄白色或淡绿白色，芳香，萼长 2 毫米；花瓣 5，三角状卵形，长 3~3.5 毫米；雄蕊 5，花丝长 2~3 毫米，花药紫色；子房 5 室；花盘隆起，黄色；花柱全部合生成柱状。果实球形，红色或黄色，直径 7~13 毫米；宿存花柱长 1~1.5 毫米。

分布区北自甘肃、陕西、河南、山东，南至广东、江西、福建，西自西藏波密，东至江苏、浙江，海拔 100~3500 米，生长在黄荆灌丛、火棘灌丛、蜡莲绣球灌丛、白栎灌丛、毛黄栌灌丛中。

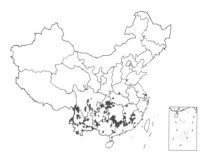

穗序鹅掌柴
Schefflera delavayi (Franchet) Harms

　　乔木或灌木，高 3~8 米。<u>小枝、幼叶下面、花序轴、苞片及小苞片、花萼密生黄棕色星状绒毛</u>。小叶 4~7，叶柄最长可至 70 厘米；小叶片长达 35 厘米，上面无毛，全缘或疏生牙齿，或不规则缺刻至羽状分裂。<u>花无梗，密集成穗状花序，再组成长 40 厘米以上的大圆锥花序</u>；苞片及小苞片三角形；花白色；萼有 5 齿；花瓣 5，三角状卵形；雄蕊 5；子房 4~5 室；<u>花柱合生成柱状</u>，长不及 1 毫米；花盘隆起。果实球形，紫黑色，径约 4 毫米；宿存花柱长 1.5~2 毫米。

　　广布于云南、贵州、四川、湖北、湖南、广西、广东、江西以及福建，海拔 600~3100 米，生长在穗序鹅掌柴灌丛中。

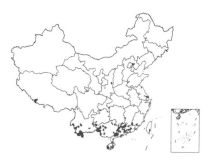

鹅掌柴

Schefflera heptaphylla（Linnaeus）Frodin

　　乔木或灌木，高2~15米。小枝、叶片、花序轴、花梗、花萼幼时密生星状短柔毛，不久毛渐脱。小叶6~11；小叶片长9~17厘米，全缘，但幼树常有锯齿或羽状裂，侧脉7~10对，下面网脉不明显。圆锥花序顶生，长20~30厘米，有总状排列的伞形花序几个至十几个，间或有单生花1~2；小苞片宿存；花白色；花瓣5~6，开花时反曲，无毛；雄蕊5~6；子房5~10室；花柱合生成粗短的柱状，长不及0.5毫米。果实球形，黑色，径约5毫米；宿存花柱粗短，长1毫米以下；柱头头状。

　　广布于西藏、云南、广西、广东、浙江、福建和台湾等省份，海拔100~2100米，生长在桃金娘灌丛、油茶灌丛、檵木灌丛、栓皮栎灌丛中。

Arecaceae

（十）棕榈科

石山棕

Guihaia argyrata（S. K. Lee & F. N. Wei）
S. K. Lee, N. Wei & J. Dransfield

　　植株矮，丛生，高 0.5~1 米。茎很短，常为老叶鞘所包被而不明显。叶掌状深裂至 3/4~4/5，上面绿色，背面被毡状的银白色绒毛，具单折（稀 2 折）的外向折叠裂片 20~26 片，裂片先端具极短 2 裂；叶鞘初时管状，渐分解为针刺状、直立、深褐色的长约 14 厘米、宽 1 毫米的纤维。花序具 2~5 个可达 4 级的分枝；雄花萼片 3，顶端钝，外被柔毛，里面无鳞片，边缘具纤毛，花冠 3 裂，雄蕊 6。果实近球形，径约 6 毫米，外果皮蓝黑色，被蜡层。种子直径 4~5 毫米。

　　产广东北部、广西东北部和西南部及云南南部，生长在红背山麻杆灌丛、浆果楝灌丛、龙须藤灌丛中。

棕竹

Rhapis excelsa (Thunberg) A. Henry

丛生灌木，高 2～3 米。茎圆柱形，有节，上部被叶鞘，具马尾状淡黑色粗糙而硬的网状纤维。叶掌状深裂，裂片 4～10 片，不均等，具 2～5 条肋脉，长 20～32 厘米或更长，宽 1.5～5 厘米，先端截状而具多对稍深裂的小裂片，边缘及肋脉上具稍锐利的锯齿。花序长约 30 厘米，总花序梗及分枝花序基部各有 1 枚佛焰苞包着，密被褐色弯卷绒毛；2～3 个分枝花序，其上有 1～2 次分枝小花穗，花螺旋状着生于小花枝上。果实球状倒卵形，直径 8～10 毫米。种子球形，胚位于种脊对面近基部。

产我国南部至西南部，生长在红背山麻杆灌丛中。

棕榈

Trachycarpus fortunei（Hooker）H. Wendland

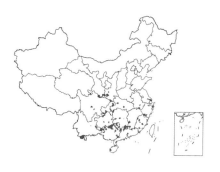

乔木状，高达 10 米以上。树干单生，被不易脱落的老叶柄基部和密集的网状纤维。叶片呈 3/4 圆形或者近圆形，深裂成 30～50 片具皱折的线状剑形，宽 2.5～4 厘米的裂片，裂片先端具短 2 裂或 2 齿；叶柄两侧具细圆齿，顶端有明显戟突。花序粗壮，多次分枝，从叶腋抽出，常雌雄异株；雄花序长约 40 厘米，具 2～3 个分枝花序，花萼 3，雄蕊 6；雌花序具 4～5 个圆锥状分枝花序，花无梗，萼片 3 裂，退化雄蕊 6。果实阔肾形，有脐，成熟时由黄色变为淡蓝色，有白粉。

分布于长江以南各省份，海拔上限 2000 米左右，生长在黄荆灌丛、尖尾枫灌丛、盐肤木灌丛、火棘灌丛、马桑灌丛中。

（十一）马兜铃科

杜衡

Asarum forbesii Maximowicz

多年生草本。根状茎短，根丛生，稍肉质。叶片阔心形至肾心形，两侧裂片长 1~3 厘米，宽 1.5~3.5 厘米，叶面深绿色，中脉两旁有白色云斑，叶背浅绿色；叶柄长 3~15 厘米；芽苞叶肾心形或倒卵形，长和宽各约 1 厘米，边缘有睫毛。花暗紫色，花梗长 1~2 厘米；花被管钟状或圆筒状，喉孔直径 4~6 毫米，膜环宽不足 1 毫米，花被裂片卵形，长 5~7 毫米，宽和长近相等，平滑、无乳突皱褶；药隔稍伸出；子房半下位，花柱离生，顶端 2 浅裂。

产江苏、安徽、浙江、江西、河南、湖北及四川，海拔 800 米以下，生长在枹栎灌丛中。

金钮扣

Acmella paniculata
（Wallich ex Candolle）R. K. Jansen

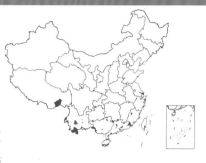

一年生草本。茎直立或斜升，高 15~80 厘米，带紫红色，有明显纵条纹。叶对生，卵形，宽卵圆形或椭圆形，长 3~5 厘米，全缘，波状或具波状钝锯齿，侧脉 2~3 对，两面无毛或近无毛，叶柄长 3~15 毫米。头状花序单生，或圆锥状排列，卵圆形，径 7~8 毫米，有或无舌状花；花序梗长 2.5~6 厘米；总苞片约 8 个，2 层；花托锥形；花黄色，雌花舌状，舌片顶端 3 浅裂；两性花花冠管状，有 4~5 个裂片。瘦果长圆形，基部缩小，有白色骨质边缘，顶端有 1~2 个不等长的细芒。

产云南、广东、广西及台湾等省份，海拔 800~1900 米，生长在土蜜树灌丛、青篱柴灌丛、紫珠灌丛中。

香青

Anaphalis sinica Hance

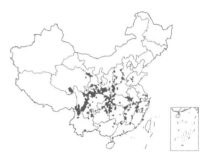

多年生草本。茎被白或灰白色棉毛，节间长 0.5~1 厘米。莲座状叶被密棉毛；茎中部叶长圆形、倒披针长圆形或线形，长 2.5~9 厘米，基部下延成翅；上部叶披针状线形或线形。头状花序密集成复伞房状或多次复伞房状；总苞钟状或近倒圆锥状，长 4~6 毫米；总苞片 6~7 层，外层卵圆形，白或浅红色，被蛛丝状毛，长 2 毫米，内层舌状长圆形，乳白或污白色，最内层长椭圆形，有长爪。瘦果长 0.7~1 毫米，被小腺点。

产我国北部、中部、东部及南部，低山或亚高山灌丛、草地、山坡和溪岸，海拔 400~2000 米，生长在中华绣线菊灌丛、白栎灌丛、火棘灌丛、毛黄栌灌丛、青冈灌丛、小果蔷薇灌丛中。

黄花蒿

Artemisia annua Linnaeus

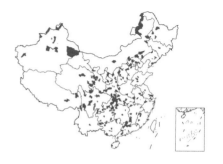

一年生草本。植株有浓烈的挥发性香气。根单生，垂直，狭纺锤形；茎单生，高 100～200 厘米，多分枝。叶纸质，中部叶二至三回栉齿状羽状分裂，叶背黄绿色，微有白色腺点，叶中轴与羽轴两侧通常无栉齿，中肋凸起。头状花序直径 1.5～2.5 毫米，在分枝上排成总状或复总状花序，在茎上排成开展、尖塔形的圆锥花序；总苞片 3～4 层，内、外层近等长；花深黄色，雌花花冠檐部具 2～3 裂齿，花柱伸出花冠外；两性花花柱近与花冠等长，先端二叉。瘦果小，椭圆状卵形，略扁。

分布遍及全国，海拔可达 3650 米，生长在黄荆灌丛、马桑灌丛、檵木灌丛、毛黄栌灌丛、白栎灌丛、栓皮栎灌丛、枫杨灌丛中。

野艾蒿

Artemisia lavandulifolia Candolle

多年生草本。茎直立，高 50~120 厘米。茎、枝被灰白色蛛丝状短柔毛；中部叶一至二回羽状全裂，裂片 1~2 对，上面初时微被蛛丝状柔毛，后稀疏或无毛，叶长达 8 厘米，宽达 5 厘米，基部有假托叶；下部叶有长柄，二次羽状分裂，裂片常有齿；上部叶渐小，条形，全缘。头状花序常下倾，在上部的分枝上排列成复总状，有短梗及细长苞叶；总苞矩圆形，总苞片约 4 层，外层渐短，背面密被蛛丝状柔毛；花红褐色，外层雌性，内层两性。瘦果长不及 1 毫米，无毛。

几乎遍布全国，海拔 400~3000 米，生长在马桑灌丛、黄荆灌丛、火棘灌丛、牡荆灌丛、盐肤木灌丛、毛黄栌灌丛、枫杨灌丛、番石榴灌丛、灰白毛莓灌丛、铁仔灌丛、小果蔷薇灌丛、刺叶冬青灌丛、河北木蓝灌丛、红背山麻杆灌丛、化香树灌丛、浆果楝灌丛、老虎刺灌丛、光荚含羞草灌丛、檵木灌丛、假木豆灌丛、马甲子灌丛、秋华柳灌丛、疏花水柏枝灌丛中。

小舌紫菀

Aster albescens（Candolle）Wallich ex Handel-Mazzetti

　　灌木，高 30~180 厘米，多分枝。叶长 3~17 厘米，宽 1~7 厘米，全缘或有浅齿，上面无毛或被短柔毛，下面被蛛丝状毛或茸毛，常杂有腺点或沿脉有粗毛。头状花序径 5~7 毫米，多数在茎和枝端排列成复伞房状；花序梗长 5~10 毫米，有钻形苞叶。总苞倒锥状；总苞片 3~4 层，覆瓦状排列；舌状花管部长 2.5 毫米，舌片长 4~5 毫米，宽 0.6~1.2 毫米；管状花黄色，长 4.5~5.5 毫米，常有腺。冠毛 1 层，长 4 毫米；瘦果长圆形，被白色短绢毛。

　　产西藏、云南、贵州、四川、湖北、甘肃及陕西南部，海拔 500~4100 米，生长在马桑灌丛、火棘灌丛、化香树灌丛、白栎灌丛中。

毡毛马兰

Aster shimadae（Kitamura）Nemoto

多年生草本。有根状茎，高约 70 厘米，被密短粗毛，多分枝。中部叶倒卵形、倒披针形或椭圆形，长 2.5～4 厘米，近无柄，从中部以上有 1～2 对浅齿或全缘；上部叶倒披针形或条形；全部叶质厚，两面被毡状密毛，下面沿脉及边缘被密糙毛，有凸起的三出脉。头状花序单生于枝端排成疏散伞房状；总苞半球形；总苞片 3 层，外层狭矩圆形，上部草质。瘦果倒卵圆形，极扁，长 2.5～2.7 毫米，被短贴毛；冠毛膜片状，锈褐色，不脱落，长 0.3 毫米，近等长。

产我国中部、东部及东南部，生长在黄荆灌丛、化香树灌丛、盐肤木灌丛、栓皮栎灌丛、火棘灌丛、毛黄栌灌丛、牡荆灌丛中。

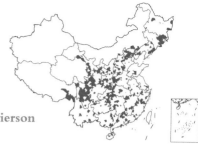

三脉紫菀

Aster trinervius subsp. *ageratoides*（Turczaninow）Grierson

多年生草本。根状茎粗壮，茎直立，高 40~100 厘米，有棱及沟，被柔毛或粗毛。叶上面被短糙毛，下面被短柔毛常有腺点，或两面被短茸毛而下面沿脉有粗毛，有离基三出脉，侧脉 3~4 对，网脉常显明。头状花序径 1.5~2 厘米，排列成伞房或圆锥伞房状；总苞倒锥状或半球状，径 4~10 毫米，长 3~7 毫米；总苞片 3 层，覆瓦状排列；舌状花管部长 2 毫米，舌片长 11 毫米，宽 2 毫米，管状花黄色，长 4.5~5.5 毫米。冠毛长 3~4 毫米；瘦果倒卵状长圆形，长 2~2.5 毫米。

广泛分布于我国东北部、北部、东部、南部至西部、西南部及西藏南部，海拔 100~3350 米，生长在马桑灌丛、黄荆灌丛、白栎灌丛、火棘灌丛、化香树灌丛、盐肤木灌丛、栓皮栎灌丛、毛黄栌灌丛、枹栎灌丛、茅栗灌丛、小果蔷薇灌丛、檵木灌丛、山胡椒灌丛、算盘子灌丛、六月雪灌丛、雀梅藤灌丛、刺叶冬青灌丛、枫杨灌丛、灰白毛莓灌丛、牡荆灌丛、铁仔灌丛、烟管荚蒾灌丛、银叶柳灌丛、油茶灌丛、紫薇灌丛中。

大狼杷草
Bidens frondosa Linnaeus

　　一年生草本。茎直立，分枝，高 20～120 厘米，常带紫色。叶对生，具柄，为一回羽状复叶，小叶 3～5 枚，披针形，长 3～10 厘米，宽 1～3 厘米，先端渐尖，边缘有粗锯齿，通常背面被稀疏短柔毛，至少顶生者具明显的柄。头状花序单生茎端和枝端，连同总苞苞片直径 12～25 毫米；总苞钟状或半球形，外层苞片 5～10 枚，叶状，内层苞片长圆形，具淡黄色边缘，舌状花无或不发育，筒状花两性，花冠长约 3 毫米，冠檐 5 裂。瘦果扁平，长 5～10 毫米，顶端芒刺 2 枚，有倒刺毛。

　　原产北美，现亚热带地区广泛逸生，海拔 50～1000 米，生长在马桑灌丛、枫杨灌丛、河北木蓝灌丛、黄荆灌丛中。

鬼针草

Bidens pilosa Linnaeus

　　一年生草本。茎直立，高 30~100 厘米，钝四棱形。叶通常为三出复叶，无毛或被极稀疏的柔毛，茎下部叶较小，中部叶具长 1.5~5 厘米无翅的柄，很少为具 5~7 小叶的羽状复叶，上部叶小，3 裂或不分裂，条状披针形。头状花序直径 8~9 毫米；总苞外层苞片匙形，先端增宽，无毛或仅边缘有稀疏柔毛，苞片 7~8 枚，外层托片披针形，内层较狭，条状披针形；无舌状花，盘花筒状，长约 4.5 毫米，冠檐 5 齿裂。瘦果黑色，条形，具棱，长 7~13 毫米，顶端芒刺 3~4 枚，具倒刺毛。

　　产华东、华中、华南、西南各省份，海拔 2500 米以下，生长在光荚含羞草灌丛、老虎刺灌丛、红背山麻杆灌丛、浆果楝灌丛、羊蹄甲灌丛、番石榴灌丛、龙须藤灌丛、牡荆灌丛、黄荆灌丛、马桑灌丛、盐肤木灌丛、檵木灌丛、白背叶灌丛、化香树灌丛、灰白毛莓灌丛、假木豆灌丛、马甲子灌丛、雀梅藤灌丛、山鸡椒灌丛、桃金娘灌丛、野牡丹灌丛、云实灌丛、白栎灌丛、茅栗灌丛、算盘子灌丛、细叶水团花灌丛、白饭树灌丛、大叶紫珠灌丛、杜鹃灌丛、枫杨灌丛、假烟叶树灌丛、六月雪灌丛、毛桐灌丛、山黄麻灌丛、水柳灌丛、香叶树灌丛、杨梅灌丛、余甘子灌丛、中平树灌丛中。

东风草

Blumea megacephala（Randeria）C. C. Chang & Y. Q. Tseng

攀援状草质藤本或基部木质。茎圆柱形，多分枝。下部和中部叶有长 2~5 毫米的柄，叶片长 7~10 厘米，宽 2.5~4 厘米，边缘有疏细齿或点状齿，侧脉 5~7 对，网状脉极明显。头状花序径 1.5~2 厘米，通常 1~7 个在腋生小枝顶端排列成总状或近伞房状花序，再排成大型具叶的圆锥花序；总苞半球形，长约 1 厘米；花托平，径 8~11 毫米，被白色密长柔毛；花黄色，雌花多数，细管状，长约 8 毫米，檐部 2~4 齿裂；两性花花冠管状，檐部 5 齿裂。瘦果圆柱形，有 10 条棱，长约 1.5 毫米。

产云南、四川、贵州、广西、广东、湖南、江西、福建及台湾等省份，海拔 100~1900 米，生长在光荚含羞草灌丛、盐肤木灌丛、檵木灌丛、枫香树灌丛、龙须藤灌丛、桃金娘灌丛、中平树灌丛中。

飞机草

Chromolaena odorata (Linnaeus) R. M. King & H. Robinson

多年生草本。根茎粗壮，横走。茎直立，高1~3米，分枝粗壮，常对生，水平射出，与主茎成直角，全部茎枝被稠密黄色茸毛或短柔毛。叶对生，被长柔毛及红棕色腺点，基出三脉，边缘有稀疏的粗大而不规则的圆锯齿或全缘或三浅裂状，头状花序圆柱状，在茎顶或枝端排成伞房状或复伞房状花序，花序梗密被稠密的短柔毛；总苞圆柱形，长1厘米，宽4~5毫米；花白色或粉红色，花冠长5毫米。瘦果黑褐色，长4毫米，5棱，沿棱有稀疏的白色贴紧的顺向短柔毛。

原产美洲，第二次世界大战期间引入海南，在海南、云南等地往往逸生成片的飞机草群落，海拔1000米以下，生长在红背山麻杆灌丛、浆果楝灌丛、羊蹄甲灌丛、光荚含羞草灌丛、余甘子灌丛、老虎刺灌丛、桃金娘灌丛、岗松灌丛、山黄麻灌丛、盐肤木灌丛、番石榴灌丛、黄荆灌丛、牡荆灌丛、野牡丹灌丛、云实灌丛、白背叶灌丛、白饭树灌丛、剑叶龙血树灌丛、马缨丹灌丛、算盘子灌丛中。

野菊

Chrysanthemum indicum Linnaeus

　　多年生草本。高 0.25～1 米。有地下长或短匍匐茎，茎直立或铺散，茎枝被稀疏的毛。基生叶和下部叶花期脱落，中部长 3～10 厘米，宽 2～7 厘米，羽状半裂、浅裂或分裂不明显而边缘有浅锯齿，叶柄长 1～2 厘米。<u>头状花序直径 1.5～2.5 厘米</u>，在茎枝顶端排成伞房圆锥花序或伞房花序；总苞片约 5 层，全部苞片边缘白色或褐色宽膜质，顶端钝或圆；<u>舌状花黄色</u>，舌片长 10～13 毫米，顶端全缘或 2～3 齿。瘦果长 1.5～1.8 毫米。

　　广布东北、华北、华中、华南及西南各地，海拔 100～2900 米，生长在黄荆灌丛、马桑灌丛、火棘灌丛、栓皮栎灌丛、檵木灌丛、盐肤木灌丛、白栎灌丛、化香树灌丛、毛黄栌灌丛、牡荆灌丛、小果蔷薇灌丛、雀梅藤灌丛、龙须藤灌丛、算盘子灌丛、枫杨灌丛、糯米条灌丛、八角枫灌丛、河北木蓝灌丛、胡枝子灌丛、六月雪灌丛、茅栗灌丛、南蛇藤灌丛、铁仔灌丛、烟管荚蒾灌丛、云实灌丛、紫薇灌丛、番石榴灌丛、假木豆灌丛、羊蹄甲灌丛、白背叶灌丛、枹栎灌丛、刺叶冬青灌丛、大叶紫珠灌丛、冬青叶鼠刺灌丛、杜鹃灌丛、红背山麻杆灌丛、灰白毛莓灌丛、浆果楝灌丛、金佛山荚蒾灌丛、蜡莲绣球灌丛、老虎刺灌丛、枇杷叶紫珠灌丛、青冈灌丛、清香木灌丛、桃金娘灌丛、香叶树灌丛、异叶鼠李灌丛、油茶灌丛、中华绣线菊灌丛中。

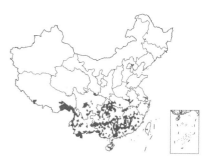

野茼蒿

Crassocephalum crepidioides（Bentham）S. Moore

直立草本。高 20~120 厘米。茎有纵条棱。叶长 7~12 厘米，宽 4~5 厘米，边缘有不规则锯齿或重锯齿，或有时基部羽状裂。头状花序数个在茎端排成伞房状，直径约 3 厘米，总苞钟状，有数枚不等长的线形小苞片；总苞片 1 层，线状披针形，等长，具狭膜质边缘，顶端有簇状毛；小花全部管状，两性，花冠红褐色或橙红色，檐部 5 齿裂。瘦果狭圆柱形，赤红色，有肋，被毛；冠毛极多数，白色，绢毛状，易脱落。

产江西、福建、湖南、湖北、广东、广西、贵州、云南、四川、西藏等省份，海拔 300~1800 米，生长在盐肤木灌丛、银叶柳灌丛、白栎灌丛、河北木蓝灌丛、红背山麻杆灌丛、黄荆灌丛、灰白毛莓灌丛、火棘灌丛、浆果楝灌丛、牡荆灌丛、雀梅藤灌丛、羊蹄甲灌丛中。

羊耳菊

Duhaldea cappa (Buchanan-Hamilton ex D. Don)
Pruski & Anderberg

　　亚灌木。茎直立，高 70~200 厘米，全部被污白色或浅褐色绢状或棉状密茸毛。叶长圆形或长圆状披针形，上面被基部疣状的密糙毛，下面被白色或污白色绢状厚茸毛。头状花序倒卵圆形，宽 5~8 毫米，多数密集于茎和枝端成聚伞圆锥花序，有线形苞叶；总苞近钟形，长 5~7 毫米；总苞片外面被污白色或带褐色绢状茸毛；边缘的小花舌片短小，或无舌片而有 4 个退化雄蕊，中央的小花管状；冠毛污白色。瘦果长圆柱形，长约 1.8 毫米，被白色长绢毛。

　　产四川、云南、贵州、广西、广东、江西、福建、浙江等省份，海拔 500~3200 米，生长在桃金娘灌丛、白栎灌丛、栓皮栎灌丛、盐肤木灌丛、枹栎灌丛、檵木灌丛中。

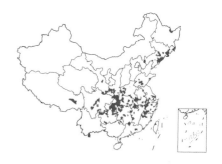

一年蓬

Erigeron annuus（Linnaeus）Persoon

一年生或二年生草本。茎高 30~100 厘米，下部被开展的长硬毛，上部被较密的上弯短硬毛。叶互生，基生叶长 4~17 厘米，上部叶较小。头状花序数个或多数，排列成疏圆锥花序，总苞半球形，总苞片 3 层；外围的雌花舌状，2 层，舌片平展，白色或天蓝色，线形，顶端具 2 小齿；中央的两性花管状，黄色。瘦果披针形，长约 1.2 毫米，扁压，被疏贴柔毛；冠毛异形，雌花的冠毛极短，膜片状连成小冠，两性花的冠毛 2 层，外层鳞片状，内层为 10~15 条长约 2 毫米的刚毛。

广泛分布于吉林、河北、河南、山东、江苏、安徽、江西、福建、湖南、湖北、四川和西藏等省份，生长在牡荆灌丛、檵木灌丛、马桑灌丛、黄荆灌丛、算盘子灌丛、白饭树灌丛、枹栎灌丛、插田泡灌丛、大叶紫珠灌丛、杜鹃灌丛、番石榴灌丛、枫香树灌丛、枫杨灌丛、河北木蓝灌丛、红背山麻杆灌丛、火棘灌丛、浆果楝灌丛、老虎刺灌丛、六月雪灌丛、茅栗灌丛、枇杷叶紫珠灌丛、青冈灌丛、水柳灌丛、油茶灌丛中。

小蓬草

Erigeron canadensis Linnaeus

一年生草本。根纺锤状，具纤维状根。茎高50~200厘米，<u>被疏长硬毛</u>。下部叶倒披针形，长6~10厘米，<u>边缘具疏锯齿或全缘</u>，中部和上部叶较小，线状披针形或线形，全缘或少有具1~2个齿，<u>两面或仅上面被疏短毛，边缘常被上弯的硬缘毛。头状花序小，径3~4毫米</u>，排列成顶生多分枝的大圆锥花序；总苞片2~3层；<u>雌花舌状，具小舌片</u>，顶端具2个钝小齿；两性花管状，上端具4或5个齿裂。瘦果线状披针形；冠毛污白色，1层，糙毛状，长2.5~3毫米。

原产北美洲，我国南北各省份均有分布，生长在盐肤木灌丛、黄荆灌丛、白栎灌丛、番石榴灌丛、红背山麻杆灌丛、火棘灌丛、牡荆灌丛、马桑灌丛、光荚含羞草灌丛、檵木灌丛、浆果楝灌丛、老虎刺灌丛、河北木蓝灌丛、糯米条灌丛、羊蹄甲灌丛、八角枫灌丛、插田泡灌丛、杜鹃灌丛、枫香树灌丛、青冈灌丛、算盘子灌丛、灰白毛莓灌丛、雀梅藤灌丛、山黄麻灌丛、油茶灌丛、白饭树灌丛、大叶紫珠灌丛、假木豆灌丛、假烟叶树灌丛、龙须藤灌丛、枇杷叶紫珠灌丛、香叶树灌丛、杨梅灌丛、余甘子灌丛、中平树灌丛中。

银胶菊

Parthenium hysterophorus Linnaeus

一年生草本。茎直立，高 0.6~1 米，多分枝，被短柔毛。下部和中部叶二回羽状深裂，连叶柄长 10~19 厘米，羽片 3~4 对，长 3.5~7 厘米，小羽片常具齿；上面被基部为疣状的疏糙毛，下面毛较密而柔软。头状花序多数，径 3~4 毫米，在茎枝顶端排成开展的伞房花序，花序柄被粗毛；总苞宽钟形或近半球形，总苞片 2 层，各 5 个；舌状花 5 个，白色，舌片顶端 2 裂；管状花多数，檐部 4 浅裂，雄蕊 4 个。瘦果倒卵形，长约 2.5 毫米，被疏腺点。冠毛 2，鳞片状，长约 0.5 毫米。

产广东、广西、贵州及云南，海拔 90~1500 米，生长在光荚含羞草灌丛、假木豆灌丛中。

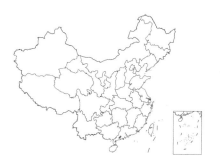

假臭草

Praxelis clematidea (Hieronymus ex kuntze)
R. M. King & H. Robinson

　　一年生或多年生草本。全株被长柔毛，高 0.3~1 米，多分枝。叶对生，长 2.5~6 厘米，宽 1~4 厘米，卵圆形至菱形，具腺点，先端急尖，基部圆楔形，具 3 脉，边缘明显齿状，每边 5~8 齿；叶柄长 0.3~2 厘米；揉搓叶片有类似猫尿的刺激性味道。头状花序生于茎、枝端，总苞钟形，总苞片 4~5 层，小花 25~30 朵，藏蓝色或淡紫色；花冠长 3.5~4.8 毫米。瘦果黑色，条状，具 3~4 棱。种子长 2~3 毫米，宽约 0.6 毫米，顶端具 1 圈白色冠毛，冠毛长约 4 毫米。

　　原产南美洲，在广东、福建、海南、香港、澳门、台湾等热带和亚热带地区逸生，生长在光荚含羞草灌丛、番石榴灌丛、红背山麻杆灌丛、白饭树灌丛、马甲子灌丛、羊蹄甲灌丛、竹叶花椒灌丛中。

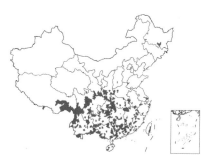

千里光

Senecio scandens Buchanan-Hamilton ex D. Don

多年生攀援草本。根状茎木质。茎弯曲，多分枝，老时变木质。叶卵状披针形或长三角形，长2.5~12厘米，边缘常具齿，有时具细裂或羽状浅裂，近基部具 1~3 对较小侧裂片，侧脉 7~9 对；上部叶变小，披针形或线状披针形。头状花序有舌状花，排成复聚伞圆锥花序；分枝和花序梗被柔毛，小苞片 1~10，线状钻形；总苞圆柱状钟形，外层苞片约 8；总苞片 12~13，线状披针形；舌状花 8~10，舌片黄色；管状花多数，花冠黄色。瘦果圆柱形，长 3 毫米，被柔毛；冠毛白色。

产西藏、陕西、湖北、四川、贵州、云南、安徽、浙江、江西、福建、湖南、广东、广西、台湾等省份，海拔 50~3200 米，生长在马桑灌丛、黄荆灌丛、红背山麻杆灌丛、火棘灌丛、河北木蓝灌丛、檵木灌丛、盐肤木灌丛、龙须藤灌丛、尖尾枫灌丛、白背叶灌丛、化香树灌丛、浆果楝灌丛、羊蹄甲灌丛、白栎灌丛、枹栎灌丛、老虎刺灌丛、毛黄栌灌丛、牡荆灌丛、南蛇藤灌丛、算盘子灌丛、铁仔灌丛、小果蔷薇灌丛、烟管荚蒾灌丛、云实灌丛中。

豨莶

Sigesbeckia orientalis Linnaeus

一年生草本。茎直立，高约 0.3~1 米，上部分枝常成复二歧状，全部分枝被灰白色短柔毛。中部叶三角状卵圆形或卵状披针形，长 4~10 厘米，基部下延成具翼的柄，边缘有不规则浅裂或粗齿，两面被毛，三出基脉。头状花序径 15~20 毫米，多数聚生于枝端，排列成具叶的圆锥花序；花梗密生短柔毛；总苞阔钟状；总苞片 2 层，背面被紫褐色头状具柄腺毛；外层苞片 5~6 枚；花黄色，两性管状花上部钟状。瘦果倒卵圆形，有 4 棱，顶端有灰褐色环状凸起。

产陕西、甘肃、江苏、浙江、安徽、江西、湖南、西藏、四川、贵州、福建、广东、海南、广西、云南、台湾等省份，海拔 110~2700 米，生长在马桑灌丛、黄荆灌丛、火棘灌丛、牡荆灌丛中。

加拿大一枝黄花
Solidago canadensis Linnaeus

多年生草本。有长根状茎；茎直立，高达 2.5 米。叶披针形或线状披针形，长 5～12 厘米。头状花序很小，长 4～6 毫米，直径 3 毫米以下，在花序分枝上单面着生，多数弯曲的花序分枝与单面着生的头状花序，形成开展的圆锥状花序；总苞片线状披针形，长 3～4 毫米；边缘舌状花很短。

原产北美，1935 年作为观赏植物引入中国，现已在上海、江苏、浙江、江西、湖北、湖南、重庆、四川、云南、新疆、台湾等省份逸生，海拔 3000 米以下，生长在山鸡椒灌丛中。

苣荬菜

Sonchus wightianus Candolle

多年生草本。高 30～150 厘米。基生叶与中下部茎叶倒披针形或长椭圆形，羽状或倒向羽状裂；上部叶披针形或线钻形；叶基部渐窄成翼柄，但中部以上叶无柄，基部圆耳状半抱茎，两面无毛。头状花序在茎枝顶端排成伞房状花序，花序分枝与花序梗被稠密的头状具柄腺毛；总苞钟状，长 1～1.5 厘米；总苞片 3 层，外面沿中脉有 1 行头状具柄腺毛；舌状小花黄色。瘦果长椭圆形，长 3.7～4 毫米，每面有 5 条细肋，肋间有横皱纹；冠毛白色，长 1.5 厘米，基部连合成环。

分布陕西、宁夏、新疆、福建、湖北、湖南、广西、四川、云南、贵州、西藏等省份，海拔 300～2300 米，生长在光荚含羞草灌丛、羊蹄甲灌丛中。

苍耳

Xanthium strumarium Linnaeus

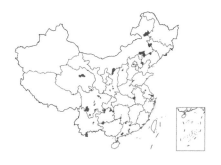

一年生草本。高 20 ~ 90 厘米。根纺锤状。茎直立，被灰白色糙伏毛。叶三角状卵形或心形，长 4 ~ 9 厘米，全缘或有 3 ~ 5 不明显浅裂，基部稍心形或截形，与叶柄连接处成相等的楔形，边缘有不规则粗锯齿，有基三出脉，侧脉弧形，直达叶缘，脉上密被糙伏毛，下面苍白色，被糙伏毛。雌性头状花序椭圆形，内层总苞片结合成囊状，在瘦果成熟时变坚硬，连同喙部长 12 ~ 15 毫米，宽 4 ~ 7 毫米，外面有疏生具钩状的刺，刺细，基部几不增粗，长 1 ~ 1.5 毫米。瘦果 2，倒卵形。

广泛分布于东北、华北、华东、华南、西北及西南各省份，海拔 1200 米以下，生长在假木豆灌丛、枫杨灌丛、光荚含羞草灌丛、黄荆灌丛、马桑灌丛、牡荆灌丛、白饭树灌丛、河北木蓝灌丛、火棘灌丛、银叶柳灌丛中。

Balsaminaceae
（十三）凤仙花科

大旗瓣凤仙花
Impatiens macrovexilla Y. L. Chen

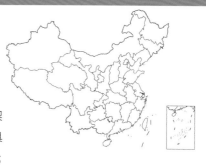

一年生草本。高 20～30 厘米，全株无毛。叶互生，基部楔状下延成柄，常具 2 球形腺体，边缘具圆齿状齿，齿端微凹，具小尖，侧脉 9～12 对。总花梗单生于上部叶腋，具（1）2 花；苞片披针形，长 5～7 毫米，宿存；花紫色，侧生萼片 2，宽卵形，长 5～6 毫米，顶端长突尖，边缘具细齿；旗瓣大，扁圆形或肾形，宽 3.5 厘米，背面中肋具窄龙骨状凸起；翼瓣上部裂片斧形；唇瓣具长 2～2.5 厘米的细距。蒴果长圆形，顶端 3～5 齿裂。种子多数，球形。

产广西，海拔 100～1640 米，生长在刚竹丛中。

Berberidaceae
（十四）小檗科

豪猪刺
Berberis julianae C. K. Schneider

常绿灌木。高 1～3 米。幼枝具条棱和稀疏黑色疣点；茎刺粗壮，三分叉，腹面具槽，与枝同色。叶革质，长 3～10 厘米，宽 1～3 厘米，上面深绿色，中脉凹陷，背面淡绿色，中脉隆起，两面网脉不显，不被白粉，叶缘平展，每边具 10～20 刺齿。花 10～25 朵簇生；花梗长 8～15 毫米；花黄色；小苞片卵形；萼片 2 轮；花瓣长圆状椭圆形，长约 6 毫米，先端缺裂，基部缢缩呈爪，具 2 枚长圆形腺体。浆果长圆形，蓝黑色，长 7～8 毫米，顶端具明显宿存花柱，被白粉。

产湖北、四川、贵州、湖南、广西等省份，海拔 1100～2100 米，生长在火棘灌丛、毛黄栌灌丛、白栎灌丛、小果蔷薇灌丛、黄荆灌丛、油茶灌丛中。

阔叶十大功劳

Mahonia bealei (Fortune) Carrière

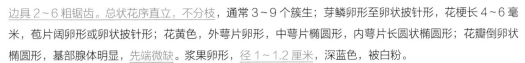

灌木或小乔木，高 0.5～8 米。叶狭倒卵形至长圆形，具 4～10 对小叶，最下一对小叶距叶柄 0.5～2.5 厘米，两面叶脉不显，背面被白霜；小叶厚革质，自下往上渐次变长而狭，边缘每边具 2～6 粗锯齿。总状花序直立，不分枝，通常 3～9 个簇生；芽鳞卵形至卵状披针形，花梗长 4～6 毫米，苞片阔卵形或卵状披针形；花黄色，外萼片卵形，中萼片椭圆形，内萼片长圆状椭圆形；花瓣倒卵状椭圆形，基部腺体明显，先端微缺。浆果卵形，径 1～1.2 厘米，深蓝色，被白粉。

产浙江、安徽、江西、福建、湖南、湖北、陕西、河南、广东、广西、四川，海拔 500～2000 米，生长在小果蔷薇灌丛中。

（十五）仙人掌科

量天尺

Hylocereus undatus (Haworth) Britton & Rose

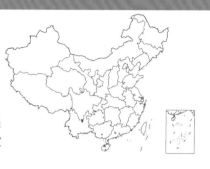

攀援肉质灌木。长 3~15 米。具气根。分枝多数，延伸，具 3 角或棱，长 0.2~0.5 米，宽 3~12 厘米，棱常翅状，边缘波状或圆齿状，老枝边缘常胼胀状，淡褐色，骨质；小窠沿棱排列，相距 3~5 厘米；每小窠具 1~3 根开展的硬刺；刺锥形，长 2~5（~10）毫米，灰褐色至黑色。花漏斗状，夜间开放，萼状花被片黄绿色，瓣状花被片白色。浆果红色，长球形，长 7~12 厘米，直径 5~10 厘米，果脐小，果肉白色。种子倒卵形，黑色，种脐小。

分布中美洲至南美洲北部，在我国福建、广东、海南、台湾以及广西逸为野生，海拔 3~300 米，生长在番石榴灌丛中。

Caprifoliaceae
（十六）忍冬科

水忍冬
Lonicera confusa Candolle

半常绿藤本。幼枝、叶柄、总花梗、苞片、小苞片和萼筒均密被灰黄色卷曲短柔毛，并疏生微腺毛。叶纸质，卵形至卵状矩圆形，长3~7厘米，幼时两面有短糙毛，老时上面变无毛；叶柄长5~10毫米。双花腋生或于小枝或侧生短枝顶集合成具2~4节的短总状花序，有明显的总苞叶；萼筒被短糙毛，萼齿外密被短柔毛；花冠白色，后变黄，外面被倒糙毛和长、短两种腺毛，唇瓣略短于筒；雄蕊和花柱均伸出，花丝无毛。果实黑色，椭圆形或近圆形，长6~10毫米。

产广东、海南和广西等省份，海拔可达800米，生长在桃金娘灌丛、小果蔷薇灌丛、老虎刺灌丛、青冈灌丛中。

忍冬

Lonicera japonica Thunberg

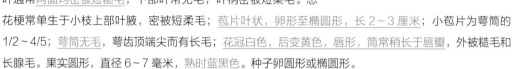

半常绿藤本。幼枝橘红褐色，密被黄褐色、开展的硬直糙毛、腺毛和短柔毛，下部常无毛。叶纸质，有糙缘毛，小枝上部叶通常两面均密被短糙毛，下部叶常无毛，叶柄密被短柔毛。总花梗常单生于小枝上部叶腋，密被短柔毛；苞片叶状，卵形至椭圆形，长2~3厘米；小苞片为萼筒的1/2~4/5；萼筒无毛，萼齿顶端尖而有长毛；花冠白色，后变黄色，唇形，筒常稍长于唇瓣，外被糙毛和长腺毛。果实圆形，直径6~7毫米，熟时蓝黑色。种子卵圆形或椭圆形。

除黑龙江、内蒙古、宁夏、青海、新疆、海南和西藏无自然生长外，全国各省份均有分布，海拔最高达1500米，生长在白栎灌丛、马桑灌丛、火棘灌丛、黄荆灌丛、牡荆灌丛、栓皮栎灌丛、算盘子灌丛、铁仔灌丛、小果蔷薇灌丛、盐肤木灌丛、枫香树灌丛、毛黄栌灌丛、茅栗灌丛、糯米条灌丛、油茶灌丛中。

Celastraceae
（十七）卫矛科

南蛇藤
Celastrus orbiculatus Thunberg

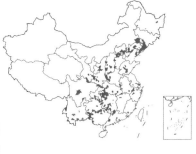

　　藤状灌木。小枝光滑无毛。叶长 5~13 厘米，宽 3~9 厘米，先端具小尖头或短渐尖，边缘具锯齿，叶柄细长 1~2 厘米。聚伞花序腋生，间有顶生，花序长 1~3 厘米，小花 1~3 朵，小花梗关节在中部以下或近基部；雄花萼片钝三角形，花瓣倒卵椭圆形或长方形，花盘浅杯状，退化雌蕊不发达；雌花花冠较雄花窄小，花盘肉质，退化雄蕊极短小；子房近球状，柱头 3 深裂，裂端再 2 浅裂。蒴果近球状，直径 8~10 毫米。种子椭圆状稍扁，赤褐色。

　　产黑龙江、吉林、辽宁、内蒙古、河北、山东、山西、河南、陕西、甘肃、江苏、安徽、浙江、江西、湖北、四川等省份，海拔 450~2200 米，生长在白栎灌丛、檵木灌丛、黄荆灌丛、南蛇藤灌丛、马桑灌丛、盐肤木灌丛、白背叶灌丛、火棘灌丛、牡荆灌丛、油茶灌丛中。

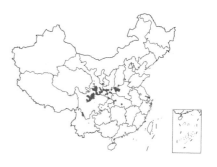

栓翅卫矛
Euonymus phellomanus Loesener

灌木。高 3~4 米。枝条硬直，常具 4 纵列木栓厚翅，在老枝上宽可达 5~6 毫米。叶长椭圆形或略呈椭圆倒披针形，长 6~11 厘米，宽 2~4 厘米，边缘具细密锯齿。聚伞花序 2~3 次分枝，有花 7~15 朵，花序梗长 10~15 毫米；花白绿色，直径约 8 毫米，4 数；雄蕊花丝长 2~3 毫米；花柱长 1~1.5 毫米，柱头圆钝不膨大。蒴果 4 棱，倒圆心状，长 7~9 毫米，直径约 1 厘米，粉红色。种子椭圆状，长 5~6 毫米，种脐、种皮棕色，假种皮橘红色，包被种子全部。

产甘肃、陕西、河南及四川等省份，海拔 2000 米以上，生长在茅栗灌丛、神农箭竹灌丛、化香树灌丛、黄荆灌丛、山胡椒灌丛中。

刺茶裸实

Gymnosporia variabilis（Hemsley）Loesener

灌木。高达 5 米。小枝无毛，先端常粗壮刺状，腋生刺较细。叶纸质，大小变化甚大，长 3~12 厘米，侧脉和小脉细弱不明显。聚伞花序着生于刺状小枝上及非刺状长枝上，一至三次二歧分枝，花序梗长 3~13 毫米；花淡黄色，直径 5~6 毫米，萼片卵形，花瓣长圆形，花盘较圆而肥厚；子房基部约 1/3 与花盘合生，柱头 3 裂。蒴果三角宽倒卵状，长 1.2~1.5 厘米，红紫色，3 室，每室通常只有 1 颗种子成熟。种子倒卵柱状，基部具浅杯状淡黄色假种皮。

产湖北西部、四川东部、贵州及云南南部，海拔 100~800 米，生长在刺叶冬青灌丛、蜡莲绣球灌丛、毛黄栌灌丛、铁仔灌丛、异叶鼠李灌丛、黄荆灌丛中。

Chloranthaceae
（十八）金粟兰科

草珊瑚
Sarcandra glabra（Thunberg）Nakai

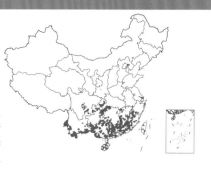

常绿半灌木。高 50~120 厘米。茎与枝均有膨大的节。叶革质，椭圆形、卵形至卵状披针形，长 6~17 厘米，顶端渐尖，基部尖或楔形，边缘具粗锐锯齿，齿尖有 1 腺体，两面均无毛；叶柄长 0.5~1.5 厘米，基部合生成鞘状；托叶钻形。穗状花序顶生，常分枝，多少成圆锥花序状，连总花梗长 1.5~4 厘米；苞片三角形；花黄绿色；雄蕊 1 枚，肉质，棒状至圆柱状，花药 2 室，生于药隔上部之两侧；子房球形或卵形，无花柱，柱头近头状。核果球形，直径 3~4 毫米，熟时呈亮红色。

产安徽、浙江、江西、福建、广东、广西、湖南、四川、贵州、云南、台湾，海拔 420~1500 米，生长在蜡瓣花灌丛中。

Clusiaceae
（十九）藤黄科

黄牛木
Cratoxylum cochinchinense（Loureiro）Blume

　　落叶灌木或乔木。高 1.5～18 米，全株无毛。树干下部有簇生的长枝刺。叶坚纸质，中脉在上面凹陷，下面凸起，侧脉两面凸起，末端不呈弧形闭合。聚伞花序腋生或顶生，具梗；总梗长 3～10 毫米或以上；花直径 1～1.5 厘米；花梗长 2～3 毫米；萼片椭圆形，果时增大；花瓣粉红色、深红色至红黄色，脉间有黑腺纹；雄蕊束 3，柄宽扁至细长；下位肉质腺体盔状弯曲；花柱 3，线形，自基部叉开。蒴果椭圆形，棕色。种子倒卵形。

　　产广东、广西及云南等省份，海拔 1240 米以下，生长在桃金娘灌丛、岗松灌丛、红背山麻杆灌丛、赤楠灌丛、檵木灌丛、余甘子灌丛中。

金丝桃

Hypericum monogynum Linnaeus

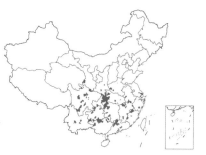

灌木。高 0.5~1.3 米，丛状。茎红色。叶具小突尖，基部楔形或圆，上部叶有时平截至心形，主侧脉 4~6 对，网脉密，不明显，近无柄。花序近伞房状，具 1~30 花；花径 3~6.5 厘米，星状，花梗长 0.8~5 厘米；花瓣金黄色或橙黄色，三角状倒卵形，宽 1~2 厘米，长 2~3.4 厘米，无腺体；雄蕊 5 束；花柱长为子房 3.5~5 倍，合生几达顶部。蒴果宽卵珠形或稀为卵珠状圆锥形至近球形，长 6~10 毫米。种子深红褐色，圆柱形，长约 2 毫米，有狭的龙骨状凸起，有浅的线状网纹至线状蜂窝纹。

产河北、陕西、山东、江苏、安徽、浙江、江西、福建、河南、湖北、湖南、广东、广西、四川、贵州、台湾等省份，海拔可达 1500 米，生长在毛黄栌灌丛、马桑灌丛、白栎灌丛、雀梅藤灌丛、铁仔灌丛、中华绣线菊灌丛、黄荆灌丛、冬青叶鼠刺灌丛、浆果楝灌丛、青冈灌丛、山胡椒灌丛、小果蔷薇灌丛中。

Commelinaceae
（二十）鸭跖草科

饭包草
Commelina benghalensis Linnaeus

　　多年生匍匐草本。茎披散，多分枝，长达 70 厘米，被疏柔毛。叶鞘有疏而长的睫毛，有明显叶柄，叶片卵形，长 3~7 厘米，近无毛。总苞片佛焰苞状，柄极短，与叶对生，常数个集于枝顶，下部边缘合生而成扁的漏斗状，疏被毛；聚伞花序有花数朵，几不伸出；花萼膜质，花瓣蓝色，具长爪；雄蕊 6 枚，3 枚能育。蒴果椭圆状，长 4~6 毫米，3 室，腹面 2 室，每室 2 颗种子，后面一室 1 颗种子或无种子。种子多皱，长近 2 毫米。

　　分布于河北及秦岭、淮河以南各省份，海拔 2300 米以下，生长在大叶紫珠灌丛、番石榴灌丛、河北木蓝灌丛、老虎刺灌丛、毛黄栌灌丛、中平树灌丛中。

鸭跖草

Commelina communis Linnaeus

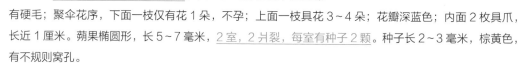

　　一年生披散草本。叶披针形至卵状披针形，长 3~9 厘米，宽 1.5~2 厘米。总苞片佛焰苞状，有 1.5~4 厘米的柄，与叶对生，折叠状，展开后为心形，顶端短急尖，长 1.2~2.5 厘米，边缘常有硬毛；聚伞花序，下面一枝仅有花 1 朵，不孕；上面一枝具花 3~4 朵；花瓣深蓝色；内面 2 枚具爪，长近 1 厘米。蒴果椭圆形，长 5~7 毫米，2 室，2 片裂，每室有种子 2 颗。种子长 2~3 毫米，棕黄色，有不规则窝孔。

　　产云南、四川、甘肃以东的南北各省份，海拔 100~2400 米，生长在檵木灌丛、浆果楝灌丛、青冈灌丛、山鸡椒灌丛、羊蹄甲灌丛、白栎灌丛、光荚含羞草灌丛、黄荆灌丛、马桑灌丛、茅栗灌丛、糯米条灌丛、枇杷叶紫珠灌丛、石榕树灌丛中。

Convolvulaceae
（二十一）旋花科

金灯藤
Cuscuta japonica Choisy

　　一年生寄生缠绕草本。茎较粗壮，肉质，黄色，常带紫红色瘤状斑点，无毛，多分枝，无叶。花无柄或几无柄，形成穗状花序，长达 3 厘米，基部常多分枝；苞片及小苞片鳞片状；花萼碗状，肉质，5 裂几达基部，裂片背面常有紫红色瘤状凸起；花冠钟状，淡红色或绿白色，长 3~5 毫米，顶端 5 浅裂；雄蕊 5，着生于花冠喉部裂片之间；花柱细长，合生为 1，与子房等长或稍长，柱头 2 裂。蒴果卵圆形，近基部周裂。种子 1~2 颗，褐色。

　　除新疆、西藏外，我国南北各省份均有分布，寄生于草本或灌木上，海拔 200~3000 米，生长在红背山麻杆灌丛中。

厚藤

Ipomoea pes-caprae（Linnaeus）R. Brown

多年生草本。全株无毛。茎平卧，有时缠绕。叶肉质，长3.5~9厘米，宽3~10厘米，顶端微缺或2裂，基部阔楔形、截平至浅心形，在背面近基部中脉两侧各有1枚腺体，侧脉8~10对。多歧聚伞花序，腋生，有时仅1朵发育；花序梗粗壮，长4~14厘米，花梗长2~2.5厘米；苞片小，阔三角形，早落；萼片厚纸质，卵形，顶端圆形，具小凸尖，外萼片长7~8毫米，内萼片长9~11毫米；花冠紫色或深红色，漏斗状，长4~5厘米；雄蕊和花柱内藏。蒴果球形，高1.1~1.7厘米，2室，果皮革质，4瓣裂。种子三棱状圆形，长7~8毫米，密被褐色茸毛。

产海南、福建、广东、广西、台湾，在海滨常见，海拔500~1500米，生长在仙人掌灌丛、露兜树灌丛中。

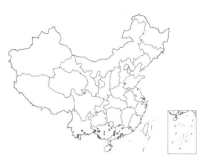

篱栏网

Merremia hederacea (N. L. Burman) H. Hallier

缠绕或匍匐草本。茎有细棱，茎、叶柄、花序散生小疣状凸起。叶心状卵形，长 1.5～7.5 厘米，顶端具小短尖头，基部心形或深凹，全缘或具不规则的裂齿或 3 裂，叶柄长 1～5 厘米。聚伞花序腋生，第 1 次分枝为二歧式，以后为单歧式；萼片顶端截形，明显具外倾的凸尖；花冠黄色，钟状，长 0.8 厘米；雄蕊与花冠近等长，花丝下部扩大；子房球形，花柱与花冠近等长，柱头球形。蒴果扁球形或宽圆锥形，4 瓣裂，内含种子 4 颗。种子三棱状球形，表面被锈色短柔毛。

产江苏、福建、海南、广东、广西、云南，海拔 130～760 米，生长在雀梅藤灌丛中。

马桑
Coriaria nepalensis Wallich

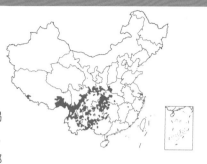

灌木。高 1.5~2.5 米。小枝四棱形或成 4 窄翅，老枝紫褐色，具凸起的圆形皮孔。叶对生，椭圆形或宽椭圆形，先端急尖，基部圆，全缘，基三出脉，弧形伸至顶端；叶柄短，紫色，基部具垫状凸起物。总状花序生于二年生枝条上，花瓣肉质，龙骨状；雄花序先叶开放，多花密集；萼片卵形，边缘半透明，上部具流苏状细齿；雄蕊 10，存在不育雌蕊；雌花与叶同出。果球形，成熟时由红色变紫黑色，径 4~6 毫米。种子卵状长圆形。

产云南、贵州、四川、湖北、陕西、甘肃、西藏，海拔 400~3200 米，生长在马桑灌丛、火棘灌丛、毛黄栌灌丛、黄荆灌丛、化香树灌丛、白栎灌丛、小果蔷薇灌丛、灰白毛莓灌丛、蜡莲绣球灌丛、河北木蓝灌丛、牡荆灌丛、云实灌丛、中华绣线菊灌丛、枫杨灌丛、红背山麻杆灌丛、檵木灌丛、假木豆灌丛、浆果楝灌丛、茅栗灌丛、栓皮栎灌丛、铁仔灌丛、香叶树灌丛、烟管荚蒾灌丛、盐肤木灌丛中。

（二十三）山茱萸科

小梾木
Cornus quinquenervis Franchet

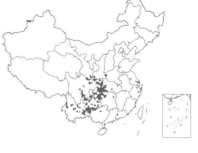

　　落叶灌木。高 1~4 米。树皮灰黑色，光滑；幼枝对生，绿色或紫红色，略具 4 棱，与叶柄、叶下面、花序被贴生灰色短柔毛。叶对生，纸质，椭圆状披针形、披针形，长 4~10 厘米，宽 1~3.8 厘米，全缘，侧脉 2~4 对。伞房状聚伞花序顶生，宽 3.5~8 厘米；花白色至淡黄白色，径 9~10 毫米；花萼裂片 4；花瓣 4，狭卵形至披针形；雄蕊 4，花药 2 室，"丁"字形着生；花盘垫状；子房下位，花托倒卵形，花柱棍棒形。核果圆球形，径 5 毫米，成熟时黑色。

　　产陕西、甘肃、江苏、福建、湖北、湖南、广东、广西、四川、贵州、云南等省份，海拔 50~2500 米，生长在枫杨灌丛中。

Crassulaceae
（二十四）景天科

落地生根
Bryophyllum pinnatum（Linnaeus f.）Oken

多年生草本。高 40~150 厘米。茎有分枝。羽状复叶，长 10~30 厘米，小叶长圆形至椭圆形，长 6~8 厘米，宽 3~5 厘米，先端钝，边缘有圆齿，圆齿底部容易生芽；小叶柄长 2~4 厘米。圆锥花序顶生，长 10~40 厘米；花下垂，花萼圆柱形，长 2~4 厘米；花冠高脚碟形，长达 5 厘米，基部稍膨大，向上成管状，裂片 4，卵状披针形，淡红色或紫红色；雄蕊 8，着生花冠基部，花丝长；鳞片近长方形；心皮 4。蓇葖包在花萼及花冠内。种子小，有条纹。

原产非洲，我国各地栽培，云南、广西、广东、福建、台湾，有逸为野生的。海拔 300~4000 米，生长在红背山麻杆灌丛中。

大叶火焰草

Sedum drymarioides Hance

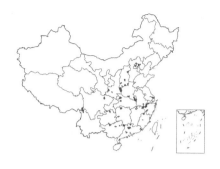

　　一年生草本。植株全体有腺毛。茎斜上，分枝多，细弱，高 7~25 厘米。下部叶对生或 4 叶轮生，上部叶互生，卵形至宽卵形，先端急尖，圆钝，基部宽楔形并下延成柄，叶柄长 1~2 厘米。花序疏圆锥状；花少数，两性；花梗长 4~8 毫米；萼片 5，长圆形至披针形，长 2 毫米，先端近急尖；花瓣 5，白色，长圆形，长 3~4 毫米，先端渐尖；雄蕊 10，长 2~3 毫米；鳞片 5，宽匙形，先端有微缺至浅裂；心皮 5，长 2.5~5 毫米，略叉开。种子长圆状卵形，有纵纹。

　　产广西、广东、福建、湖北、湖南、江西、安徽、浙江、河南、台湾等省份，海拔 940 米以下，生长在浆果楝灌丛中。

凹叶景天
Sedum emarginatum Migo

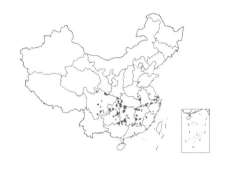

多年生草本。茎细弱，高 10~15 厘米。叶对生，匙状倒卵形至宽卵形，长 1~2 厘米，宽 5~10 毫米，先端圆，有微缺，基部渐狭，有短距。花序聚伞状，顶生，宽 3~6 毫米，多花，常有 3 个分枝；花无梗；萼片 5，披针形至狭长圆形，长 2~5 毫米，先端钝，基部有短距；花瓣 5，黄色，线状披针形至披针形，长 6~8 毫米；鳞片 5，长圆形，长 0.6 毫米，钝圆；心皮 5，长圆形，长 4~5 毫米，基部合生。蓇葖略叉开，腹面有浅囊状隆起。种子细小，褐色。

产云南、四川、湖北、湖南、江西、安徽、浙江、江苏、甘肃、陕西等省份，海拔 600~1800 米，生长在白栎灌丛、黄荆灌丛、铁仔灌丛中。

（二十五）葫芦科

帽儿瓜
Mukia maderaspatana（Linnaeus）M. Roemer

    一年生平卧或攀援草本。全株密被黄褐色的糙硬毛。叶片薄革质，宽卵状五角形或卵状心形，常 3~5 浅裂，长宽均为 5~9 厘米。卷须稍粗壮，不分歧。雌雄同株；雄花数朵簇生在叶腋，花萼筒钟状，裂片近钻形，花冠黄色，雄蕊 3，花丝长 0.5 毫米，花药长圆形，顶端药隔明显，退化雌蕊球形；雌花单生或 3~5 朵与雄花在同一叶腋内簇生。果熟时深红色，球形，径约 1 厘米，<u>果皮较厚</u>，无毛。种子卵形，长 4 毫米，两面膨胀，<u>具蜂窝状凸起，边缘不明显</u>。

    产贵州、云南、广西、广东、海南和台湾，海拔 450~1700 米，生长在羊蹄甲灌丛、光荚含羞草灌丛中。

Cyperaceae
（二十六）莎草科

褐果薹草
Carex brunnea Thunberg

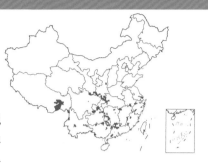

　　根状茎短，无地下匍匐茎。秆密丛生，高 40~70 厘米，锐三棱形，基部具较多叶。叶宽 2~3 毫米，下部对折，向上渐成平展；叶鞘一般不超过 5 厘米，常在膜质部分开裂。苞片下面的叶状，上面的刚毛状，具鞘。小穗几个至十几个，常 1~2 个出自同一苞片鞘内，具密生的花，具柄。果囊长于鳞片，长约 3~3.5 毫米，两面均被白色短硬毛，基部急缩成短柄，顶端急狭成短喙，喙长不及 1 毫米，约为果囊的 1/4，顶端具二齿。小坚果紧包于果囊内，近圆形，扁双凸状，基部无柄。

　　产江苏、浙江、福建、广东、广西、安徽、湖南、湖北、四川、西藏、云南、陕西、台湾等省份，海拔 250~1800 米，生长在黄荆灌丛、马桑灌丛、白栎灌丛、毛黄栌灌丛、栓皮栎灌丛、火棘灌丛、牡荆灌丛、化香树灌丛、檵木灌丛、盐肤木灌丛、刺叶冬青灌丛、烟管荚蒾灌丛、铁仔灌丛、小果蔷薇灌丛、冬青叶鼠刺灌丛、粉红杜鹃灌丛、金佛山荚蒾灌丛、南蛇藤灌丛、香叶树灌丛、异叶鼠李灌丛、中华绣线菊灌丛、河北木蓝灌丛、山胡椒灌丛、尖尾枫灌丛、神农箭竹灌丛中。

香附子

Cyperus rotundus Linnaeus

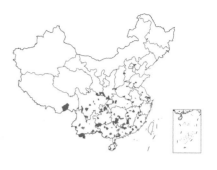

匍匐根状茎长，具椭圆形块茎。秆稍细弱，高 15~95 厘米，锐三棱形，基部呈块茎状。叶较多，短于秆，平张；鞘棕色，常裂成纤维状。叶状苞片 2~3（~5）枚，常长于花序；辐射枝最长达 12 厘米；穗状花序轮廓为陀螺形，稍疏松，具 3~10 个小穗；小穗斜展开，小穗轴具较宽的、白色透明的翅；鳞片稍密地复瓦状排列，卵形或长圆状卵形，两侧紫红色或红棕色；雄蕊 3，花药长，暗血红色。小坚果长圆状倒卵形，三棱形，长为鳞片的 1/3~2/5，具细点。

产陕西、甘肃、山西、河南、河北、山东、江苏、浙江、江西、安徽、云南、贵州、四川、福建、广东、广西、台湾等省份，海拔 2100 米以下，生长在檵木灌丛、白栎灌丛、疏花水柏枝灌丛、老虎刺灌丛、牡荆灌丛、秋华柳灌丛、盐肤木灌丛、赤楠灌丛、番石榴灌丛、光荚含羞草灌丛、尖尾枫灌丛、浆果楝灌丛、水柳灌丛、细叶水团花灌丛、羊蹄甲灌丛、油茶灌丛中。

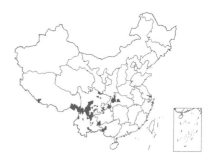

丛毛羊胡子草

Eriophorum comosum (Wallich) Nees

　　多年生草本，具短而粗的根状茎。秆密丛生，钝三棱形，无毛，高 14~78 厘米，基部有宿存的黑色或褐色的鞘。叶基生，线形，边缘向内卷，具细锯齿，向上渐狭成刚毛状，<u>顶端三棱形。苞片叶状，长超过花序</u>；<u>长侧枝聚伞花序伞房状</u>；小穗单个或 2~3 个簇生，基部有空鳞片 4 片，两大两小，卵形，<u>顶端具小短尖</u>，有花鳞片形同空鳞片而稍大；雄蕊 2，柱头 3。小坚果顶端尖锐，有喙。

　　产云南、四川、贵州、广西、湖北、甘肃等省份，海拔 500~2800 米，生长在毛黄栌灌丛、马桑灌丛、化香树灌丛、檵木灌丛、山胡椒灌丛、六月雪灌丛、白栎灌丛、刺叶冬青灌丛、黄荆灌丛、香叶树灌丛、烟管荚蒾灌丛、盐肤木灌丛中。

黑莎草

Gahnia tristis Nees in Hooker & Arnott

丛生草本。具根状茎，秆高 0.5～1.5 米，圆柱状，坚实，空心，有节。叶基生和秆生，鞘红棕色，叶片极硬，从下而上渐狭，顶端成钻形，边缘通常内卷，边缘及背面具刺状细齿。苞片叶状，具长鞘，愈上则鞘愈短；圆锥花序紧缩成穗状，由 7～15 个穗状枝花序所组成，下面的较长相距较远，渐上渐短渐紧密；小穗具 8 片鳞片，罕 10 片，基部 6 片顶端渐狭，最上 2 片顶端微凹；雄蕊 3，柱头 3。小坚果倒卵状长圆形或三棱形，长约 4 毫米，成熟时为黑色。

产福建、海南、广东、广西、江西、福建和湖南，海拔 130～730 米，生长在桃金娘灌丛、檵木灌丛、岗松灌丛、赤楠灌丛、乌药灌丛、白栎灌丛、木荷灌丛、盐肤木灌丛、杨桐灌丛、茅栗灌丛、油茶灌丛中。

刺子莞

Rhynchospora rubra (Loureiro) Makino

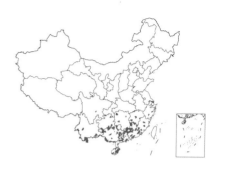

根状茎极短。秆丛生，直立，圆柱状，高 30~65 厘米或更长，平滑，具细的条纹，基部不具无叶片的鞘。叶基生，无秆生叶，叶片狭长，钻状线形，长达秆的 1/2 或 2/3，宽 1.5~3.5 毫米，三棱形，稍粗糙。苞片 4~10 枚，叶状，不等长，下部或近基部具密缘毛，上部或基部以上粗糙且多少反卷；头状花序单个顶生，球形，径 15~17 毫米，具多数小穗；花柱细长，基部膨大，柱头 2 或 1，很短。小坚果宽或狭倒卵形，长 1.5~1.8 毫米，双凸状，近顶端被短柔毛，成熟后为黑褐色。

广布于长江流域以南各省份，海拔 100~1400 米，生长在白栎灌丛、桃金娘灌丛、岗松灌丛、余甘子灌丛中。

Daphniphyllaceae
（二十七）交让木科

牛耳枫
Daphniphyllum calycinum Bentham

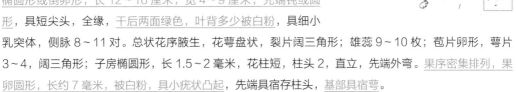

　　灌木，高 1.5~4 米。小枝灰褐色，具稀疏皮孔。叶纸质，阔椭圆形或倒卵形，长 12~16 厘米，宽 4~9 厘米，先端钝或圆形，具短尖头，全缘，干后两面绿色，叶背多少被白粉，具细小乳突体，侧脉 8~11 对。总状花序腋生，花萼盘状，裂片阔三角形；雄蕊 9~10 枚；苞片卵形，萼片 3~4，阔三角形；子房椭圆形，长 1.5~2 毫米，花柱短，柱头 2，直立，先端外弯。果序密集排列，果卵圆形，长约 7 毫米，被白粉，具小疣状凸起，先端具宿存柱头，基部具宿萼。

　　产陕西、四川、西藏、云南、广西、广东、福建、江西等省份，海拔（60~）250~700 米，生长在桃金娘灌丛、檵木灌丛、光荚含羞草灌丛、浆果楝灌丛、油茶灌丛、枫香树灌丛中。

Dioscoreaceae
（二十八）薯蓣科

薯蓣
Dioscorea polystachya Turczaninow

　　缠绕草质藤本。块茎长圆柱形，垂直生长，长可达 1 米多；茎常带紫红色，右旋，无毛。单叶，茎下部的互生，中部以上的对生，很少 3 叶轮生，叶片卵状三角形至宽卵形或戟形，边缘常3 浅裂至 3 深裂；叶腋内常有珠芽。雌雄异株；穗状花序；雄花序近直立，2~8 个着生于叶腋，花序轴呈 "之" 字状曲折，苞片和花被片有紫褐色斑点，雄蕊 6；雌花序 1~3 个着生于叶腋。蒴果不反折，三棱状扁圆形，外面有白粉。种子四周有膜质翅。

　　分布于东北、河北、山东、河南、安徽、江苏、浙江、江西、福建、湖北、湖南、广西、贵州、云南、四川、甘肃、陕西等省份，海拔 150~1500 米，生长在白栎灌丛、白饭树灌丛、黄荆灌丛、檵木灌丛、火棘灌丛、柯灌丛、马甲子灌丛、毛黄栌灌丛、茅栗灌丛、木荷灌丛、山胡椒灌丛、栓皮栎灌丛中。

Elaeagnaceae
（二十九）胡颓子科

胡颓子
Elaeagnus pungens Thunberg

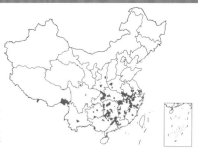

常绿直立灌木。高 3~4 米，具刺，刺顶生或腋生。幼枝密被锈色鳞片。叶革质，椭圆形或阔椭圆形，稀矩圆形，两端钝形或基部圆形，下面密被银白色和少数褐色鳞片，侧脉 7~9 对，与中脉开展成 50~60 度的角，上面显著凸起。花白色或淡白色，下垂，密被鳞片，1~3 花生于叶腋锈色短小枝上；花萼筒长 5~7 毫米，在子房上骤收缩；雄蕊花丝极短，花药矩圆形；花柱直立，超过雄蕊。果实椭圆形，长 12~14 毫米，幼时被褐色鳞片，成熟时红色。

产江苏、浙江、福建、安徽、江西、湖北、湖南、贵州、广东、广西、河南、陕西、四川、西藏、云南，海拔 1000 米以下，生长在黄荆灌丛、火棘灌丛、茅栗灌丛、小果蔷薇灌丛、檵木灌丛、金佛山荚蒾灌丛、铁仔灌丛、盐肤木灌丛、老虎刺灌丛、异叶鼠李灌丛、白栎灌丛、枫杨灌丛、马桑灌丛、牡荆灌丛、紫薇灌丛中。

Equisetaceae
（三十）木贼科

节节草
Equisetum ramosissimum Desfontaines

中小型蕨类。根茎直立、横走或斜升，黑棕色，节和根疏生黄棕色长毛或无毛，地上枝多年生；侧枝较硬，圆柱状，有脊5～8，脊平滑或有1行小瘤或有浅色小横纹，鞘齿5～8，披针形，革质，边缘膜质，上部棕色，宿存。孢子囊穗短棒状或椭圆形，长0.5～2.5厘米，中部径4～7毫米，顶端有小尖突，无柄。

分布于秦岭、淮河以南各省份，海拔100～3300米，生长在马桑灌丛、枫杨灌丛、黄荆灌丛、火棘灌丛、白栎灌丛、檵木灌丛中。

（三十一）杜鹃花科

滇白珠

Gaultheria leucocarpa var. *yunnanensis*
（Franchet）T. Z. Hsu & R. C. Fang

　　常绿灌木。高 1~5 米。枝条细长，左右曲折，无毛。叶卵状长圆形，革质，有香味，长 7~12 厘米，宽 2.5~5 厘米，先端尾状渐尖，尖尾长达 2 厘米，基部钝圆或心形，边缘具锯齿，两面无毛，背面密被褐色斑点，侧脉 4~5 对，弧形上举。总状花序腋生，序轴长 5~11 厘米；花梗长约 1 厘米，无毛；小苞片 2，着生于花梗上部近萼处；花萼裂片 5；花冠白绿色，钟形；雄蕊 10，花药 2 室，每室顶端具 2 芒；子房球形，被毛。浆果状蒴果球形，黑色，5 裂。种子多数。

　　产我国长江流域及其以南各省份，海拔可达 3500 米，生长在白栎灌丛、檵木灌丛、油茶灌丛中。

珍珠花

Lyonia ovalifolia（Wallich）Drude

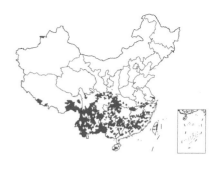

灌木或小乔木。高 8～16 米。枝和冬芽无毛。叶革质，卵形或椭圆形，长 8～10 厘米，宽 4～5.8 厘米，先端渐尖，基部钝圆或心形，两面无毛或近无毛。总状花序长 5～10 厘米，着生叶腋，近基部有 2～3 枚叶状苞片，花序轴微被柔毛；花萼深 5 裂，裂片长椭圆形，长约 2.5 毫米；花冠上部浅 5 裂，裂片向外反折；雄蕊 10，花丝线形，顶端有 2 枚芒状附属物，中下部疏被白色长柔毛；子房近球形，柱头头状。蒴果球形，直径 4～5 毫米，缝线增厚。种子短线形，无翅。

产甘肃、陕西、湖北、安徽、浙江、江西、海南、福建、湖南、广东、广西、四川、贵州、云南、西藏、台湾等省份，海拔 700～2800 米，生长在檵木灌丛、乌药灌丛、枹栎灌丛、杜鹃灌丛、青冈灌丛、算盘子灌丛中。

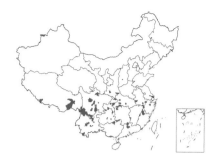

水晶兰

Monotropa uniflora Linnaeus

多年生肉质腐生草本。茎直立，不分枝，高 10～30 厘米，全株无叶绿素，白色。叶鳞片状，直立，互生，长圆形或狭长圆形或宽披针形，长 1.4～1.5 厘米，近全缘。花单一，顶生，先下垂，后直立；花冠筒状钟形，长 1.4～2 厘米；苞片与叶同形；花瓣 5～6，离生，楔形或倒卵状长圆形，长 1.2～1.6 厘米，有不整齐的齿，内侧常有密长粗毛，早落；雄蕊 10～12，花丝有粗毛，花药黄色；花盘 10 齿裂，子房中轴胎座，5 室，柱头膨大成漏斗状。蒴果椭圆状球形，直立向上，长 1.3～1.4 厘米。

产山西、陕西、甘肃、青海、浙江、安徽、湖北、江西、云南、四川、贵州、西藏、台湾等省份，海拔 800～3850 米，生长在槲木灌丛中。

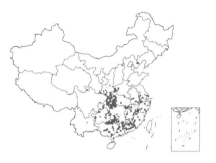

满山红

Rhododendron mariesii Hemsley & E. H. Wilson

落叶灌木，高 1~4 米。枝轮生，幼枝、幼叶、花梗、花萼、子房、果实等被淡黄褐色柔毛。叶厚纸质或近革质，常 2~3 集生枝顶，椭圆形、卵状披针形或三角状卵形，长 4~7.5 厘米；叶柄长 5~7 毫米，近无毛。花通常 2 朵顶生，花梗长 7~10 毫米，花萼环状，5 浅裂；花冠漏斗形，紫红色，长 3~3.5 厘米，花冠管长约 1 厘米，5 深裂；雄蕊 8~10，不等长；子房卵球形，花柱比雄蕊长。蒴果椭圆状卵球形，长 6~9 毫米或更长。

产河北、陕西、江苏、安徽、浙江、江西、福建、河南、湖北、湖南、广东、广西、四川、贵州、台湾，海拔 600~1500 米，生长在檵木灌丛、枹栎灌丛、白栎灌丛、杜鹃灌丛、赤楠灌丛、盐肤木灌丛、山鸡椒灌丛、油茶灌丛中。

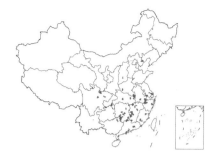

羊踯躅

Rhododendron molle（Blume）G. Don

落叶灌木。高 0.5~2 米。分枝稀疏，幼枝、叶、花梗、子房、果实被灰白色柔毛及疏刚毛。叶纸质，长圆形至长圆状披针形，长 5~11 厘米，边缘具睫毛。总状伞形花序顶生，花多达 13 朵；花梗长 1~2.5 厘米；花萼裂片圆齿状；花冠阔漏斗形，直径 5~6 厘米，黄色或金黄色，内有深红色斑点，裂片 5，椭圆形或卵状长圆形；雄蕊 5，不等长，长不超过花冠；子房圆锥状，花柱长达 6 厘米。蒴果圆锥状长圆形，长 2.5~3.5 厘米，具 5 条纵肋。

产江苏、安徽、浙江、江西、福建、河南、湖北、湖南、广东、广西、四川、贵州和云南，海拔 2500 米以下，生长在枹栎灌丛、茅栗灌丛中。

粉红杜鹃

Rhododendron oreodoxa var. *fargesii* (Franchet) D. F. Chamberlain

常绿灌木或小乔木。高1~12米。树皮灰黑色。幼枝被白色至灰色绒毛。叶革质，常5~6枚生于枝端，狭椭圆形或倒披针状椭圆形，长4.5~10厘米，下面无毛，侧脉13~15对；叶柄幼时紫红色。顶生总状伞形花序，有花6~12朵；花冠钟形，淡红色，裂片6~7；雄蕊12~14，不等长；子房圆锥形，具有柄腺体，光滑无毛。蒴果长圆柱形，微弯曲，6~7室，有肋纹，绿色至淡黄褐色。

产甘肃、陕西、湖北、四川，海拔1800~3500米，生长在粉红杜鹃灌丛、神农箭竹灌丛中。

马银花

Rhododendron ovatum（Lindley）Planchon ex Maximowicz

  常绿灌木。高 2~6 米。小枝疏被具柄腺体和短柔毛。叶革质，<u>卵形或椭圆状卵形</u>，长 3.5~5 厘米，上面中脉和细脉凸出，下面仅中脉凸出；叶柄具狭翅。花单生枝顶叶腋；花萼 5 深裂，<u>裂片卵形或长卵形</u>，长 4~5 毫米，宽 3~4 毫米，外面基部密被灰褐色短柔毛和疏腺毛，边缘无毛；<u>花冠辐状</u>，5 深裂，<u>裂片比花冠管长</u>；雄蕊 5；子房卵球形，密被短腺毛；<u>花柱无毛和腺体</u>。蒴果阔卵球形，直径 6 毫米，密被灰褐色短柔毛和疏腺体，为增大而宿存的花萼所包围。

  产江苏、安徽、浙江、江西、福建、湖北、湖南、广东、广西、四川、贵州、台湾，海拔 1000 米以下，生长在木荷灌丛、檵木灌丛、枹栎灌丛、杜鹃灌丛、柯灌丛、乌药灌丛、白栎灌丛、赤楠灌丛、青冈灌丛、山鸡椒灌丛中。

杜鹃

Rhododendron simsii Planchon

　　落叶灌木。高 2~5 米。分枝多而纤细，全株被亮棕褐色扁平糙伏毛。叶革质，常集生枝端，卵形、椭圆状卵形或倒卵形至倒披针形，长 1.5~5 厘米，边缘微反卷，具细齿。花 2~6 朵簇生枝顶；花梗长 8 毫米；花萼 5 深裂，裂片三角状长卵形，长 5 毫米，边缘具睫毛；花冠阔漏斗形，玫瑰色、鲜红色或暗红色，长 3.5~4 厘米，裂片 5，倒卵形，长 2.5~3 厘米，上部裂片具深红色斑点；雄蕊 10，长约与花冠相等，花丝线状；子房卵球形，10 室，花柱无毛。蒴果卵球形，长达 1 厘米，花萼宿存。

　　产江苏、安徽、浙江、江西、福建、湖北、湖南、广东、广西、四川、贵州、云南、台湾等省份，海拔 500~2500 米，为酸性土指示植物，生长在檵木灌丛、白栎灌丛、杜鹃灌丛、枹栎灌丛、赤楠灌丛、茅栗灌丛、杨桐灌丛、枫香树灌丛、山鸡椒灌丛、乌药灌丛、青冈灌丛、盐肤木灌丛、木荷灌丛、算盘子灌丛、桃金娘灌丛、油茶灌丛、岗松灌丛、柯灌丛、毛黄栌灌丛、胡枝子灌丛、栓皮栎灌丛、化香树灌丛、南烛灌丛、山乌桕灌丛、乌冈栎灌丛、杨梅灌丛中。

南烛

Vaccinium bracteatum Thunberg

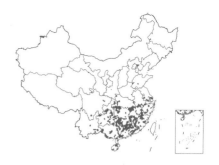

常绿灌木或小乔木。高2~9米。老枝无毛。叶片薄革质，互生，较短宽，边缘有细锯齿，表面平坦有光泽，两面无毛，侧脉5~7对。总状花序顶生和腋生，长4~10厘米，序轴、花梗、萼筒、花冠、果实密被短柔毛稀无毛；苞片叶状，披针形，边缘有锯齿，宿存或脱落；小苞片2，线形或卵形；花5数，花梗长1~4毫米；萼齿短小，三角形；花冠白色，筒状或坛状，长5~7毫米；雄蕊内藏，花丝细长，药室背部无距；花盘密生短柔毛。浆果直径5~8毫米，熟时紫黑色。

产华东、华中、华南至西南，海拔400~1400米，生长在檵木灌丛、白栎灌丛、枹栎灌丛、杜鹃灌丛、赤楠灌丛、山鸡椒灌丛、桃金娘灌丛、杨桐灌丛、盐肤木灌丛、枫香树灌丛、茅栗灌丛、算盘子灌丛、青冈灌丛、油茶灌丛、毛黄栌灌丛、木荷灌丛、南烛灌丛、紫薇灌丛、雀梅藤灌丛、乌药灌丛、柯灌丛中。

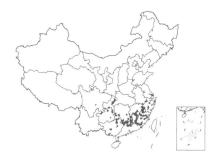

短尾越桔
Vaccinium carlesii Dunn

常绿灌木或乔木。高 1~6 米。幼枝通常被短柔毛，老枝无毛。叶革质，<u>卵状披针形或长卵状披针形，长 2~7 厘米，宽 1~2.5 厘米</u>，基部圆形或宽楔形，稀楔形，边缘有疏浅锯齿，除表面沿中脉密被微柔毛外两面不被毛。<u>总状花序腋生和顶生，长 2~3.5 厘米</u>；花冠白色，<u>宽钟状，长 3~5 毫米，口部张开，5 裂几达中部</u>，裂片卵状三角形，顶端反折；雄蕊内藏，花丝极短，<u>药室背部之上有 2 极短的距</u>。结果期果序长可至 6 厘米；浆果球形，径 5 毫米，熟时紫黑色，常被白粉。

产安徽、浙江、江西、福建、湖南、广东、广西、贵州等省份，海拔 270~1230 米，生长在檵木灌丛、白栎灌丛、木荷灌丛、胡枝子灌丛、柯灌丛中。

黄背越桔

Vaccinium iteophyllum Hance

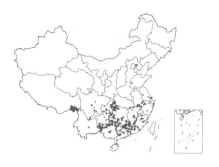

　　常绿灌木或小乔木。幼枝被淡褐色至锈色短柔毛或短绒毛。叶革质，卵形，长卵状披针形至披针形，长4~9厘米，宽2~4厘米，边缘有疏浅锯齿或近全缘，背面被短柔毛，沿中脉尤明显；叶柄长2~5毫米，密被淡褐色短柔毛或微柔毛。总状花序生枝条下部和顶部叶腋，长3~7厘米，序轴、花梗密被淡褐色短柔毛或短绒毛；花冠白色或淡红色，筒状或坛状；雄蕊药室背部有长约1毫米的细长的距，药管长2.5毫米，约为药室的4倍，花丝密被毛。浆果球形，径4~5毫米。

　　产江苏、安徽、浙江、江西、福建、湖北、湖南、广东、广西、四川、贵州、云南、西藏等省份，海拔400~1440（~2400）米，生长在檵木灌丛、乌药灌丛、白栎灌丛、枹栎灌丛、木荷灌丛、山鸡椒灌丛、盐肤木灌丛中。

江南越桔

Vaccinium mandarinorum Diels

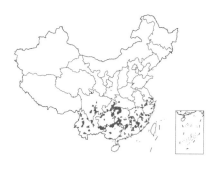

常绿灌木或小乔木。高1~4米，植株通常无毛。叶互生，厚革质，卵形或长圆状披针形，长3~9厘米，边缘有细锯齿。总状花序腋生和生枝顶叶腋，长2.5~10厘米；无苞片，小苞片2，着生花梗中部或近基部，线状披针形或卵形，长2~4毫米；花梗纤细，长2~8毫米；萼齿三角形或半圆形，无毛；花5数，花冠白色或淡红色，微香，筒状或筒状坛形，口部稍缢缩或开放，长6~7毫米；药室背部有短距，药管长为药室的1.5倍，花丝密被毛。浆果，熟时紫黑色，径4~6毫米。

产江苏、安徽、浙江、江西、福建、湖北、湖南、广东、广西、四川、贵州、云南等省份，海拔180~2900米，生长在檵木灌丛、白栎灌丛、杜鹃灌丛、杨桐灌丛、油茶灌丛、赤楠灌丛中。

Euphorbiaceae
（三十二）大戟科

铁苋菜
Acalypha australis Linnaeus

　　一年生草本。高 0.2~0.5 米。小枝细长，被贴毛柔毛。叶膜质，长 3~9 厘米，宽 1~5 厘米，边缘具圆锯；基出脉 3 条，侧脉 3 对；叶柄长 2~6 厘米；托叶披针形。雌雄花同序，花序腋生，稀顶生，花序轴具短毛，雌花苞片 1~2（~4）枚，无异形雌花。蒴果具 3 个分果爿，果皮具疏生毛和毛基变厚的小瘤体。种子近卵状，长 1.5~2 毫米，假种阜细长。

　　除西部高原或干燥地区外，大部分省份均产，海拔 20~1200（~1900）米，生长在白饭树灌丛、白栎灌丛、河北木蓝灌丛、黄荆灌丛、火棘灌丛、盐肤木灌丛、枫香树灌丛、枫杨灌丛、化香树灌丛、檵木灌丛、老虎刺灌丛、马桑灌丛、毛桐灌丛、糯米条灌丛、青冈灌丛中。

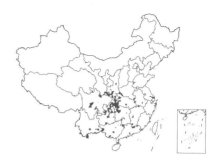

山麻杆

Alchornea davidii Franchet

  落叶灌木。高 1~5 米。嫩枝被灰白色短绒毛，一年生小枝具微柔毛。叶基三出脉，基部具线状小托叶；叶柄长 2~10 厘米，托叶披针形，长 6~8 毫米，早落。雌雄异株，雄花序穗状，1~3 个生于一年生小枝已落叶腋部，长 1.5~3.5 厘米，呈柔荑花序状，苞片卵形，长约 2 毫米；雌花序总状，顶生，长 4~8 厘米，具花 4~7 朵；雌花萼片 5 枚，子房被绒毛。蒴果近球形，具 3 圆棱，直径 1~1.2 厘米，密生柔毛。种子卵状三角形，长约 6 毫米，种皮具小瘤体。

  产陕西、四川、云南、贵州、广西、河南、湖北、湖南、江西、江苏、福建等省份，海拔 300~1000 米，生长在毛黄栌灌丛、小果蔷薇灌丛、羊蹄甲灌丛、黄荆灌丛、烟管荚蒾灌丛、盐肤木灌丛、红背山麻杆灌丛、牡荆灌丛、铁仔灌丛中。

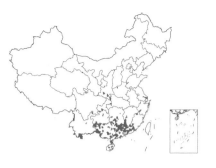

红背山麻杆

Alchornea trewioides (Bentham) Müller Argoviensis

灌木。高 1~2 米。叶薄纸质，阔卵形，下面浅红色，基部具斑状腺体 4 个，基三出脉；小托叶披针形，长 2~3.5 毫米；叶柄长 7~12 厘米。雌雄异株，雄花序穗状，腋生或生于一年生小枝已落叶腋部，具微柔毛，苞片无腺体；雌花序总状，顶生，雌花萼片 5（~6）枚，披针形，长 3~4 毫米；子房球形，花柱长 12~15 毫米，合生部分长不及 1 毫米。蒴果球形，具 3 圆棱，直径 8~10 毫米，果皮被微柔毛。种子扁卵状，长 6 毫米，种皮浅褐色，具瘤体。

产福建、江西、湖南、广东、广西、海南等省份，海拔 15~1000 米，生长在红背山麻杆灌丛、老虎刺灌丛、浆果楝灌丛、龙须藤灌丛、黄荆灌丛、雀梅藤灌丛、桃金娘灌丛、羊蹄甲灌丛、番石榴灌丛、檵木灌丛、尖尾枫灌丛、清香木灌丛、盐肤木灌丛、云实灌丛、白栎灌丛、剑叶龙血树灌丛、火棘灌丛、光荚含羞草灌丛、马甲子灌丛、毛桐灌丛、牡荆灌丛中。

土蜜树
Bridelia tomentosa Blume

　　直立灌木或小乔木。高 2~5 米。除幼枝、叶背、叶柄、托叶和雌花的萼片外面被柔毛或短柔毛外，其余均无毛。叶片纸质，长 3~9 厘米，宽 1.5~4 厘米，基部宽楔形至近圆，叶面粗涩，叶背浅绿色；叶柄长 3~5 毫米。花雌雄同株或异株，簇生于叶腋；雄花花梗极短，花瓣倒卵形，顶端 3~5 齿裂；雌花几无花梗，常 3~5 朵簇生，花瓣比萼片短；花盘坛状，包围子房。核果近圆球形，直径 4~7 毫米，2 室。种子褐红色，长卵形。

　　产福建、广东、海南、广西、云南、台湾，海拔 100~1500 米，生长在桃金娘灌丛、白背叶灌丛、红背山麻杆灌丛中。

飞扬草

Euphorbia hirta Linnaeus

一年生草本。茎单一，高 30~60（70）厘米，被褐色或黄褐色粗硬毛。叶对生，先端极尖或钝，基部略偏斜，边缘于中部以上有细锯齿；叶两面均具柔毛，叶柄极短。花序多数，于叶腋处密集成头状；总苞钟状，边缘 5 裂；腺体 4，边缘具白色倒三角形附属物；雄花数枚，雌花 1 枚；子房三棱状；花柱 3，分离；柱头 2 浅裂。蒴果三棱状，被短柔毛，成熟时分裂为 3 个分果爿。种子近圆状四棱。

产江西、湖南、福建、广东、广西、海南、四川、贵州、云南、台湾等省份，生长在假木豆灌丛、老虎刺灌丛、水柳灌丛中。

地锦草

Euphorbia humifusa Willdenow

一年生草本。茎匍匐，长达 30 厘米，被柔毛或疏柔毛。叶对生，矩圆形或椭圆形，长 5～10 毫米，先端钝圆，基部偏斜，边缘中部以上常具细锯齿；叶两面被疏柔毛，叶柄长 1～2 毫米。花序单生于叶腋，总苞陀螺状，边缘 4 裂，裂片三角形；腺体 4，矩圆形，边缘具白色或淡红色附属物；雄花数枚，雌花 1，子房三棱状卵形，花柱 3，柱头 2 裂。蒴果三棱状卵球形，长约 2 毫米，成熟时分裂为 3 个分果爿，花柱宿存。种子三棱状卵球形，长约 1.3 毫米。

除海南外，分布于全国大部分省份，海拔 3800 米以下，生长在茅栗灌丛、白栎灌丛、南烛灌丛中。

通奶草

Euphorbia hypericifolia Linnaeus

一年生草本。茎直立。叶对生，无紫斑，基部通常偏斜，边缘全缘或基部以上具细锯齿，上面深绿色，下面淡绿色，有时略带紫红色，两面被稀疏的柔毛；叶柄极短，长1~2毫米。苞叶2枚，与茎生叶同形。花序无苞叶，数个簇生于叶腋或枝顶；总苞陀螺状，边缘5裂；腺体4，边缘具白色或淡粉色附属物。雄花数枚，雌花1枚；子房三棱状，无毛；花柱3，分离；柱头2浅裂。蒴果三棱状，无毛，成熟时分裂为3个分果爿。种子卵棱状。

产长江以南的江西、湖南、广东、广西、海南、四川、贵州、云南、台湾，海拔30~2100米，生长在光荚含羞草灌丛、桃金娘灌丛中。

白饭树

Flueggea virosa（Roxburgh ex Willdenow）Voigt

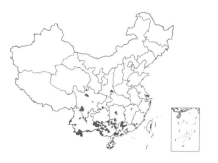

灌木。高 1~6 米，植株无刺，全株无毛。叶片纸质，顶端圆至急尖，有小尖头，全缘，下面白绿色，侧脉每边 5~8 条，叶柄长 2~9 毫米。花淡黄色，雌雄异株，多朵簇生于叶腋，苞片鳞片状；雄花萼片 5，雄蕊 5，花药椭圆形，退化雌蕊常 3 深裂，顶端弯曲；雌花 3~10 朵簇生或单生，花盘环状围绕子房基部，子房基部合生，顶部 2 裂，裂片外弯。蒴果浆果状，近圆球形，成熟时果皮淡白色，不开裂。种子栗褐色，具光泽，有小疣状凸起及网纹。

产华东、华南及西南各省份，海拔 100~2000 米，生长在白饭树灌丛、石榕树灌丛、红背山麻杆灌丛、番石榴灌丛、黄荆灌丛、浆果楝灌丛、老虎刺灌丛、光荚含羞草灌丛、檵木灌丛、水柳灌丛、羊蹄甲灌丛中。

算盘子

Glochidion puberum（Linnaeus）Hutchinson

　　直立灌木。高 1~5 米。小枝、叶片下面、萼片外面、子房和果实均密被短柔毛。叶片纸质或近革质，宽 1~2.5 厘米，基部两侧相等，侧脉每边 5~7 条。雌雄同株或异株，花 2~5 朵簇生于叶腋；雄花花梗长 4~15 毫米，萼片 6，狭长圆形或长圆状倒卵形，长 2.5~3.5 毫米，雄蕊 3，合生呈圆柱状；雌花花梗长 1 毫米，萼片与雄花相似；子房圆球状，花柱合生呈环状，长宽与子房几相等，与子房接连处缢缩。蒴果扁球状，成熟时带红色，顶端具宿存花柱。种子近肾形，具 3 棱。

　　产陕西、甘肃、江苏、安徽、浙江、江西、福建、河南、湖北、湖南、广东、海南、广西、四川、贵州、云南、西藏、台湾等省份，海拔 300~2200 米，生长在檵木灌丛、白栎灌丛、算盘子灌丛、枹栎灌丛、盐肤木灌丛、桃金娘灌丛、黄荆灌丛、杜鹃灌丛、枫香树灌丛、茅栗灌丛、栓皮栎灌丛、白背叶灌丛、火棘灌丛、糯米条灌丛、赤楠灌丛、光荚含羞草灌丛、雀梅藤灌丛、紫薇灌丛、毛黄栌灌丛、牡荆灌丛、山鸡椒灌丛、刺叶冬青灌丛、岗松灌丛、红背山麻杆灌丛、南烛灌丛、山胡椒灌丛、铁仔灌丛、小果蔷薇灌丛、杨桐灌丛、异叶鼠李灌丛中。

湖北算盘子

Glochidion wilsonii Hutchinson

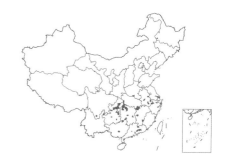

灌木。高 1~4 米。枝条具棱，除叶柄外，全株均无毛。叶片纸质，披针形或斜披针形，长 3~10 厘米，基部两侧相等，下面带灰白色，中脉两面凸起，侧脉每边 5~6 条。花绿色，雌雄同株，簇生于叶腋；雄花花梗长约 8 毫米，萼片 6，雄蕊 3，合生；雌花花梗短，萼片与雄花同，子房圆球状，花柱合生呈圆柱状，顶端多裂。蒴果扁球状，径约 1.5 厘米，边缘有 6~8 条纵沟，基部常有宿存萼片。种子近三棱形，红色，有光泽。

产安徽、浙江、江西、福建、湖北、广西、四川、贵州等省份，海拔 600~1600 米，生长在檵木灌丛、马桑灌丛、光荚含羞草灌丛、化香树灌丛、牡荆灌丛、山胡椒灌丛、盐肤木灌丛中。

水柳
Homonoia riparia Loureiro

灌木。高 1～3 米。小枝具棱，被柔毛。叶纸质，互生，线状长圆形或狭披针形，长 6～20 厘米，具尖头，全缘或具疏生腺齿，下面密生鳞片和柔毛。雌雄异株，雄花排成狭的总状花序，雌花排成腋生穗状花序，长 5～10 厘米；苞片近卵形，小苞片 2，三角形，长约 1 毫米，花单生于苞腋；雄花萼片 3，花丝合生成约 10 个雄蕊束；雌花萼片 5，子房球形，密被紧贴柔毛，花柱 3，基部合生，柱头密生羽毛状凸起。蒴果近球形，径 3～4 毫米，被灰色短柔毛。种子近卵状，长约 2 毫米。

产海南、广西、贵州、云南、四川、台湾，海拔 20～1000 米河流两岸，生长在水柳灌丛中。

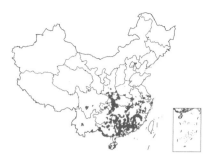

白背叶

Mallotus apelta（Loureiro）M ü ller Argoviensis

灌木或小乔木。高 1~4 米。小枝、叶柄和花序均密被淡黄色星状柔毛和散生橙黄色颗粒状腺体。叶互生，卵形或宽卵形，长宽均 6~25 厘米，边缘疏生齿，下面被灰白色星状绒毛，散生橙黄色腺体，基五出脉，侧脉 6~7 对。花雌雄异株，雄花序为开展的圆锥花序或穗状，雄花苞片卵形，花萼裂片 4，雄蕊50~75；雌花序穗状，长 15~30 厘米，稀有分枝，雌花花萼宿存，苞片近三角形，花梗极短。蒴果近球形，密生 0.5~1 厘米黄褐色或浅黄色线形软刺及灰白色星状毛。

产陕西及长江流域以南各省份，海拔 30~1000 米，生长在盐肤木灌丛、檵木灌丛、白栎灌丛、红背山麻杆灌丛、白背叶灌丛、桃金娘灌丛、山鸡椒灌丛、枹栎灌丛、黄荆灌丛、马桑灌丛、算盘子灌丛、灰白毛莓灌丛、毛黄栌灌丛、栓皮栎灌丛、枫香树灌丛、牡荆灌丛、番石榴灌丛、岗松灌丛、余甘子灌丛、中华绣线菊灌丛、光荚含羞草灌丛、化香树灌丛、木荷灌丛、小果蔷薇灌丛、杨梅灌丛中。

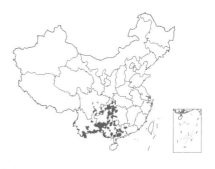

毛桐

Mallotus barbatus Müller Argoviensis

小乔木，高 3~4 米。嫩枝、叶柄、叶下面和花序均被黄棕色星状长绒毛。叶互生，掌状脉 5~7 条，叶柄盾状着生。花雌雄异株，总状花序顶生；雄花序下部常多分枝，苞片线形，苞腋具雄花 4~6 朵，雄花萼裂片 4~5，雄蕊 75~85 枚；雌花序长 10~25 厘米，苞片线形，苞腋有雌花 1~2，雌花萼裂片 3~5，花柱 3~5，柱头密生羽毛状凸起。蒴果排列较稀疏，球形，密被淡黄色星状毛和紫红色、长约 6 毫米的软刺，形成连续厚 6~7 毫米的厚毛层，果梗长 3~10 毫米。种子卵形，黑色。

产云南、四川、贵州、湖南、广东和广西等省份，海拔 400~1300 米，生长在黄荆灌丛、光荚含羞草灌丛、檵木灌丛、红背山麻杆灌丛、浆果楝灌丛、油茶灌丛、马桑灌丛、番石榴灌丛、尖尾枫灌丛、老虎刺灌丛、桃金娘灌丛、羊蹄甲灌丛、野牡丹灌丛、杜鹃灌丛、龙须藤灌丛、马甲子灌丛、毛黄栌灌丛、毛桐灌丛中。

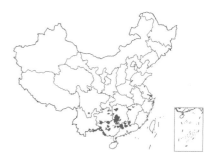

小果野桐

Mallotus microcarpus Pax & K. Hoffmann

灌木。高达 3 米。幼枝被白色微柔毛。叶互生，纸质，卵形或卵状三角形，长 5~15 厘米，具锯齿，上部常 2 浅裂或具粗齿，上面疏被白色柔毛及星状毛，下面毛较密，散生黄色腺体，基三至五出脉，侧脉 4~5 对，叶柄长 3~13 厘米。花雌雄同株或异株，总状花序长 12~15 厘米；雄花苞片卵形，花萼裂片卵形，不等大，雄蕊 50~70；雌花苞片钻形，花萼裂片与雄花同。蒴果钝棱扁球形，具 3 个分果爿，径 4~5 毫米，疏生粗短软刺及密生灰白色长柔毛，散生橙黄色腺体。种子卵形。

产贵州、广西、湖南、广东、江西和福建，海拔 300~1000 米，生长在光荚含羞草灌丛中。

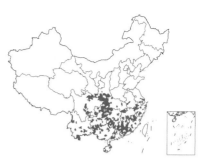

石岩枫

Mallotus repandus（Willdenow）Müller Argoviensis

攀缘状灌木。嫩枝、叶柄、花序和花梗均密生黄色星状柔毛。叶互生，卵形或椭圆状卵形，长3.5~8厘米，全缘或波状，嫩叶两面均被星状柔毛，成长叶下面散生黄色颗粒状腺体，基三出脉，侧脉4~5对。花雌雄异株，总状花序或下部有分枝；雄花序长5~15厘米，苞片钻状，萼裂片3~4，雄蕊40~75枚，花药长圆形；雌花序顶生，长5~8厘米，苞片长三角形，萼裂片5，花柱2（~3）枚。蒴果具2（~3）个分果爿，径约1厘米，密生黄色粉末状毛和具颗粒状腺体。种子卵形。

产华东、华中、华南、西南各省及陕西、甘肃，海拔100~1000米，生长在檵木灌丛、白栎灌丛、雀梅藤灌丛、牡荆灌丛、铁仔灌丛、黄荆灌丛、香叶树灌丛、小果蔷薇灌丛、枹栎灌丛、冬青叶鼠刺灌丛、火棘灌丛、老虎刺灌丛、龙须藤灌丛、马桑灌丛、烟管荚蒾灌丛、竹叶花椒灌丛中。

杠香藤

Mallotus repandus var. *chrysocarpus*（Pampanini）S. M. Hwang

攀援灌木。高 2 ~ 5 米。小枝有褐色绒毛。叶片纸质，披针形卵形或椭圆形，长 6 ~ 10 厘米，宽 1.5 ~ 4.5 厘米，先端短渐尖，基部楔形或钝，背面具短柔毛和星散淡黄色具腺鳞片，或后脱落。花序不分枝，5 ~ 7 厘米，具淡黄棕色微绒毛；雄花萼裂片 3，长约 2.5 毫米，雄蕊 35 ~ 45；雌花子房 3 室，被黄棕色绒毛，花柱 3，长约 3.5 毫米，合生部分长约 1 毫米。果梗 3 ~ 5 毫米；蒴果 3 个分果爿，具褐色微绒毛。

产陕西、甘肃、四川、贵州、湖北、湖南、江西、安徽、江苏、浙江、福建和广东等省份，海拔 300 ~ 1000 米，生长在黄荆灌丛、龙须藤灌丛中。

野桐

Mallotus tenuifolius Pax

灌木或小乔木。叶互生，宽卵形或三角状圆形，长6～12厘米，长宽相等或几相等，基部截形或心形，有2腺体，全缘或不规则3裂而有钝齿，下面仅沿脉被稍密星状柔毛，其余无毛或具稀疏毛；叶柄长7～9厘米，有星状毛。总状花序顶生；雄花花萼3裂，雄蕊多数，伸出；雌花序总状，不分枝雌花的花萼披针形，有星状毛，花柱3，子房有短柔毛。蒴果球形，直径约1厘米，表面具稀疏、粗短软刺；每果有种子3枚，黑色。

产安徽、福建、甘肃、广东、广西、贵州、河南、湖北、湖南、江苏、江西、陕西、四川、浙江等省份，海拔200～1700米，生长在枹栎灌丛、檵木灌丛、盐肤木灌丛、老虎刺灌丛、茅栗灌丛、白栎灌丛、龙须藤灌丛、羊蹄甲灌丛、光荚含羞草灌丛、黄荆灌丛、栓皮栎灌丛、香叶树灌丛、云实灌丛、赤楠灌丛、红背山麻杆灌丛、山鸡椒灌丛中。

余甘子
Phyllanthus emblica Linnaeus

乔木。高达 23 米。枝条具纵细条纹，被黄褐色短柔毛。叶片纸质至革质，2 列，线状长圆形，长 8～20 毫米，顶端截平或钝圆，有锐尖头或微凹，基部浅心形而稍偏斜，侧脉每边 4～7 条，叶柄长 0.3～0.7 毫米；托叶三角形，长 0.8～1.5 毫米，边缘有睫毛。多朵雄花和 1 朵雌花或全为雄花组成腋生聚伞花序；萼片 6；雄花雄蕊 3，花丝合生成柱；雌花萼片长圆形或匙形，花盘杯状，花柱 3，基部合生，顶端 2 裂。蒴果呈核果状，圆球形，径 1～1.3 厘米。种子略带红色，长 5～6 毫米。

产江西、福建、广东、海南、广西、四川、贵州、云南、台湾等省份，海拔 200～2300 米，生长在桃金娘灌丛、余甘子灌丛、番石榴灌丛、红背山麻杆灌丛、檵木灌丛、栓皮栎灌丛、枫香树灌丛中。

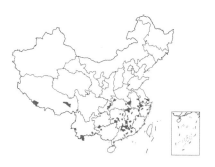

青灰叶下珠

Phyllanthus glaucus Wallich ex Müller Argoviensis

　　灌木。高达 4 米。枝条圆柱形，小枝细柔，全株无毛。叶片膜质，椭圆形或长圆形，长 2.5 ~ 5 厘米，顶端急尖，有小尖头，基部钝至圆，两侧对称，侧脉每边 8 ~ 10 条，叶柄长 2 ~ 4 毫米，托叶卵状披针形。花直径约 3 毫米，常 1 朵雌花与数朵雄花簇生于叶腋，花梗丝状，顶端稍粗，萼片 6，卵形；雄花花盘腺体 6，雄蕊 5，花丝分离；雌花花盘环状，子房 3 室，每室 2 颗胚珠，花柱 3。蒴果浆果状，径约 1 厘米，紫黑色，基部有宿存的萼片。种子黄褐色。

　　产江苏、安徽、浙江、江西、湖北、湖南、广东、广西、四川、贵州、云南和西藏等省份，海拔 200 ~ 1000 米，生长在白栎灌丛、檵木灌丛、龙须藤灌丛、八角枫灌丛、河北木蓝灌丛、黄荆灌丛、盐肤木灌丛、中华绣线菊灌丛中。

山乌桕

Triadica cochinchinensis Loureiro

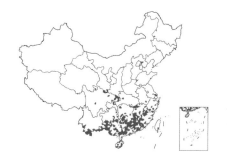

乔木或灌木。高 3~12 米，各部均无毛。叶互生，纸质，嫩时呈淡红色，椭圆形或长卵形，长 4~10 厘米，为宽的 2 倍以上，背面近缘常有数个圆形腺体；叶柄顶端具 2 毗连的腺体。花单性，雌雄同株，密集成长 4~9 厘米的顶生总状花序，雌花生于花序轴下部，雄花生于轴上部或整个花序全为雄花；雄花苞片卵形，每 1 苞片内有花 5~7，雄蕊 2（3）；雌花每 1 苞片内仅有 1 花，花萼 3 深裂，子房 3 室，柱头 3。蒴果黑色，球形。种子近球形，外被薄蜡质的假种皮。

广布于云南、四川、贵州、湖南、广西、广东、江西、安徽、福建、浙江和台湾等省份，海拔 100~1100 米，生长在桃金娘灌丛、檵木灌丛、岗松灌丛、赤楠灌丛、山乌桕灌丛、羊蹄甲灌丛、枇杷叶紫珠灌丛、枹栎灌丛、老虎刺灌丛、马桑灌丛、木荷灌丛、山鸡椒灌丛、乌药灌丛、杨桐灌丛中。

圆叶乌桕

Triadica rotundifolia（Hemsley）Esser

灌木或乔木。高 3~12 米，全株无毛。叶互生，厚，近革质，叶片近圆形，长 5~11 厘米，顶端圆，稀凸尖，偶有不同深浅的凹缺，基部圆、截平至微心形，全缘，腹面绿色，背面苍白色；中脉在背面显著凸起，侧脉 10~15 对；叶柄顶端具 2 腺体。花单性，雌雄同株，密集成顶生的总状花序，雌花生于花序轴下部，雄花生于花序轴上部或有时整个花序全为雄花。果序长 2~3 厘米，蒴果近球形，径约 1.5 厘米；分果爿木质，自宿存的中轴上脱落。种子外面薄被蜡质的假种皮。

分布于云南、贵州、广西、广东和湖南，海拔 100~500 米，为钙质土的指示植物，生长在浆果楝灌丛、老虎刺灌丛、番石榴灌丛、火棘灌丛、马甲子灌丛、小果蔷薇灌丛、羊蹄甲灌丛中。

油桐

Vernicia fordii（Hemsley）Airy Shaw

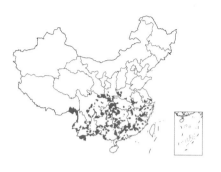

　　落叶乔木，高达 10 米。树皮灰色，近光滑；枝条无毛，具明显皮孔。叶卵圆形，长 8~18 厘米，顶端短尖，基部截平至浅心形，全缘，稀 1~3 浅裂，成长叶上面无毛，下面被贴伏微柔毛；掌状脉 5~7 条；叶柄顶端有 2 枚扁平、无柄腺体。花雌雄同株；花萼 2~3 裂，外面密被棕褐色微柔毛；花瓣白色，倒卵形，长 2~3 厘米；雄花雄蕊 8~12，2 轮；雌花子房密被柔毛，3~8 室，每室有胚珠 1，花柱与子房室同数，2 裂。核果近球状，无棱，径 4~8 厘米，果皮光滑。种子 3~8 颗。

　　产陕西、河南、江苏、安徽、浙江、江西、福建、湖南、湖北、广东、海南、广西、四川、贵州和云南等省份，海拔 200~2000 米，生长在黄荆灌丛、马桑灌丛、山胡椒灌丛、盐肤木灌丛、檵木灌丛、毛黄栌灌丛、烟管荚蒾灌丛、白栎灌丛、番石榴灌丛、枫香树灌丛、枫杨灌丛、光荚含羞草灌丛、化香树灌丛、火棘灌丛、假木豆灌丛、老虎刺灌丛、栓皮栎灌丛中。

Fabaceae
（三十三）豆科

大叶相思
Acacia auriculiformis A. Cunningham ex Bentham

常绿乔木。枝条下垂，小枝无毛，皮孔显著。叶状柄镰状长圆形，长 10～20 厘米，宽 1.5～4（～6）厘米，两端渐狭，比较显著的主脉有 3～7 条。穗状花序长 3.5～8 厘米，1 至数枝簇生于叶腋或枝顶；花橙黄色；花萼顶端浅齿裂。荚果成熟时旋卷，果瓣木质，每一果内有种子约 12 颗。种子黑色，围以折叠的珠柄。

原产澳大利亚北部及新西兰，广东、广西、福建有引种和逸生者，海拔 500 米以下，生长在桃金娘灌丛中。

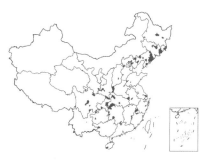

两型豆

Amphicarpaea edgeworthii Bentham

一年生缠绕草本。叶具羽状 3 小叶，顶生小叶菱状卵形或扁卵形，长宽近相等，长 2.5~5.5 厘米，宽 2~5 厘米，两面被伏贴柔毛，侧生小叶稍小，常偏斜。花二型：茎上部的为正常花，排成腋生的短总状花序，有花 2~7 朵，苞片卵形至椭圆形；茎下部为闭锁花，无花瓣，子房伸入地下结实。荚果二型：完全花结的荚果为长圆形或倒卵状长圆形，长 2~3.5 厘米，宽约 6 毫米，种子 2~3 颗；闭锁花结的荚果呈椭圆形或近球形，不开裂，内含 1 颗种子。

产东北、华北至陕西、甘肃及江南各省份，海拔 300~1800 米，生长在马桑灌丛、黄荆灌丛、火棘灌丛、河北木蓝灌丛、小果蔷薇灌丛、盐肤木灌丛中。

鞍叶羊蹄甲

Bauhinia brachycarpa Wallich ex Bentham

直立或攀援小灌木。小枝具棱。叶纸质或膜质，近圆形，通常宽度大于长度，长3~6厘米，宽4~7厘米，先端2裂达中部，罅口狭，裂片先端圆钝；基七至十一出脉。伞房式总状花序侧生，有密集的花可达40余朵；花蕾椭圆形，多少被柔毛；花瓣白色，连瓣柄长7~8毫米。荚果长圆形，扁平，长5~7.5厘米，宽9~12毫米，两端渐狭，中部两荚缝近平行，先端具短喙，成熟时开裂，果瓣革质。种子2~4颗，卵形。

产四川、云南、甘肃、湖北、贵州和广西等省份，海拔800~2200米，生长在牡荆灌丛中。

龙须藤

Bauhinia championii（Bentham）Bentham

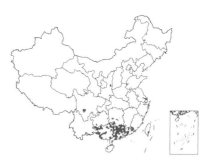

藤本，有卷须。嫩枝和花序薄被紧贴小柔毛。叶卵形或心形，长3~10厘米，宽2.5~9厘米，先端锐渐尖、圆钝、微凹或2裂，上面无毛，下面被紧贴的短柔毛，渐变无毛或近无毛。总状花序狭长，腋生，有时与叶对生或数个聚生于枝顶而成复总状花序，长7~20厘米；花蕾椭圆形，长2.5~3毫米；花梗纤细，长10~15毫米；花托漏斗形；萼片披针形；花瓣白色，具瓣柄。荚果倒卵状长圆形或带状，扁平，长7~12厘米，宽2.5~3厘米。种子2~5颗。

产浙江、福建、广东、广西、江西、湖南、湖北、贵州和台湾等省份，低海拔至中海拔的丘陵山地，生长在龙须藤灌丛、红背山麻杆灌丛、老虎刺灌丛、雀梅藤灌丛、檵木灌丛、小果蔷薇灌丛、白饭树灌丛、黄荆灌丛、火棘灌丛、牡荆灌丛、枇杷叶紫珠灌丛、番石榴灌丛、尖尾枫灌丛、浆果楝灌丛、云实灌丛中。

羊蹄甲

Bauhinia purpurea Linnaeus

乔木或直立灌木。高 7 ~ 10 米。叶硬纸质，近圆形，长 10 ~ 15 厘米，宽 9 ~ 14 厘米，基部浅心形，先端分裂达叶长的 1/3 ~ 1/2，裂片先端圆钝或近急尖，两面无毛或下面薄被微柔毛；基九至十一出脉。总状花序侧生或顶生，有时 2 ~ 4 个生于枝顶而成复总状花序；花蕾具 4 ~ 5 棱或狭翅；萼佛焰状，一侧开裂达基部成外反的 2 裂片，其中 1 片具 2 齿，另 1 片具 3 齿；花瓣桃红色，具脉纹和长的瓣柄；能育雄蕊 3；子房具长柄，柱头斜盾形。荚果带状，长 12 ~ 25 厘米，宽 2 ~ 2.5 厘米，略呈弯镰状。种子近圆形。

主要分布于我国南部，海拔 600 米以下，生长在羊蹄甲灌丛、光荚含羞草灌丛、红背山麻杆灌丛、黄荆灌丛、老虎刺灌丛、六月雪灌丛、八角枫灌丛、白栎灌丛中。

囊托羊蹄甲
Bauhinia touranensis Gagnepain

木质藤本。卷须纤细。叶纸质，近圆形，长 3.5～7 厘米，宽 4～8 厘米，先端分裂达叶长 1/6～1/5，裂片先端圆钝；基七至九出脉。伞房式总状花序单生于侧枝顶，或 3～4 个顶生和侧生于小枝先端；总花梗、花梗和花蕾被伏贴锈色柔毛；花梗长达 2 厘米，基部有 1 卷须；花托与花梗相接连处常屈曲呈 90 度角，一侧直，他侧基部膨凸呈浅囊状；萼裂片卵形，与花托等长；花瓣白带淡绿色，不相等。荚果带状，扁平，长 12～16 厘米，宽 3～3.5 厘米，荚缝略增厚，果瓣革质。

产云南、贵州和广西，海拔 500～1000 米，生长在囊托羊蹄甲灌丛、毛桐灌丛中。

华南云实
Caesalpinia crista Linnaeus

木质藤本。长可达 10 米以上。树皮黑色，有少数倒钩刺。二回羽状复叶长 20~30 厘米；叶轴上有黑色倒钩刺；羽片 2~3 对，有时 4 对，对生；小叶 4~6 对，对生，革质，先端圆钝，有时微缺，很少急尖，两面无毛，上面有光泽。总状花序长 10~20 厘米，复排列成顶生、疏松的大型圆锥花序；花瓣 5，不相等，其中 4 片黄色，上面 1 片具红色斑纹。荚果斜阔卵形，革质，长 3~4 厘米，宽 2~3 厘米，肿胀，具网脉，先端有喙，腹缝线上没有狭翅或翅不明显。种子 1 颗，扁平。

产云南、贵州、四川、湖北、湖南、广西、广东、福建和台湾，海拔 400~1500 米，生长在浆果楝灌丛中。

云实

Caesalpinia decapetala（Roth）Alston

藤本。枝、叶轴和花序均被柔毛和钩刺。二回羽状复叶长20~30厘米；羽片3~10对，对生，基部有刺1对；小叶8~12对，两端近圆钝，两面均被短柔毛，老时渐无毛。总状花序顶生，直立，长15~30厘米；总花梗多刺；花瓣黄色，长10~12毫米，盛开时反卷，基部具短柄；雄蕊与花瓣近等长。荚果长圆状舌形，长6~12厘米，宽2.5~3厘米，沿腹缝线膨胀成狭翅，成熟时沿腹缝线开裂，先端具尖喙。种子6~9颗，椭圆状，长约11毫米，宽约6毫米，种皮棕色。

产广东、广西、云南、四川、贵州、湖南、湖北、江西、福建、浙江、江苏、安徽、河南、河北、陕西和甘肃等省份，生长在黄荆灌丛、白栎灌丛、云实灌丛、化香树灌丛、火棘灌丛、檵木灌丛、龙须藤灌丛、雀梅藤灌丛、铁仔灌丛、白背叶灌丛、光荚含羞草灌丛、牡荆灌丛、香叶树灌丛、烟管荚蒾灌丛、羊蹄甲灌丛中。

喙荚云实
Caesalpinia minax Hance

　　有刺藤本，各部被短柔毛。二回羽状复叶长可达 45 厘米；托叶锥状而硬；羽片 5~8 对；小叶 6~12 对，两面沿中脉被短柔毛。总状花序或圆锥花序顶生；苞片卵状披针形，先端短渐尖；萼片 5，密生黄色绒毛；花瓣白色，有紫色斑点；雄蕊 10，花丝下部密被长柔毛；子房密生细刺。荚果长圆形，长 7.5~13 厘米，宽 4~4.5 厘米，先端圆钝而有喙，喙长 5~25 毫米，果瓣表面密生针状刺，有种子 4~8 颗。种子椭圆形与莲子相仿，一侧稍洼，有环状纹。

　　产广东、广西、云南、贵州、四川，福建有栽培，生于山沟、溪旁或灌丛中，海拔 400~1500 米，生长在光荚含羞草灌丛、檵木灌丛、石榕树灌丛中。

香花鸡血藤

Callerya dielsiana (Harms) P. K. Loc ex Z. Wei & Pedley

攀援灌木，长 2~5 米。羽状复叶长 15~30 厘米，叶柄长 5~12 厘米，与叶轴均疏被柔毛；<u>小叶5，先端急尖至渐尖，偶有钝圆</u>，基部钝，偶有近心形。圆锥花序顶生，长达 40 厘米，分枝伸展，盛花时成扇状开展并下垂，<u>花序梗不明显</u>，与花序轴多少被黄褐色柔毛；苞片宿存；花单生，长 1.2~2.4 厘米；花萼宽钟形，被细柔毛；花冠紫红色，旗瓣密被绢毛。<u>荚果无颈，密被灰色茸毛</u>，长 7~12 厘米，果瓣木质，具 3~5 种子。种子长圆状，凸镜状，长 8 毫米。

产广东、重庆、广西、四川和云南等省份，海拔 300~2500 米，生长在檵木灌丛、油茶灌丛、岗松灌丛、红背山麻杆灌丛、青冈灌丛、香叶树灌丛、白栎灌丛、化香树灌丛、马桑灌丛、算盘子灌丛、盐肤木灌丛中。

网络鸡血藤

Callerya reticulata（Bentham）Schot

　　木质藤本。羽状复叶长 10～20 厘米，<u>托叶基部向下凸起成一对短而硬的距</u>；叶腋有多数钻形的芽苞叶，宿存；<u>小叶 3～4 对</u>，硬纸质，长 3～8 厘米，宽 1.5～4 厘米，<u>细脉网状，两面均隆起，甚明显</u>；小托叶针刺状，宿存。圆锥花序长 10～20 厘米，常下垂，基部分枝，花序轴被黄褐色柔毛；花密集，单生于分枝上；<u>花萼阔钟状至杯状，几无毛</u>，萼齿短而钝圆，边缘有黄色绢毛；<u>花冠红紫色</u>。荚果线形，长约 <u>15 厘米，宽 1～1.5 厘米，扁平</u>，瓣裂，近木质，有种子 3～6 颗。种子长圆形。

　　产江苏、安徽、浙江、江西、福建、湖北、湖南、广东、海南、广西、四川、贵州、云南和台湾，海拔 1000 米以下，生长在白栎灌丛、灰白毛莓灌丛、檵木灌丛、枫香树灌丛、黄荆灌丛、火棘灌丛、栓皮栎灌丛、异叶鼠李灌丛、山胡椒灌丛、铁仔灌丛、乌冈栎灌丛、小果蔷薇灌丛中

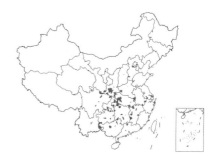

紫荆

Cercis chinensis Bunge

丛生或单生灌木，高 2~5 米。树皮和小枝灰白色。叶纸质，近圆形或三角状圆形，长 5~10 厘米，宽与长相若或略短于长，两面通常无毛。花紫红色或粉红色，2~10 余朵成束，簇生于老枝和主干上，无总花梗，通常先于叶开放，花长 1~1.3 厘米，花梗长 3~9 毫米；龙骨瓣基部具深紫色斑纹；子房嫩绿色，花蕾时光亮无毛，后期则密被短柔毛，有胚珠 6~7 颗。荚果薄，扁狭长形，通常不开裂，有翅，喙细小而弯曲。种子 2~6 颗，阔长圆形，黑褐色，光亮。

产我国东南部，北至河北，南至广东、广西，西至云南、四川，西北至陕西，东至浙江、江苏和山东等省份，海拔 100~1800 米，生长在檵木灌丛中。

猪屎豆
Crotalaria pallida Aiton

　　多年生草本，或呈灌木状。茎枝圆柱形，密被紧贴短柔毛。叶三出，柄长 2～4 厘米；小叶长圆形或椭圆形，长 3～6 厘米，宽 1.5～3 厘米，下面略被丝光质短柔毛，两面叶脉清晰。总状花序顶生，长达 25 厘米；苞片线形；花萼近钟形，五裂，萼齿三角形，约与萼筒等长，密被短柔毛；花冠黄色，伸出萼外，旗瓣基部具胼胝体二枚，龙骨瓣弯曲几达 90 度，具长喙；荚果长圆形，长 3～4 厘米，果瓣开裂后扭转。种子 20～30 颗。

　　产福建、广东、广西、四川、云南、山东、浙江、湖南和台湾，海拔 100～1000 米，生长在光荚含羞草灌丛、浆果楝灌丛、红背山麻杆灌丛中。

光萼猪屎豆

Crotalaria trichotoma Bojer

草本或亚灌木。高达2米。茎枝圆柱形。叶三出，小叶长椭圆形，长6~10厘米，宽1~3厘米，下面青灰色，被短柔毛。总状花序顶生有花10~20朵，花序长达20厘米；花萼近钟形，无毛；花冠黄色，伸出萼外，龙骨瓣最长，中部以上变狭成长喙。荚果长圆柱形，长3~4厘米，幼时被毛，成熟后脱落，果皮常呈黑色，基部残存花丝及花萼。种子20~30颗，肾形，成熟时朱红色。

原产南美洲，现栽培或逸生于我国福建、湖南、广东、海南、广西、四川、云南和台湾等省份，海拔100~1000米，生长在中平树灌丛中。

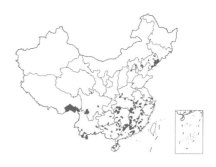

野百合
Crotalaria sessiliflora Linnaeus

直立草本。高30~100厘米。基部常木质，被紧贴粗糙的长柔毛。托叶线形，宿存或早落；叶片通常为线形或线状披针形，下面密被丝质短柔毛，近无柄。总状花序顶生、腋生或密生枝顶，形似头状，亦有腋生单花；苞片线状披针形，小苞片与苞片同形，成对生萼筒部基部；花萼二唇形，密被棕褐色长柔毛，萼齿阔披针形；花冠蓝色或紫蓝色，包被萼内，龙骨瓣中部以上变狭成长喙。荚果短圆柱形，苞被萼内，下垂紧贴于枝，秃净无毛。种子10~15颗。

产辽宁、河北、山东、江苏、安徽、浙江、江西、福建、湖南、湖北、广东、海南、广西、四川、贵州、云南、西藏和台湾，海拔70~1500米，生长在算盘子灌丛中。

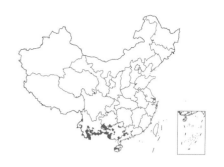

假木豆

Dendrolobium triangulare (Retzius) Schindler

灌木。高 1~2 米。嫩枝三棱形，密被灰白色丝状毛，老时变无毛。三出羽状复叶；托叶披针形，外面密被灰白色丝状毛；叶柄具沟槽，被开展或贴伏丝状毛；顶生小叶倒卵状长椭圆形，长 7~15 厘米，侧生小叶略小，基部略偏斜，上面无毛，下面被长丝状毛，脉上毛尤密，侧脉每边 10~17 条。伞形花序腋生，有花 20~30 朵；花冠白色或淡黄色。荚果有荚节 3~6，被贴伏丝状毛。种子椭圆形，长 2.5~3.5 毫米。

产广东、海南、广西、贵州、云南和台湾等省份，海拔 100~1400 米，生长在羊蹄甲灌丛、番石榴灌丛、假木豆灌丛、白饭树灌丛、红背山麻杆灌丛、黄荆灌丛、浆果楝灌丛、龙须藤灌丛、毛桐灌丛中。

假地豆

Desmodium heterocarpon (Linnaeus) Candolle

　　小灌木或亚灌木。茎直立或平卧，高 30～150 厘米，基部多分枝。羽状三出复叶；托叶宿存，狭三角形；侧生小叶通常较小，具短尖，下面被贴伏白色短柔毛，全缘，侧脉每边 5～10 条，不达叶缘。总状花序顶生或腋生，总花梗密被淡黄色开展的钩状毛；花极密；苞片卵状披针形，花萼钟形，4 裂；花冠紫红色，紫色或白色；雄蕊二体。荚果密集，狭长圆形，腹缝线浅波状，腹背两缝线被钩状毛，有荚节 4～7，荚节近方形。

　　产长江以南各省份，西至西藏东南部，东至台湾，山坡草地、水旁、灌丛或林中，海拔 350～1800 米，生长在红背山麻杆灌丛、浆果楝灌丛、老虎刺灌丛、光荚含羞草灌丛、龙须藤灌丛、栓皮栎灌丛、桃金娘灌丛中。

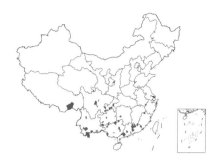

大叶拿身草

Desmodium laxiflorum Candolle

直立或平卧灌木或亚灌木。高 30～120 厘米。茎被贴伏毛和小钩状毛。<u>叶全为 3 小叶的羽状复叶；托叶狭三角形，长 7～10 毫米；顶生小叶较大，长 4.5～15 厘米，宽 3～8 厘米，侧脉每边 7～12 条，</u>下面密被淡黄色丝状毛。总状花序腋生或顶生，顶生者具少数分枝呈圆锥状；花 2～7 朵簇生于每一节上；苞片小，线状钻形；花冠紫堇色或白色；雄蕊二体。<u>荚果线形，腹背缝线在荚节处稍缢缩，有荚节 4～12，荚节长圆形，密被钩状小毛。</u>

产江西、湖北、湖南、广东、广西、四川、贵州、云南和台湾等省份，海拔 160～2400 米，生长在杜茎山灌丛中。

显脉山绿豆

Desmodium reticulatum Champion ex Bentham

直立亚灌木。高 30 ~ 60 厘米。羽状三出复叶，小叶 3，或下部的叶有时只有单小叶；托叶宿存；叶柄被疏毛；小叶厚纸质，侧生小叶较小，上面无毛，有光泽，下面被贴伏疏柔毛，全缘，侧脉每边 5 ~ 7 条，近叶缘处弯曲连结。总状花序顶生，总花梗密被钩状毛；花小，每 2 朵生于节上，节疏离；花萼钟形，4 裂，裂片三角形，与萼筒等长；花冠粉红色，后变蓝色。荚果长圆形，长 10 ~ 20 毫米，宽约 2.5 毫米，腹缝线直，背缝线波状，有荚节 3 ~ 7。

产广东、海南、广西和云南（南部），海拔 250 ~ 1300 米，生长在盐肤木灌丛中。

长波叶山蚂蝗

Desmodium sequax Wallich

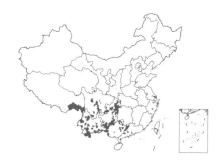

直立灌木。高 1~2 米，多分枝。幼枝和叶柄被锈色柔毛，有时混有小钩状毛。羽状三出复叶，小叶 3；托叶线形；小叶卵状椭圆形或圆菱形，侧生小叶略小，边缘自中部以上呈波状，下面被贴伏柔毛并混有小钩状毛。总状花序顶生和腋生，顶生者通常分枝成圆锥花序；花通常 2 朵生于每节上；花冠紫色，龙骨瓣与翼瓣等长；雄蕊单体。荚果腹背缝线缢缩呈念珠状，有荚节 6~10，荚节近方形，密被开展褐色小钩状毛。

产湖北、湖南、广东、广西、四川、贵州、云南、西藏和台湾等省份，海拔 1000~2800 米，生长在马桑灌丛、番石榴灌丛、枫杨灌丛、老虎刺灌丛、牡荆灌丛、盐肤木灌丛、羊蹄甲灌丛、中平树灌丛中。

大叶千斤拔

Flemingia macrophylla（Willdenow）Prain

直立灌木。高 0.8~2.5 米。幼枝、叶柄、花萼、子房密被紧贴丝质柔毛。指状 3 小叶，叶柄长 3~6 厘米，具狭翅；小叶两面除沿脉外通常无毛。总状花序常数个聚生于叶腋，长 3~8 厘米；花萼钟状，长 6~8 毫米，裂齿线状披针形；花序轴、苞片、花梗均密被灰色至灰褐色柔毛；花冠紫红色；雄蕊二体；子房椭圆形，花柱纤细。荚果椭圆形，长 1~1.6 厘米，宽 7~9 毫米，褐色，先端具小尖喙。种子 1~2 颗，球形光亮黑色。

产云南、贵州、四川、江西、福建、广东、海南、广西和台湾，海拔 200~1500 米，生长在羊蹄甲灌丛中。

河北木蓝

Indigofera bungeana Walpers

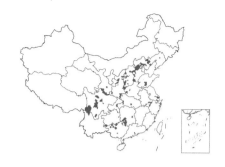

直立灌木。高 40~100 厘米。茎褐色，圆柱形，有皮孔；枝银灰色，与叶、花、果均被灰白色"丁"字毛。羽状复叶长 2.5~5 厘米，小叶 2~4 对，对生，小叶柄长 0.5 毫米。总状花序腋生，长 4~8 厘米，长于复叶，顶端不成刺状；花冠紫色或紫红色，旗瓣阔倒卵形或倒卵状长圆形，长大于宽，长达4.5~6 毫米，翼瓣与龙骨瓣等长，龙骨瓣有距；花药圆球形，先端具小凸尖；子房线形。荚果褐色，线状圆柱形，长 2.5~5 厘米。种子椭圆形。

产辽宁、内蒙古、河北、山西、陕西、江苏、安徽、浙江、江西、福建、湖北、湖南、广西、四川、贵州、云南等省份，海拔 600~1000 米，生长在马桑灌丛、黄荆灌丛、河北木蓝灌丛、毛黄栌灌丛、檵木灌丛、火棘灌丛、牡荆灌丛、化香树灌丛、白栎灌丛、枹栎灌丛、铁仔灌丛、盐肤木灌丛、六月雪灌丛、糯米条灌丛、雀梅藤灌丛、小果蔷薇灌丛、烟管荚蒾灌丛、云实灌丛、紫薇灌丛、八角枫灌丛、红背山麻杆灌丛、蜡莲绣球灌丛、山胡椒灌丛、中华绣线菊灌丛中。

胡枝子

Lespedeza bicolor Turczaninow

直立灌木。高 1~3 米。小枝有条棱，被疏短毛。羽状复叶具 3 小叶，小叶质薄，长 1.5~6 厘米，先端钝圆或微凹，具短刺尖，全缘，上面无毛，下面被疏柔毛，老时渐无毛。总状花序腋生，比叶长，常构成大型、较疏松的圆锥花序；小苞片 2，卵形，长不到 1 厘米，被短柔毛；花梗长约 2 毫米，密被毛；花萼长约 5 毫米，5 浅裂，裂片通常短于萼筒，上方 2 裂片合生成 2 齿；花冠红紫色，极稀白色；子房被毛。荚果斜倒卵形，长约 10 毫米，密被短柔毛。

产黑龙江、吉林、辽宁、河北、内蒙古、山西、陕西、甘肃、山东、江苏、安徽、浙江、福建、河南、湖南、广东、广西和台湾等省份，海拔 150~1000 米，生长在白栎灌丛、檵木灌丛、黄荆灌丛、胡枝子灌丛、杜鹃灌丛、枹栎灌丛、马桑灌丛、盐肤木灌丛、刺叶冬青灌丛、枫香树灌丛、化香树灌丛、毛黄栌灌丛、雀梅藤灌丛、火棘灌丛、柯灌丛、六月雪灌丛、青冈灌丛、中华绣线菊灌丛、红背山麻杆灌丛、木荷灌丛、栓皮栎灌丛中。

截叶铁扫帚

Lespedeza cuneata（Dumont de Courset）G. Don

　　小灌木。高达 1 米。茎直立或斜升，被毛。叶密集，柄短；小叶楔形或线状楔形，长 1~3 厘米，为宽的 5 倍以下，先端截形成近截形，具小刺尖，下面密被伏毛。总状花序腋生，具花 2~4；总花梗极短；小苞片卵形或狭卵形，背面被白色伏毛，边具缘毛；花萼狭钟形，密被伏毛，5 深裂，裂片披针形；花冠淡黄色或白色，旗瓣基部有紫斑，冀瓣与旗瓣近等长，龙骨瓣稍长；闭锁花簇生于叶腋。荚果宽卵形或近球形，被伏毛，长 2.5~3.5 毫米。

　　产陕西、甘肃、山东、河南、湖北、湖南、广东、四川、云南、西藏和台湾等省份，海拔 2500 米以下，生长在白栎灌丛、算盘子灌丛、盐肤木灌丛、毛黄栌灌丛、河北木蓝灌丛、黄荆灌丛、小果蔷薇灌丛、马甲子灌丛、马桑灌丛、栓皮栎灌丛、桃金娘灌丛、余甘子灌丛中。

大叶胡枝子
Lespedeza davidii Franchet

直立灌木。高 1~3 米。枝条较粗壮，有明显的条棱，密被长柔毛。托叶 2，卵状披针形；叶柄密被短硬毛；小叶宽卵圆形或宽倒卵形，长 3.5~13 厘米，宽 2.5~8 厘米，先端圆或微凹，两面密被黄白色绢毛。总状花序腋生或于枝顶形成圆锥花序，花比叶长；总花梗长 4~7 厘米，密被长柔毛；花萼阔钟形，5 深裂，裂片披针形，被长柔毛；花红紫色，翼瓣比旗瓣和龙骨瓣短，龙骨瓣与旗瓣近等长；子房密被毛。荚果卵形，长 8~10 毫米，先端具短尖，表面具网纹和绢毛。

产江苏、安徽、浙江、江西、福建、河南、湖南、广东、广西、四川和贵州等省份，海拔 800 米，生长在白栎灌丛、黄荆灌丛、檵木灌丛、盐肤木灌丛、油茶灌丛中。

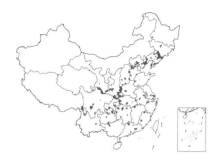

绒毛胡枝子

Lespedeza tomentosa（Thunberg）Siebold

灌木。高达 1 米，全株密被黄褐色绒毛。茎直立，单一或上部少分枝。羽状复叶具 3 小叶，小叶质厚，椭圆形或卵状长圆形，长 3~6 厘米，先端钝或微心形。总状花序顶生或于茎上部腋生，总花梗粗壮，长 4~12 厘米；苞片线状披针形，长 2 毫米；花具短梗；花萼长约 6 毫米，5 深裂，裂片狭披针形，长约 4 毫米；花冠黄色或黄白色，旗瓣椭圆形，龙骨瓣与旗瓣近等长，翼瓣较短，闭锁花簇生于茎上部叶腋成球状。荚果倒卵形，长 3~4 毫米，先端有短尖。

除新疆及西藏外，全国各地普遍生长，海拔 1000 米以下，生长在火棘灌丛中。

绒毛崖豆

Millettia velutina Dunn

小乔木。高 8～10 米。枝密被黄色绒毛，渐脱落。羽状复叶长 25～30 厘米，叶轴具长 2～3 毫米托叶，易脱落；小叶 7～9 对，下面密被黄色绢毛。总状圆锥花序腋生，长 20～25 厘米，密被黄色绒毛；苞片线形，早落，小苞片披针形；花长 1.3～1.6 厘米；花萼钟状，萼齿尾状锥尖，上方 2 齿全合生；花冠白色至淡紫色，雄蕊单体，对旗瓣的 1 枚基部分离；子房线形，花柱向上弯曲，胚珠 6～7 粒。荚果线形，长 9～14 厘米，密被黄褐色绒毛，渐脱落，瓣裂。种子 3～5 颗，长圆形，长约 12 毫米。

产湖南、广东、广西、贵州和云南等省份，海拔 500～1700 米，生长在龙须藤灌丛中。

光荚含羞草

Mimosa bimucronata (Candolle) O. Kuntze

落叶灌木。高 3 ~ 6 米。茎圆柱状，小枝无刺，密被黄色茸毛。二回羽状复叶，羽片 6 ~ 7 对，长 2 ~ 6 厘米，叶轴无刺，被短柔毛；小叶 12 ~ 16 对，线形，长 5 ~ 7 毫米，宽 1 ~ 1.5 毫米，革质，先端具小尖头，除边缘疏具缘毛外，余无毛，中脉略偏上缘。头状花序球形；花白色，花萼杯状，极小；花瓣长圆形，长约 2 毫米，仅基部连合；雄蕊 8，花丝长 4 ~ 5 毫米。荚果带状，劲直，长 3.5 ~ 4.5 厘米，宽约 6 毫米，无刺毛，褐色，通常有 5 ~ 7 个荚节，成熟时荚节脱落而残留荚缘。

原产热带美洲，逸生广东南部沿海地区，生长在光荚含羞草灌丛、假木豆灌丛、老虎刺灌丛、清香木灌丛、桃金娘灌丛、余甘子灌丛、檵木灌丛、浆果楝灌丛、中平树灌丛、竹叶花椒灌丛中。

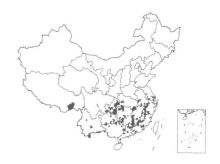

小槐花

Ohwia caudata（Thunberg）H. Ohashi

直立灌木或亚灌木。高 1~2 米。上部分枝略被柔毛。叶具 3 小叶，叶柄长 1.5~4 厘米，两侧具 0.2~0.4 毫米宽的窄翅；顶生小叶披针形或长圆形，长 5~9 厘米，侧生小叶较小。总状花序长 5~30 厘米，花序轴密被柔毛并混生小钩状毛，每节生 2 花，具小苞片；花萼窄钟形，裂片披针形；花冠绿白色或黄白色，有明显脉纹；旗瓣椭圆形，翼瓣窄长圆形，龙骨瓣长圆形，均具瓣柄；雄蕊二体，雌蕊长约 7 毫米。荚果线形，扁平，长 5~7 厘米，被伸展钩状毛，背腹缝线浅缢缩，有 4~8 荚节。

产长江以南各省，西至喜马拉雅山，东至台湾，海拔 150~1000 米，生长在檵木灌丛、盐肤木灌丛、枫杨灌丛、牡荆灌丛、桃金娘灌丛、油茶灌丛中。

排钱树

Phyllodium pulchellum（Linnaeus）Desvaux

灌木。高 0.5~2 米。小枝被白色或灰色短柔毛。叶柄和小叶柄密被灰黄色柔毛，小叶革质，<u>上面近无毛</u>，下面疏被短柔毛，侧脉每边 6~10 条；<u>顶生小叶卵形、椭圆形或倒卵形，长 6~10 厘米，侧生小叶约比顶生小叶小 1 倍</u>。伞形花序有花 5~6 朵，藏于叶状苞片内；<u>叶状苞片圆形，两面略被短柔毛及缘毛</u>，排列成总状圆锥花序状；花梗和花萼被短柔毛；花冠白色或淡黄色。荚果长 6 毫米，<u>通常有荚节 2，成熟时无毛或有疏短柔毛及缘毛</u>。种子宽椭圆形或近圆形，长 2.2~2.8 毫米。

产福建、江西、广东、海南、广西、云南和台湾等省份，海拔 160~2000 米，生长在栓皮栎灌丛、檵木灌丛、桃金娘灌丛中。

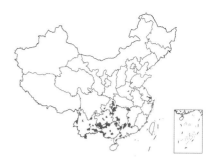

老虎刺

Pterolobium punctatum Hemsley

木质藤本或攀援灌木。小枝具棱，幼时被毛，具散生或成对的黑色下弯短钩刺。叶轴和叶柄有成对黑色托叶刺；羽片9~14对，小叶片19~30对，对生，两面被黄色毛，下面具黑点，脉不明显。总状花序腋生或于枝顶排列成圆锥状，花密集簇生；萼片5，最下面一片较长，舟形；花瓣相等，稍长于萼，顶端稍呈啮蚀状；雄蕊10，等长；子房一侧具纤毛，柱头漏斗形，胚珠2。荚果翅果状，不开裂，长4~6厘米，翅一边直，另一边弯曲，颈部具宿存花柱。种子单一。

产广东、广西、云南、贵州、四川、湖南、湖北、江西和福建等省份，海拔300~2000米，生长在老虎刺灌丛、红背山麻杆灌丛、大叶紫珠灌丛、檵木灌丛、龙须藤灌丛、石榕树灌丛中。

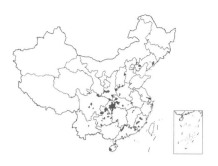

葛

Pueraria montana (Loureiro) Merrill

　　粗壮藤本。全体被黄色长硬毛，茎基部木质，有粗厚块状根。羽状复叶具 3 小叶；托叶背着；小叶三裂，偶全缘，上面被淡黄色平伏疏柔毛，下面较密；小叶柄被黄褐色绒毛。总状花序长 15~30 厘米，中部以上有密集的花；苞片远比小苞片长，早落，小苞片长不及 2 毫米；花 2~3 朵聚生于花序轴的节上；花萼钟形，长 8~10 毫米，渐尖；花冠长 10~12 毫米，紫色，旗瓣倒卵形，翼瓣和龙骨瓣近等长；子房线形，被毛。荚果长椭圆形，长 5~9 厘米，宽 8~11 毫米，被褐色长硬毛。

　　除新疆、青海及西藏外，分布几遍全国，海拔 1700 米以下，生长在檵木灌丛、黄荆灌丛、野牡丹灌丛、白栎灌丛、化香树灌丛、火棘灌丛、牡荆灌丛、盐肤木灌丛、白背叶灌丛、河北木蓝灌丛、胡枝子灌丛、假烟叶树灌丛、浆果楝灌丛、木荷灌丛、小果蔷薇灌丛、中平树灌丛中。

鹿藿

Rhynchosia volubilis Loureiro

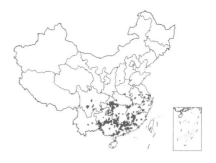

　　缠绕草质藤本。全株多少被灰色至淡黄色柔毛；茎略具棱。叶具 3 小叶；叶柄长 2~5.5 厘米；顶生小叶菱形或倒卵状菱形，长 3~8 厘米，先端钝，稀为急尖，两面均被灰色或淡黄色柔毛，下面尤密；基出脉 3；侧生小叶较小，常偏斜。总状花序长 1.5~4 厘米，1~3 个腋生；花萼钟状，裂片披针形；花冠黄色；雄蕊二体；子房被毛及密集的小腺点。荚果长圆形，红紫色，长 1~1.5 厘米，远比花萼长，极扁平，稍被毛或近无毛。种子常 2 颗，椭圆形或近肾形，黑色。

　　产江南各省份，海拔 200~1000 米，生长在灰白毛莓灌丛、白栎灌丛中。

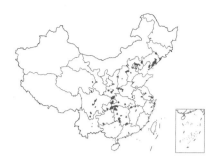

刺槐

Robinia pseudoacacia Linnaeus

落叶乔木。高 10～25 米。树皮灰褐色至黑褐色，浅裂至深纵裂。小枝、花序轴、花梗被平伏细柔毛；具托叶刺，长达 2 厘米。羽状复叶长 10～40 厘米；小叶 2～12 对，常对生，椭圆形、长椭圆形或卵形，长 2～5 厘米，具小尖头，全缘。总状花序腋生，长 10～20 厘米，下垂，花芳香；花萼斜钟状，萼齿 5，密被柔毛；花冠白色；雄蕊二体。荚果褐色，线状长圆形，长 5～12 厘米，宽 1～1.7 厘米，扁平，沿腹缝线具狭翅；花萼宿存，种子 2～15 颗。种子近肾形，长 5～6 毫米。

原产美国东部，我国于 18 世纪末从欧洲引入青岛栽培，现全国各地广泛栽植并逸生，海拔 2100 米以下，生长在马桑灌丛、毛黄栌灌丛、黄荆灌丛、河北木蓝灌丛、羊蹄甲灌丛、白栎灌丛、盐肤木灌丛、枫杨灌丛、火棘灌丛、糯米条灌丛、栓皮栎灌丛、香叶树灌丛中。

双荚决明

Senna bicapsularis (Linnaeus) Roxburgh

　　直立灌木。多分枝，无毛。叶长 7～12 厘米，<u>有小叶 3～4 对，小叶顶端无短尖头</u>；叶柄长 2.5～4 厘米；小叶倒卵形或倒卵状长圆形，长 2.5～3.5 厘米，宽约 1.5 厘米，基部渐狭，偏斜，<u>在最下方的 1 对小叶间有黑褐色线形而钝头的腺体 1 枚</u>。总状花序生于枝条顶端的叶腋间，常集成伞房花序状，长度约与叶相等，花鲜黄色，直径约 2 厘米；雄蕊 10 枚，7 枚能育，能育雄蕊中有 3 枚特大，高出花瓣。<u>荚果圆柱状，长 13～17 厘米</u>，直径 1.6 厘米，缝线狭窄。种子 2 列。

　　原产美洲热带地区，栽培于广东和广西等省份，有逸生，海拔 1900 米以下，生长在河北木蓝灌丛中。

红车轴草
Trifolium pratense Linnaeus

多年生草本。茎粗壮，具纵棱。掌状三出复叶；托叶近卵形，基部抱茎，先端具尖头；叶柄较长；小叶长 1.5~5 厘米，两面疏生褐色长柔毛，上面常有"V"字形白斑；小叶柄长约 1.5 毫米。花序球状或卵状，顶生；无总花梗或具甚短总花梗，包于顶生叶的托叶内，托叶扩展成焰苞状，具花 30~70；花长 12~18 毫米；萼钟形，被长柔毛，萼齿丝状，最下方一齿比其余长 1 倍，萼喉具 1 多毛的加厚环；花冠紫红色至淡红色。荚果卵形；通常有 1 颗扁圆形种子。

原产欧洲中部，我国南北各省份均有种植并见逸生，海拔 600~2500 米，生长在火棘灌丛中。

白车轴草

Trifolium repens Linnaeus

多年生草本。高 10～30 厘米。茎匍匐蔓生，节上生根，全株无毛。掌状三出复叶；托叶卵状披针形，基部抱茎成鞘状；叶柄长 10～30 厘米；小叶倒卵形至近圆形，长 8～30 毫米。花序球形，顶生，直径 15～40 毫米；总花梗比叶柄长近 1 倍，具花 20～80 朵；无总苞；苞片披针形，锥尖；花长 7～12 毫米；花梗比花萼稍长或等长，开花立即下垂；萼钟形，具脉纹 10 条，萼齿 5，披针形，稍不等长，短于萼筒，萼喉无毛；花冠白色、乳黄色或淡红色，具香气。荚果长圆形。种子阔卵形。

原产欧洲和北非，几遍全国，湿润草地、河岸、路边呈半自生状态，海拔 2800 米以下，生长在河北木蓝灌丛中。

Fagaceae
（三十四）壳斗科

茅栗
Castanea seguinii Dode

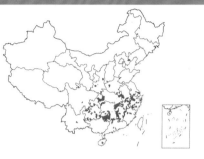

　　小乔木或灌木状，通常高 1.5~2 米，稀达 12 米。托叶细长，开花仍未脱落；叶倒卵状椭圆形或长圆形，长 6~14 厘米，宽 4~5 厘米，叶背有黄色或灰白色鳞腺，幼嫩时沿叶背脉两侧有疏单毛，老叶无毛。雄花序长 5~12 厘米，雄花簇有花 3~5 朵；雌花单生或生于混合花序的花序轴下部，每壳斗有雌花 3~5 朵，通常 1~3 朵发育结实；花柱 9 或 6 枚，无毛；壳斗外壁密生锐刺，成熟壳斗连刺径 3~5 厘米，宽略过于高，刺长 6~10 毫米。坚果长 15~20 毫米，宽 20~25 毫米，无毛或顶部有疏伏毛。

　　广布于大别山以南和五岭南坡以北各地，海拔 400~2000 米，生长在白栎灌丛、茅栗灌丛、檵木灌丛、枹栎灌丛、栓皮栎灌丛、杜鹃灌丛、山胡椒灌丛、山鸡椒灌丛、灰白毛莓灌丛、青冈灌丛、盐肤木灌丛、杨桐灌丛、枫杨灌丛、黄荆灌丛、算盘子灌丛、杨梅灌丛中。

青冈

Cyclobalanopsis glauca（Thunberg）Oersted

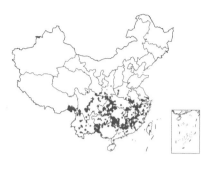

常绿乔木。高达 20 米，胸径可达 1 米。小枝无毛。叶片革质，倒卵状椭圆形或长椭圆形，长 6～13 厘米，宽 2～5.5 厘米，叶缘中部以上有疏锯齿，侧脉每边 9～13 条，叶背有整齐平伏白色单毛，常有白色鳞秕。雄花序轴被苍色绒毛。壳斗碗形，包着坚果 1/3～1/2，直径 0.9～1.4 厘米，高 0.6～0.8 厘米，被薄毛；小苞片合生成 5～6 条同心环带，环带全缘或有细缺刻；坚果直径 0.9～1.4 厘米，高 1～1.6 厘米，果脐平坦或微凸起。

产陕西、甘肃、江苏、安徽、浙江、江西、福建、河南、湖北、湖南、广东、广西、四川、贵州、云南、西藏和台湾等省份，海拔 60～2600 米，生长在青冈灌丛、檵木灌丛、火棘灌丛、杜鹃灌丛、木荷灌丛、茅栗灌丛、乌药灌丛中。

柯

Lithocarpus glaber (Thunberg) Nakai

乔木。高 15 米。一年生枝、嫩叶叶柄、叶背及花序轴均密被灰黄色短绒毛，二年生枝毛较疏且短，常变为污黑色。叶革质或厚纸质，通常中部以上最宽，长 6～14 厘米，宽 2.5～5.5 厘米，上部叶缘有 2～4 个浅裂齿或全缘，成熟叶背面无毛或几无毛，有较厚蜡鳞层；叶柄长 1～2 厘米。雄穗状花序多排成圆锥花序或单穗腋生，雌花序常着生少数雄花，雌花每 3（5）朵一簇。壳斗碟状或浅碗状，小苞片三角形，密被灰色微柔毛；坚果椭圆形，长 12～25 毫米，长于宽。

产秦岭南坡以南各地，但北回归线以南极少见，海拔约 1500 米以下，生长在木荷灌丛、柯灌丛、檵木灌丛、白栎灌丛、山鸡椒灌丛、青冈灌丛中。

白栎

Quercus fabri Hance

　　落叶乔木或灌木状。高达 20 米。树皮灰褐色，深纵裂；<u>小枝密生灰色至灰褐色绒毛</u>。叶片倒卵形、椭圆状倒卵形，长 7~15 厘米，顶端钝或短渐尖，<u>叶缘具波状锯齿或粗钝锯齿，幼时两面被灰黄色星状毛，侧脉每边 8~12 条，叶背支脉明显</u>；叶柄长 3~5 毫米，被棕黄色绒毛。雄花序长 6~9 厘米，序轴被绒毛，雌花序长 1~4 厘米，生 2~4 朵花；壳斗杯形，包着坚果约 1/3；<u>小苞片卵状披针形</u>。坚果长椭圆形或卵状长椭圆形，直径 0.7~1.2 厘米，高 1.7~2 毫米，无毛，果脐凸起。

　　产陕西、江苏、安徽、浙江、江西、福建、河南、湖北、湖南、广东、广西、四川、贵州、云南等省份，海拔 50~1900 米，生长在白栎灌丛、檵木灌丛、杜鹃灌丛、栓皮栎灌丛、盐肤木灌丛、化香树灌丛、枹栎灌丛、黄荆灌丛、茅栗灌丛、算盘子灌丛、枫香树灌丛、油茶灌丛、乌药灌丛、杨桐灌丛、毛黄栌灌丛、赤楠灌丛、火棘灌丛、山鸡椒灌丛、白背叶灌丛、马桑灌丛、木荷灌丛、青冈灌丛、乌冈栎灌丛、杨梅灌丛中。

枹栎

Quercus serrata Murray

　　落叶乔木。高达 25 米。树皮灰褐色，深纵裂；幼枝被柔毛，后脱落。叶片薄革质，倒卵形或倒卵状椭圆形，长 7~17 厘米，顶端渐尖或急尖，叶缘有腺状锯齿，幼时被伏贴单毛，老时及叶背被平伏单毛或无毛，侧脉每边 7~12 条；叶柄长 1~3 厘米，无毛。雄花序长 8~12 厘米，序轴密被白毛，雄蕊 8；雌花序长 1.5~3 厘米。壳斗杯状，包着坚果 1/4~1/3，直径 1~1.2 厘米，高 5~8 毫米；小苞片长三角形，贴生，边缘具柔毛；坚果卵形至卵圆形，直径 0.8~1.2 厘米，高 1.7~2 厘米，果脐平坦。

　　产辽宁、山西、陕西、甘肃、山东、江苏、安徽、浙江、江西、福建、河南、湖北、湖南、广东、广西、四川、贵州和台湾等省份，海拔 60~2000，生长在枹栎灌丛、茅栗灌丛、白栎灌丛、枫香树灌丛、油茶灌丛、栓皮栎灌丛、檵木灌丛、盐肤木灌丛、算盘子灌丛、赤楠灌丛中。

栓皮栎

Quercus variabilis Blume

落叶乔木。高达 30 米。树皮黑褐色，深纵裂，木栓层发达，小枝无毛。叶片卵状披针形或长椭圆形，长 8~20 厘米，顶端渐尖，叶缘具刺芒状锯齿，叶背密被灰白色星状绒毛，侧脉每边 13~18 条，直达齿端；叶柄无毛。雄花序长达 14 厘米，序轴密被褐色绒毛，花被 4~6 裂，雄蕊 10 枚或更多；雌花序生于新枝上端叶腋，花柱 30，壳斗杯形，包着坚果 2/3，连小苞片直径 2.5~4 厘米；小苞片钻形，反曲。坚果近球形或宽卵形，高、径约 1.5 厘米，顶端圆，果脐凸起。

产辽宁、河北、山西、陕西、甘肃、山东、江苏、安徽、浙江、江西、福建、河南、湖北、湖南、广东、广西、四川、贵州、云南和台湾等省份，海拔 2000~3000 米，生长在栓皮栎灌丛、白栎灌丛、毛黄栌灌丛、黄荆灌丛、化香树灌丛、檵木灌丛、火棘灌丛、茅栗灌丛、柯灌丛、牡荆灌丛、山胡椒灌丛、山鸡椒灌丛中。

（三十五）金缕梅科

长柄双花木

Disanthus cercidifolius subsp. *longipes*
（H. T. Chang）K. Y. Pan

多分枝灌木。小枝屈曲。叶片的宽度大于长度，阔卵圆形，长5~8厘米，宽6~9厘米，先端钝或为圆形，背部不具灰色，果序柄较长，长1.5~3.2厘米。

分布于浙江、江西、湖南、广东等省份，海拔600~1600米，生长在长柄双花木灌丛中。

枫香树

Liquidambar formosana Hance

落叶乔木。高达 30 米。树皮方块状剥落。叶薄革质，阔卵形，<u>基部心形</u>；掌状 3 裂，边缘有锯齿，掌状脉 3~5 条，叶柄长达 11 厘米；托叶线形，<u>游离，或略与叶柄连生</u>，早落。雄性短穗状花序常多个排成总状，雄蕊多数，花丝不等长，花药比花丝略短。<u>雌性头状花序有花24~43 朵，萼齿 4~7 枚，针形，长 4~8 毫米</u>，子房下半部藏在头状花序轴内。头状果序圆球形，木质；蒴果下半部藏于花序轴内，<u>有宿存花柱及针刺状萼齿</u>。种子多数，多角形或有窄翅。

产我国秦岭及淮河以南各省份，北起河南、山东，东至台湾，西至四川、云南，南至广东、海南，海拔 100~800 米，生长在白栎灌丛、枫香树灌丛、檵木灌丛、木荷灌丛、枹栎灌丛、盐肤木灌丛、栓皮栎灌丛、油茶灌丛、杜鹃灌丛、茅栗灌丛、桃金娘灌丛、岗松灌丛、黄荆灌丛、白饭树灌丛、杨桐灌丛、浆果楝灌丛、柯灌丛、牡荆灌丛、山胡椒灌丛、山乌桕灌丛、算盘子灌丛、小果蔷薇灌丛、余甘子灌丛中。

檵木

Loropetalum chinense（R. Brown）Oliver

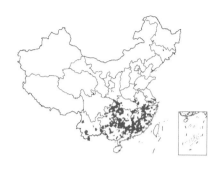

灌木，有时为小乔木。小枝有星毛。叶革质，卵形，<u>长2~5厘米，先端尖锐</u>，基部不等侧，<u>上面略有粗毛或秃净</u>，下面被星毛，稍带灰白色，侧脉约5对，<u>全缘</u>；叶柄长2~5毫米，有星毛；托叶早落。<u>花4数</u>，3~8朵簇生，<u>白色</u>；苞片线形；萼筒杯状，萼齿卵形，花后脱落；花瓣4，带状；雄蕊4，药隔突出成角状；退化雄蕊4，鳞片状；子房完全下位，被星毛。蒴果卵圆形，长7~8毫米，被褐色星状绒毛，萼筒长为蒴果的2/3。种子圆卵形，长4~5毫米。

分布于我国中部、南部及西南各省，海拔1200米以下，生长在檵木灌丛、白栎灌丛、枹栎灌丛、杜鹃灌丛、盐肤木灌丛、油茶灌丛、木荷灌丛、赤楠灌丛、枫香树灌丛、山鸡椒灌丛、桃金娘灌丛、乌药灌丛、杨桐灌丛、青冈灌丛、黄荆灌丛、茅栗灌丛、火棘灌丛、柯灌丛、小果蔷薇灌丛、算盘子灌丛、杨梅灌丛、紫薇灌丛、化香树灌丛、毛黄栌灌丛、栓皮栎灌丛、铁仔灌丛、乌冈栎灌丛、刺叶冬青灌丛、牡荆灌丛、山乌桕灌丛、龙须藤灌丛、糯米条灌丛、枇杷叶紫珠灌丛、羊蹄甲灌丛、竹叶花椒灌丛中。

Juglandaceae
（三十六）胡桃科

化香树
Platycarya strobilacea Siebold & Zuccarini

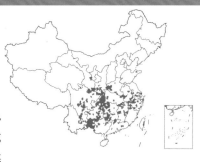

　　落叶小乔木。高 2～6 米。树皮不规则纵裂，嫩枝被有褐色柔毛。奇数羽状复叶，具 3～23 小叶；小叶纸质，卵状披针形或长椭圆状披针形，长 4～11 厘米，边缘具锯齿，先端长渐尖，基部歪斜。两性花序和雄花序在小枝顶端排列成伞房状花序束，两性花序常单生于中央顶端，雌花序位于下部，雄花序部分位于上部，有时无雄花序。雄花苞片阔卵形，雄蕊 6～8，花药阔卵形；雌花苞片卵状披针形，花被 2。果序球果状，长 2.5～5 厘米，苞片宿存，果实小坚果状，两侧具狭翅。种子卵形。

　　产甘肃、陕西、河南、山东、安徽、江苏、浙江、江西、福建、广东、广西、湖南、湖北、四川、贵州、云南和台湾，海拔 600～2200 米，生长在化香树灌丛、白栎灌丛、毛黄栌灌丛、黄荆灌丛、檵木灌丛、枹栎灌丛、刺叶冬青灌丛、蜡莲绣球灌丛、青冈灌丛、盐肤木灌丛、冬青叶鼠刺灌丛、茅栗灌丛、油茶灌丛、白背叶灌丛、红背山麻杆灌丛、山胡椒灌丛、栓皮栎灌丛、烟管荚蒾灌丛中。

（三十七）唇形科

金疮小草

Ajuga decumbens Thunberg

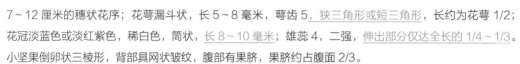

一或二年生草本，平卧或上升。具匍匐茎，茎长 10～20 厘米。基生叶较多，较茎生叶长而大；叶片匙形或倒卵状披针形，长 3～6 厘米，宽 1.5～2.5 厘米。轮伞花序多花，排列成间断长7～12 厘米的穗状花序；花萼漏斗状，长 5～8 毫米，萼齿 5，狭三角形或短三角形，长约为花萼 1/2；花冠淡蓝色或淡红紫色，稀白色，筒状，长 8～10 毫米；雄蕊 4，二强，伸出部分仅达全长的 1/4～1/3。小坚果倒卵状三棱形，背部具网状皱纹，腹部有果脐，果脐约占腹面 2/3。

产长江以南各省份，最西可达云南西畴及蒙自，海拔 360～1400 米，生长在黄荆灌丛、化香树灌丛、马桑灌丛中。

风轮菜

Clinopodium chinense（Bentham）Kuntze

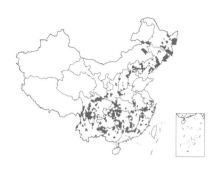

多年生草本。茎基部匍匐生根，多分枝，高可达 1 米，四棱形，密被短柔毛及腺微柔毛。叶卵圆形；叶柄腹凹背凸，密被疏柔毛。<u>轮伞花序多花密集，半球状；苞片针状，极细，无明显中肋，多数；总梗长约 1~2 毫米，分枝多数</u>；花萼狭管状，常染紫红色，长约 6 毫米，上唇 3 齿长三角形，稍反折，下唇 2 齿直伸，具芒尖；花冠紫红色，上唇先端微缺，下唇 3 裂。小坚果倒卵形，长约 1.2 毫米，黄褐色。

除新疆、青海、西藏外，大部分省份均产，海拔 1000 米以下，生长在马桑灌丛、黄荆灌丛、桃金娘灌丛、灰白毛莓灌丛、秋华柳灌丛、白饭树灌丛、白栎灌丛、赤楠灌丛、光荚含羞草灌丛、檵木灌丛、假木豆灌丛、老虎刺灌丛、盐肤木灌丛中。

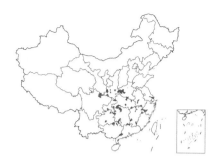

显脉香茶菜

Isodon nervosus（Hemsley）Kudô

多年生草本。高达 1 米。根茎稍增大呈结节块状，茎自根茎生出，四棱形，明显具槽，幼时被微柔毛。叶披针形，长 3.5～13 厘米，先端长渐尖，基部楔形，边缘具粗浅齿，上面沿脉被柔毛，侧脉 4～5 对，两面隆起。聚伞花序具 3～15 花，组成顶生疏散圆锥花序；苞片窄披针形，密被柔毛，小苞片线形；花萼淡紫色，钟形，外密被柔毛，萼齿 5，近相等，披针形，锐尖，长约 0.8 毫米；花冠蓝色或紫色，疏被柔毛，冠筒长 3～4 毫米。小坚果卵球形，长 1～1.5 毫米，顶端被柔毛。

产陕西、河南、湖北、江苏、浙江、安徽、江西、广东、广西、贵州和四川等省份，海拔300～1000 米，生长在银叶柳灌丛中。

益母草

Leonurus japonicus Houttuyn

草本。高 30～120 厘米。茎钝四棱形，有倒向糙伏毛。下部叶掌状 3 深裂，裂片上再羽状裂；花序上部的苞叶<u>全缘或具稀少牙齿</u>。轮伞花序腋生，组成长穗状花序；花萼管状钟形，<u>外面有贴生微柔毛</u>，齿 5，前 2 齿比后 3 齿长；花冠粉红色至淡紫红色，<u>长 1～1.2 厘米，外面被柔毛，冠筒内面有近水平向的不明显鳞毛毛环</u>，冠檐二唇形，<u>下唇略短于上唇</u>；雄蕊 4，花药 2 室；花柱丝状，花盘平顶，子房无毛。小坚果长圆状三棱形，长 2.5 毫米，顶端截平而略宽大。

产全国各地，海拔可达 3400 米，生长在插田泡灌丛、火棘灌丛、白饭树灌丛、大叶紫珠灌丛、光荚含羞草灌丛、假烟叶树灌丛、浆果楝灌丛、老虎刺灌丛、马桑灌丛、牡荆灌丛、香叶树灌丛中。

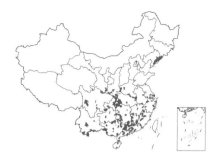

石荠苎

Mosla scabra (Thunberg) C. Y. Wu & H. W. Li

　　一年生草本，高 20～100 厘米。多分枝；茎枝均四棱形，<u>密被短柔毛</u>。叶纸质，卵形或卵状披针形，长 1.5～3.5 厘米，<u>边缘自基部以上为锯齿状</u>，上面被灰色微柔毛，下面密布凹陷腺点，叶柄被短柔毛。总状花序生于主茎及侧枝上，苞片卵形，花梗与序轴密被灰白色柔毛；花萼钟形，二唇形，<u>上唇 3 齿呈卵状披针形</u>，下唇 2 齿线形；花冠粉红色，内面基部具毛环，冠檐二唇形；雄蕊 4，药室 2，花柱先端相等 2 浅裂，花盘前方呈指状膨大。小坚果球形，<u>具深雕纹</u>。

　　产辽宁、陕西、甘肃、河南、江苏、安徽、浙江、江西、湖南、湖北、四川、福建、广东、广西和台湾等省份，海拔 50～1150 米，生长在马桑灌丛、白栎灌丛、黄荆灌丛、火棘灌丛、浆果楝灌丛、牡荆灌丛、化香树灌丛、青冈灌丛中。

紫苏

Perilla frutescens（Linnaeus）Britton

一年生直立草本。茎高 0.3~2 米，绿色或紫色，钝四棱形，具 4 槽，密被长柔毛。叶宽卵形或圆形，长 7~13 厘米，边缘在基部以上具粗锯齿，上面被柔毛，下面被平伏长柔毛；叶柄长 3~5 厘米，被长柔毛。轮伞总状花序密被长柔毛；苞片宽卵形或近圆形，长约 4 毫米，具短尖，被红褐色腺点，无毛；花梗长约 1.5 毫米，密被柔毛；花萼长约 3 毫米，直伸，下部被长柔毛及黄色腺点，下唇较上唇稍长；花冠长 3~4 毫米，稍被微柔毛，冠筒长 2~2.5 毫米。小坚果灰褐色，近球形。

全国各地广泛栽培和逸生，海拔 100~2500 米，生长在枫杨灌丛、马桑灌丛、牡荆灌丛、银叶柳灌丛、火棘灌丛、龙须藤灌丛、羊蹄甲灌丛中。

韩信草

Scutellaria indica Linnaeus

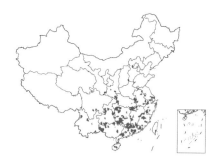

多年生草本。根茎短，茎高 12~28 厘米，四棱形，暗紫色，与叶柄、花序轴、花梗均被微柔毛。叶草质至近坚纸质，心状卵圆形或圆状卵圆形至椭圆形，长 1.5~3 厘米，边缘密生整齐圆齿，两面被微柔毛或糙伏毛。花对生，在茎或分枝顶上排列成长 4~12 厘米的总状花序；最下 1 对苞片叶状，长达 1.7 厘米，其余苞片长 3~6 毫米；花萼具盾片，花冠蓝紫色，长 1.4~1.8 厘米；雄蕊 4，2 强。成熟小坚果栗色或暗褐色，卵形，长约 1 毫米，具瘤，腹面近基部具 1 果脐。

产江苏、浙江、安徽、江西、福建、广东、广西、湖南、河南、陕西、贵州、四川、云南和台湾等省份，海拔 1500 米以下，生长在白栎灌丛、檵木灌丛、老虎刺灌丛、栓皮栎灌丛、算盘子灌丛中。

Lauraceae
（三十八）樟科

无根藤
Cassytha filiformis L.

　　寄生缠绕草本，借盘状吸根攀附于寄主植物上。茎线形，绿色或绿褐色，稍木质，幼嫩部分被锈色短柔毛。叶退化为微小的鳞片。穗状花序长 2~5 厘米，密被锈色短柔毛；花白色，长不及 2 毫米，无梗；花被裂片 6，排成 2 轮，外轮 3 枚小；能育雄蕊 9，花药 2 室，第 3 轮雄蕊花丝基部有 1 对无柄腺体，花药 2 室，室外向。果小，卵球形，包藏于花后增大的肉质果托内，彼此分离，顶端有宿存的花被片。

　　产云南、贵州、广西、广东、湖南、江西、浙江、福建和台湾等省份，海拔 980~1600 米，生长在桃金娘灌丛、岗松灌丛、番石榴灌丛、余甘子灌丛中。

乌药

Lindera aggregata（Sims）Kosterm.

　　常绿灌木或小乔木。高可达 5 米。根纺锤状或结节状膨胀，棕黄色至棕黑色，有香味，微苦。幼枝青绿色，与叶下面密被金黄色柔毛，后渐脱落。叶互生，革质或近革质，卵形、椭圆形至近圆形，先端长渐尖或尾尖，长 2.7～7 厘米，三出脉。伞形花序腋生，无总梗；花被片 6，近等长，常黄色至黄绿色；花梗长约 0.4 毫米，被柔毛；雄花花丝被疏柔毛，退化雌蕊坛状；雌花退化雄蕊长条片状，子房椭圆形，柱头头状。果卵形或有时近圆形。

　　产浙江、江西、福建、安徽、湖南、广东，广西和台湾等省份，海拔 200～1000 米，生长在檵木灌丛、白檌灌丛、杜鹃灌丛、乌药灌丛、桃金娘灌丛、木荷灌丛、油茶灌丛、赤楠灌丛、盐肤木灌丛、枹栎灌丛、杨桐灌丛、枫香树灌丛、青冈灌丛、柯灌丛、茅栗灌丛、胡枝子灌丛中。

狭叶山胡椒

Lindera angustifolia W. C. Cheng

落叶灌木或小乔木。高2~8米。幼枝条黄绿色，无毛。冬芽卵形，芽鳞具脊。叶互生，椭圆状披针形，长6~14厘米，宽1.5~3.5厘米，先端渐尖，基部楔形，近革质，上面绿色无毛，下面苍白色，沿脉上被疏柔毛，羽状脉，侧脉每边8~10条。伞形花序2~3生于冬芽基部；雄花序有花3~4朵，花被片6，能育雄蕊9；雌花序有花2~7朵，花被片6，退化雄蕊9，子房卵形，柱头头状。果球形，径约8毫米，熟时黑色，果托径约2毫米，果梗长0.5~1.5厘米。

产山东、浙江、福建、安徽、江苏、江西、河南、陕西、湖北、广东和广西等省份，海拔3500米以下，生长在檵木灌丛、白背叶灌丛、白栎灌丛、山鸡椒灌丛、栓皮栎灌丛、油茶灌丛中。

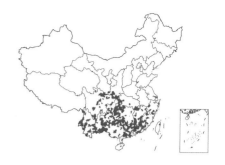

香叶树
Lindera communis Hemsley

常绿乔木或灌木状。高达 25 米。幼枝绿色，被黄白色短柔毛，后无毛；顶芽卵圆形。叶披针形、卵形或椭圆形，长（3）4~9（~12.5）厘米，宽 1.5~4.5 厘米，先端骤尖或近尾尖，基部宽楔形或近圆，被黄褐色柔毛，后渐脱落，羽状脉，侧脉 5~7 对；叶柄长 5~8 毫米，被黄褐色微柔毛或近无毛；伞形花序具 5~8 花，单生或 2 个并生叶腋，花被片 6，卵形，近等大，雄花雄蕊 9，3 轮，退化雌蕊子房卵圆形；雌花柱头盾形，具乳突，退化雄蕊 9，线形。果卵圆形，成熟时红色。

产陕西、甘肃、湖南、湖北、江西、浙江、福建、广东、广西、云南、贵州、四川和台湾等省份，海拔 50~2500 米，生长在香叶树灌丛、冬青叶鼠刺灌丛、白栎灌丛、木荷灌丛、石榕树灌丛、火棘灌丛、檵木灌丛、老虎刺灌丛、马桑灌丛、牡荆灌丛、山胡椒灌丛、烟管荚蒾灌丛中。

香叶子

Lindera fragrans Oliver

常绿小乔木。高可达 5 米。幼枝纤细，无毛或被白柔毛。叶互生，披针形至长狭卵形，先端渐尖；三出脉，第一对侧脉紧沿叶缘上伸直到叶先端，有时几与叶缘相合；叶脉在叶上面常较下面更为凸出。雌雄异株，伞形花序腋生；雄花序无总花梗，2~7 花，黄色，有香味，花被片 6，外面密被黄褐色短柔毛，雄蕊 9，第 3 轮的基部有 2 枚宽肾形几无柄的腺体，花丝、花柱及子房无毛；雌花柱头盾状，具乳突。果长卵形，长 1 厘米，熟时紫黑色，果托膨大。

产吉林、山东、河南、西藏、湖南、陕西、湖北、四川、贵州和广西等省份，海拔 700~2030 米，生长在冬青叶鼠刺灌丛、黄荆灌丛、毛黄栌灌丛、小果蔷薇灌丛、牡荆灌丛、白栎灌丛、枫杨灌丛、火棘灌丛、马桑灌丛、山胡椒灌丛中。

绒毛山胡椒

Lindera nacusua (D. Don) Merrill

常绿乔木或灌木状。高达 15 米。幼枝、顶芽、叶柄、叶下面及花梗密被黄褐色长柔毛。叶宽卵形、椭圆形或长圆形，长 6～15 厘米，宽 3.5～7.5 厘米，先端常骤渐尖，基部两侧常不等；羽状脉，侧脉6～8对。伞形花序单生或 2～4 簇生叶腋，具短梗；雄花序具 8 花，花被片 6，雄蕊 9，第 3 轮花丝近中部具 2 枚宽肾形腺体；雌花序具 2～6 花，花被片 6，柱头头状，退化雄蕊 9，第 3 轮花丝中部具 2 枚圆肾形腺体。果近球形，成熟时红色；果柄向上渐粗，稍被黄褐色微柔毛。

产贵州、湖南、广东、广西、福建、江西、四川、云南和西藏等省份，海拔 700～2500 米，生长在化香树灌丛中。

山鸡椒

Litsea cubeba（Loureiro）Persoon

落叶灌木或小乔木。高 8～10 米。小枝绿色，无毛。叶互生，纸质，披针形或长圆形，长 4～11 厘米，先端渐尖，两面均无毛，侧脉每边 6～10 条，叶柄长 6～20 毫米，无毛。伞形花序有花 4～6，单生或簇生，苞片边缘有睫毛；雄花花被裂片 6，能育雄蕊 9，花丝中下部有毛，第 3 轮基部的腺体具短柄，退化雌蕊无毛；雌花中退化雄蕊中下部具柔毛，子房卵形，柱头头状。果近球形，径约 5 毫米，无毛，熟时黑色，果梗无毛，长 2～4 毫米，先端稍增粗。

产广东、广西、福建、浙江、江苏、安徽、湖南、湖北、江西、贵州、四川、云南、西藏和台湾等省份，海拔 500～3200 米，生长在檵木灌丛、桃金娘灌丛、山鸡椒灌丛、枹栎灌丛、盐肤木灌丛、岗松灌丛、赤楠灌丛、白栎灌丛、杜鹃灌丛、枫香树灌丛、灰白毛莓灌丛、木荷灌丛、胡枝子灌丛、柯灌丛、茅栗灌丛、山乌桕灌丛、油茶灌丛、乌药灌丛、黄荆灌丛、杨桐灌丛中。

潺槁木姜子

Litsea glutinosa（Loureiro）C. B. Robinson

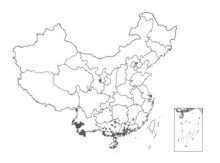

常绿小乔木或乔木。高 3~15 米。小枝灰褐色，幼时有灰黄色绒毛。叶互生，革质，倒卵形、倒卵状长圆形或椭圆状披针形，长 6.5~26 厘米，先端钝或圆，幼时两面均有毛，侧脉每边 8~12 条，直展；叶柄长 1~2.6 厘米，有灰黄色绒毛。伞形花序生于小枝上部叶腋，单生或几个生于短枝上，每花序有花数朵，花序梗被灰黄色绒毛；雄花苞片 4，花被裂片不完全或缺，能育雄蕊 15 或更多；雌花子房近圆形，柱头漏斗形。果球形，直径约 7 毫米，果梗长 5~6 毫米。

产海南、广东、广西、福建和云南等省份，海拔 500~1900 米，生长在番石榴灌丛、黄荆灌丛、浆果楝灌丛、桃金娘灌丛、余甘子灌丛、山黄麻灌丛、岗松灌丛、老虎刺灌丛、龙须藤灌丛、马甲子灌丛、牡荆灌丛中。

毛叶木姜子
Litsea mollis Hemsley

落叶灌木或小乔木。高达 4 米。顶芽鳞片和小枝有柔毛。叶互生或聚生枝顶，纸质，长圆形或椭圆形，长 4~12 厘米，宽 2~4.8 厘米，先端突尖，基部楔形，下面密被白色柔毛，侧脉每边 6~9 条，叶柄长 1~1.5 厘米，被白色柔毛。伞形花序腋生，常 2~3 个簇生于短枝上，花序梗有白色短柔毛，每花序有花 4~6 朵，花被裂片 6，黄色，能育雄蕊 9，花丝有柔毛，第 3 轮基部腺体盾状心形，退化雌蕊无。果球形，径约 5 毫米，熟时蓝黑色，果梗长 5~6 毫米，有稀疏短柔毛。

产广东、广西、湖南、湖北、四川、贵州、云南和西藏等省份，海拔 600~2800 米，生长在白栎灌丛、油茶灌丛、化香树灌丛、盐肤木灌丛、中华绣线菊灌丛中。

木姜子
Litsea pungens Hemsley

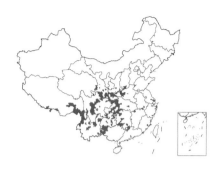

　　落叶小乔木。高3~10米。幼枝黄绿色，被柔毛，老枝无毛；顶芽鳞片无毛。叶互生，膜质，常聚生于枝顶，披针形或倒卵状披针形，长4~15厘米，先端短尖，基部楔形，幼叶下面具绢状柔毛，后脱落，侧脉每边5~7条，叶柄长1~2厘米，初时有柔毛，后脱落。伞形花序腋生，总花梗无毛；雄花每花序有雄花8~12，花梗被丝状柔毛；花被裂片6，外面有稀疏柔毛；能育雄蕊9，第3轮基部有黄色腺体，退化雌蕊无毛。果球形，径7~10毫米，熟时蓝黑色，果梗长1~2.5厘米。

　　产湖北、湖南、广东、广西、四川、贵州、云南、西藏、甘肃、陕西、河南、山西和浙江等省份，海拔800~2300米，生长在檵木灌丛、枹栎灌丛、木荷灌丛、黄荆灌丛、火棘灌丛、马桑灌丛、白栎灌丛、杜鹃灌丛、柯灌丛、油茶灌丛、白背叶灌丛、赤楠灌丛、光荚含羞草灌丛、山胡椒灌丛、山黄麻灌丛、栓皮栎灌丛、桃金娘灌丛、乌药灌丛、盐肤木灌丛、杨梅灌丛中。

Liliaceae

（三十九）百合科

天门冬

Asparagus cochinchinensis（Loureiro）Merrill

　　攀援植物。根在中部或近末端成纺锤状膨大，膨大部分长3~5厘米，粗1~2厘米。茎平滑，常弯曲或扭曲，长可达1~2米，分枝具棱或狭翅。叶状枝通常每3枚成簇，扁平或由于中脉龙骨状而略呈锐三棱形，稍镰刀状，长0.5~8厘米，宽约1~2毫米；茎上的鳞片状叶基部延伸为长2.5~3.5毫米的硬刺。花通常每2朵腋生，淡绿色；花梗长2~6毫米；雄花花被长2.5~3毫米，花丝不贴生于花被片上；雌花大小和雄花相似。浆果直径6~7毫米，熟时红色，有1颗种子。

　　几乎遍布全国，海拔1750米以下，生长在檵木灌丛、盐肤木灌丛、油茶灌丛中。

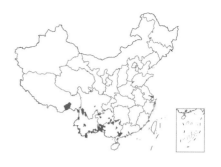

弯蕊开口箭

Campylandra wattii C. B. Clarke

多年生草木。根状茎长，下部多少弯曲而呈弧形。叶 3~10 枚生于延长的茎上，长 6.5~20 厘米；叶柄长 3~9 厘米，宽不及 1 厘米，基部扩大，抱茎，叶基之间，可见裸露的茎。穗状花序直立或外弯，长 2.5~6 厘米；总花梗长 1.5~2 厘米；花序下部苞片长 1 厘米以上，明显比花长（可达 1 倍以上）；花丝下部扩大，贴生于花被筒上，上部分离，长 1.5~2 毫米，内弯。浆果球形，红色，直径 9~11 毫米。

产西藏、四川、云南、贵州、广西和广东，海拔 800~2800 米，生长在棕竹灌丛中。

山菅

Dianella ensifolia（Linnaeus）Redouté

　　多年生常绿草木。植株高可达 1~2 米。根状茎圆柱状，横走，粗 5~8 毫米，<u>叶狭条状披针形</u>，长 30~80 厘米，宽 1~2.5 厘米，基部稍收狭成鞘状，套迭或抱茎，<u>边缘和背面中脉具锯齿</u>。顶端圆锥花序长 10~40 厘米，分枝疏散；花常多朵生于侧枝上端；花被片条状披针形，长 6~7 毫米，绿白色、淡黄色至青紫色，5 脉；花药条形，比花丝略长或近等长，花丝上部膨大。浆果近球形，深蓝色，直径约 6 毫米，具 5~6 颗种子。

　　产云南、四川、贵州（东南部）、广西、广东、江西、浙江、福建和台湾，海拔 1700 米以下，生长在桃金娘灌丛、岗松灌丛、檵木灌丛、红背山麻杆灌丛、油茶灌丛、余甘子灌丛、中平树灌丛中。

万寿竹

Disporum cantoniense（Loureiro）Merrill

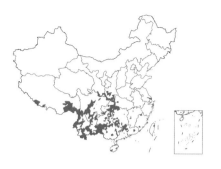

多年生直立草木。根状茎横出，质地硬，呈结节状。根粗长，肉质。茎高 50～150 厘米，上部有较多的叉状分枝。叶纸质，披针形至狭椭圆状披针形，长 5～12 厘米，3～7 脉，下面脉上和边缘有乳头状凸起。伞形花序有花 3～10 朵，着生在与上部叶对生的短枝顶端；花紫色，花被片斜出，倒披针形，长 1.5～2.8 厘米，边缘有乳头状凸起，基部有长 2～3 毫米的距；雄蕊内藏；子房长约 3 毫米，花柱连同柱头长为子房的 3～4 倍。浆果直径 8～10 毫米，具 2～5 颗种子。种子暗棕色，直径约 5 毫米。

产福建、安徽、湖北、湖南、广东、广西、贵州、云南、四川、陕西、西藏和台湾等省份，海拔 700～3000 米，生长在毛黄栌灌丛、马桑灌丛、烟管荚蒾灌丛中。

剑叶龙血树

Dracaena cochinchinensis（Loureiro）S. C. Chen

乔木状。高可达 5～15 米。茎粗大，分枝多，幼枝有环状叶痕，叶基部和茎、枝顶端常带红棕色（含红色树脂）。叶聚生在茎、分枝或小枝顶端，互相套迭，剑形，薄革质，长 50～100 厘米，宽 2～5 厘米，向基部略变窄而后扩大，抱茎，无柄。圆锥花序长 40 厘米以上，花序轴密生乳突状短柔毛；花每 2～5 朵簇生，乳白色；花梗长 3～6 毫米，关节位于近顶端；花被片长 6～8 毫米，下部约 1/4～1/5 合生；花丝上部有红棕色疣点。浆果直径 8～12 毫米，橘黄色，具 1～3 颗种子。

产海南、云南南部和广西南部，海拔 950～1700 米的石灰岩上，生长在剑叶龙血树灌丛中。

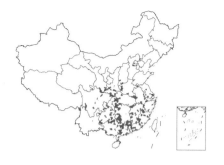

山麦冬

Liriope spicata（Thunberg）Loureiro

植株有时丛生。根近末端处常膨大成肉质小块根；根状茎短，木质，具地下走茎。叶宽 4～8 毫米，具 5 脉，中脉较显，边缘具细锯齿。花葶通常长于或几等长于叶，少数稍短于叶；总状花序长 6～20 厘米，具多数花，花通常 2～5 朵簇生于苞片腋内，淡紫色或淡蓝色；苞片披针形；花梗长约 4 毫米，关节位于中部以上或近顶端，花药狭矩圆形，长约 2 毫米，与花丝近等长；子房近球形，花柱长约 2 毫米，柱头不明显。种子近球形，径约 5 毫米。

除东北及内蒙古、青海、新疆和西藏各省份外，其他地区广泛分布和栽培，海拔 50～1400 米，生长在檵木灌丛、桃金娘灌丛、白栎灌丛、木荷灌丛、栓皮栎灌丛、火棘灌丛、雀梅藤灌丛、枹栎灌丛、化香树灌丛、黄荆灌丛、算盘子灌丛、油茶灌丛中。

尖叶菝葜

Smilax arisanensis Hayata

攀援灌木。具粗短根状茎；茎无刺或具疏刺。叶纸质，长 7～15 厘米，干后常带古铜色；叶柄长 7～20 毫米，常扭曲，约占全长的 1/2，具狭鞘，卷须脱落点位于近顶端。伞形花序生于叶腋或披针形苞片腋部，前者总花梗基部常有 1 枚与叶柄相对的鳞片；总花梗纤细，比叶柄长 3～5 倍；花序托几不膨大；花绿白色；雄花内外花被片相似，长 2.5～3 毫米，雄蕊长约为花被片的 2/3；雌花比雄花小，花被片长约 1.5 毫米，内花被片较狭，具 3 枚退化雄蕊。浆果径约 8 毫米，熟时紫黑色。

产江西、浙江、福建、广东、广西、四川、贵州、云南和台湾等省份，海拔 1500 米以下，生长在枹栎灌丛、油茶灌丛中。

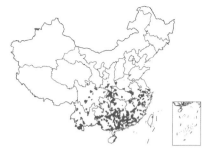

菝葜
Smilax china Linnaeus

攀援灌木。根状茎粗厚，为不规则的块状；茎疏生刺。叶薄革质或坚纸质，干后通常红褐色或近古铜色，长3～10厘米，下面通常淡绿色，较少苍白色；叶柄约占全长的1/2～2/3，具单侧宽0.5～1毫米的鞘，脱落点位于靠近卷须处。伞形花序生于叶尚幼嫩的小枝上，具十几朵或更多的花，常呈球形；花序托近球形，较少稍延长，具小苞片；花绿黄色；雄花中花药比花丝稍宽，常弯曲；雌花与雄花大小相似，有6枚退化雄蕊。浆果直径6～15毫米，熟时红色，有粉霜。

产山东、江苏、浙江、福建、江西、安徽、河南、湖北、四川、云南、贵州、湖南、广西、广东和台湾等省份，海拔2000米以下，生长在檵木灌丛、白栎灌丛、桃金娘灌丛、盐肤木灌丛、黄荆灌丛、火棘灌丛、枹栎灌丛、铁仔灌丛、乌药灌丛、毛黄栌灌丛、山鸡椒灌丛、赤楠灌丛、杜鹃灌丛、岗松灌丛、马桑灌丛、茅栗灌丛、化香树灌丛、灰白毛莓灌丛、刺叶冬青灌丛、枫香树灌丛、浆果楝灌丛、龙须藤灌丛、木荷灌丛、雀梅藤灌丛、栓皮栎灌丛、小果蔷薇灌丛、杨桐灌丛、油茶灌丛、蜡莲绣球灌丛、牡荆灌丛、糯米条灌丛、白背叶灌丛、番石榴灌丛、算盘子灌丛、烟管荚蒾灌丛、羊蹄甲灌丛、余甘子灌丛中。

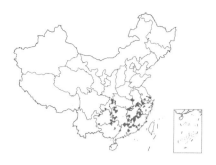

小果菝葜

Smilax davidiana A. de Candolle

攀援灌木。具粗短根状茎；地上茎具疏刺。叶坚纸质，干后红褐色，常椭圆形，长 3～14 厘米，下面淡绿色，无毛；叶柄长 5～7 毫米，全长的 1/2～2/3 具鞘，有细卷须，脱落点位于近卷须上方；鞘耳状，单侧宽 2～4 毫米，比叶柄宽。伞形花序生于叶尚幼嫩小枝上，具花几朵至 10 余朵，呈半球形；花序托膨大近球形，具宿存小苞片；花绿黄色；雄花外花被片长 3.5～4 毫米，花药比花丝宽 2～3 倍；雌花比雄花小，具 3 枚退化雄蕊。浆果径 5～7 毫米，熟时暗红色。

产湖北、贵州、湖南、江苏、安徽、江西、浙江、福建、广东和广西，海拔 800 米以下，生长在白栎灌丛、盐肤木灌丛、光荚含羞草灌丛、山鸡椒灌丛、杨梅灌丛、茅栗灌丛、石榴树灌丛中。

托柄菝葜

Smilax discotis Warburg

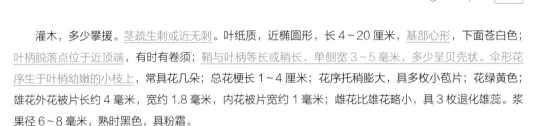

灌木，多少攀援。茎疏生刺或近无刺。叶纸质，近椭圆形，长 4～20 厘米，基部心形，下面苍白色；叶柄脱落点位于近顶端，有时有卷须；鞘与叶柄等长或稍长，单侧宽 3～5 毫米，多少呈贝壳状。伞形花序生于叶梢幼嫩的小枝上，常具花几朵；总花梗长 1～4 厘米；花序托稍膨大，具多枚小苞片；花绿黄色；雄花外花被片长约 4 毫米，宽约 1.8 毫米，内花被片宽约 1 毫米；雌花比雄花略小，具 3 枚退化雄蕊。浆果径 6～8 毫米，熟时黑色，具粉霜。

产甘肃、陕西、河南、安徽、江西、福建、湖南、湖北、四川、贵州和云南，海拔 650～2100 米，生长在枹栎灌丛、枇杷叶紫珠灌丛、盐肤木灌丛中。

土茯苓
Smilax glabra Roxburgh

攀援灌木。根状茎块状，常由匍匐茎相连接，枝条光滑无刺。叶薄革质，狭椭圆状披针形至狭卵状披针形，长6~15厘米，下面绿色稀苍白色；叶柄1/4~3/5具狭鞘，有卷须，脱落点位于近顶端。伞形花序常具花10余朵；总花梗长1~8毫米，短于稀等长于叶柄；花序托膨大，连同多数宿存小苞片呈莲座状，宽2~5毫米；花绿白色，六棱状球形，径约3毫米；雄花外花被片近扁圆形，兜状，背面中央具纵槽；雌花外形与雄花相似，但内花被片边缘无齿。浆果紫黑色，具粉霜。

产甘肃和长江流域以南各省份，直到台湾、海南和云南，海拔1800米以下，生长在檵木灌丛、盐肤木灌丛、岗松灌丛、乌药灌丛、枹栎灌丛、杜鹃灌丛、桃金娘灌丛、白栎灌丛、枫香树灌丛、光荚含羞草灌丛、木荷灌丛、山鸡椒灌丛中。

抱茎菝葜

Smilax ocreata A. de Candolle

攀援灌木。茎常疏生刺。叶革质，叶柄基部两侧具耳状的鞘，作穿茎状抱茎，有卷须，脱落点位于近中部；鞘长约为叶柄的 1/2～1/3，单侧宽 5～20 毫米。圆锥花序具 2～7 个伞形花序，基部着生点上方有 1 枚与叶柄相对的鳞片；伞形花序单个着生，具 10～30 朵花；总花梗基部有 1 苞片；花序托膨大，近球形；花黄绿色稍带淡红；雄花内花被片丝状，上下等宽；雄蕊高出花被片，下部花丝约 1/4 合生成柱，花药长约为花丝的 1/4～1/5；雌花无退化雄蕊。浆果直径约 8 毫米，熟时暗红色，具粉霜。

产西藏、广东、广西、四川、贵州和云南等省份，海拔 2200 米以下，生长在老虎刺灌丛、云实灌丛中。

牛尾菜

Smilax riparia A. de Candolle

多年生草质藤本。具根状茎，植株无刺，茎干后具槽。叶较厚，卵形、椭圆形或长圆状披针形，长7~15厘米，下面绿色，无毛或具乳突状微柔毛（脉上尤多）；叶柄常在中部以下有卷须，脱落点位于上部。花单性，雌雄异株，淡绿色；伞形花序，花序梗较纤细，长3~10厘米；花序托有多数小苞片，小苞片长1~2毫米，花期常不脱落；雄花花药线形，多少弯曲，长约1.5毫米；雌花稍小于雄花，无退化雄蕊或具钻形退化雄蕊。浆果径7~9毫米，成熟时黑色。

除内蒙古、新疆、西藏、青海、宁夏外，全国均有分布，海拔1600米以下，生长在黄荆灌丛中。

Linaceae
（四十）亚麻科

青篱柴
Tirpitzia sinensis（Hemsley）H. Hallier

灌木或小乔木。高 1~5 米。叶椭圆形、倒卵状椭圆形或卵形，长 3~8.5 厘米，全缘，表面中脉平坦，背面凸起；叶柄长 7~16 毫米。聚伞花序在茎和分枝上部腋生，长约 4 厘米；苞片宽卵形；萼片 5，披针形，宿存；花瓣 5，白色，旋转排列成管状，瓣片阔倒卵形；雄蕊 5，花丝基部合生成筒状；退化雄蕊 5，锥尖状，与雄蕊互生；子房 4 室，每室有胚珠 2；花柱 4 枚，柱头头状。蒴果长椭圆形或卵形，枯褐色，长 1~1.9 厘米，室间开裂成 4 瓣。种子具倒披针形膜质翅。

分布于湖北、广西、贵州和云南等省份，海拔 340~2000 米，生长在浆果楝灌丛、红背山麻杆灌丛、火棘灌丛中。

Linnaeaceae
（四十一）北极花科

糯米条
Abelia chinensis R. Brown

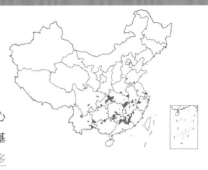

　　落叶多分枝灌木。高达 2 米。叶有时 3 枚轮生，基部圆或心形，长 2~5 厘米，宽 1~3.5 厘米，边缘有稀疏圆锯齿，下面基部主脉及侧脉密被白色长柔毛，花枝上部叶向上逐渐变小。由多花集合成的聚伞花序生于小枝上部叶腋；萼裂片 5 枚；雄蕊和柱头明显地伸出花冠筒外。果实具宿存而略增大的萼裂片。

　　长江以南各省份广泛分布，海拔 170~1500 米，生长在马桑灌丛、檵木灌丛、毛黄栌灌丛、糯米条灌丛、黄荆灌丛、火棘灌丛、刺叶冬青灌丛、冬青叶鼠刺灌丛、铁仔灌丛、中华绣线菊灌丛、青冈灌丛、乌药灌丛中。

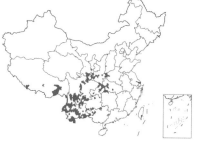

Loganiaceae
（四十二）马钱科

巴东醉鱼草
Buddleja albiflora Hemsley

灌木。高 1~3 米。枝条圆柱形或近圆柱形；小枝、叶柄、花序、花萼外面和花冠外面均在幼时被星状毛和腺毛，后变无毛。叶对生，长 7~25 厘米，宽 1.5~5 厘米，边缘具重锯齿，下面被灰白色或淡黄色星状短绒毛。圆锥状聚伞花序顶生，长 7~25 厘米；花梗短，被长硬毛；花萼钟状，裂片三角形；花冠淡紫色，后变白色，喉部橙黄色，花冠管外面疏被星状毛，后变光滑无毛。蒴果长圆状，长 5~8 毫米，无毛。种子褐色，条状梭形，两端具长翅。

产西藏、陕西、甘肃、河南、湖北、湖南、四川、贵州和云南等省份，海拔 500~2800 米，生长在马桑灌丛、枫杨灌丛、火棘灌丛中。

醉鱼草

Buddleja lindleyana Fortune

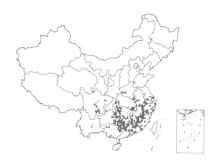

灌木。高 1～3 米。茎皮褐色；<u>小枝具 4 棱，棱上略有窄翅</u>；幼枝、叶片下面、叶柄、花序、苞片及小苞片均密被星状短绒毛和腺毛。叶对生，萌芽枝条上的叶为互生或近轮生，边缘全缘或具有波状齿。穗状聚伞花序顶生，长 4～40 厘米，宽 2～4 厘米；<u>雄蕊着生于花冠管下部或近基部</u>。果序穗状；蒴果长圆状或椭圆状，长 5～6 毫米，无毛，有鳞片，基部常有宿存花萼。种子淡褐色，小，无翅。

产江苏、安徽、浙江、江西、福建、湖北、湖南、广东、广西、四川、贵州和云南等省份，海拔 200～2700 米，生长在檵木灌丛、黄荆灌丛、白栎灌丛、牡荆灌丛、青冈灌丛、山鸡椒灌丛、栓皮栎灌丛、中平树灌丛、竹叶花椒灌丛中。

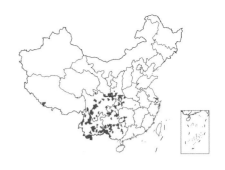

密蒙花
Buddleja officinalis Maximowicz

灌木。高 1~4 米。小枝略呈四棱形，灰褐色；小枝、叶下面、叶柄和花序均密被灰白色星状短绒毛。叶对生，基部楔形木宽楔形有时下延至叶柄基部，通常全缘，稀有疏锯齿；侧脉每边 8~14 条，下面凸起，网脉明显；叶柄长 2~20 毫米；托叶在两叶柄基部之间缢缩成一横线。花多而密集，组成顶生聚伞圆锥；花冠紫堇色，后变白色或淡黄白色，喉部橘黄色；雄蕊着生于花冠管内壁中部。蒴果椭圆状，外果皮被星状毛，基部有宿存花被。种子多颗，狭椭圆形，两端具翅。

产山西、陕西、甘肃、江苏、安徽、福建、河南、湖北、湖南、广东、广西、四川、贵州、云南和西藏等省份，海拔 200~2800 米，生长在番石榴灌丛、浆果楝灌丛、中华绣线菊灌丛、檵木灌丛、老虎刺灌丛、桃金娘灌丛、羊蹄甲灌丛中。

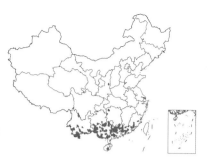

钩吻

Gelsemium elegans（Gardner & Champion）Bentham

常绿木质藤本。长达 12 米。除苞片边缘和花梗幼时被毛外，全株无毛。叶长 5～12 厘米，侧脉每边 5～7 条，叶柄长 6～12 毫米。顶生和腋生三歧聚伞花序，每分枝基部有苞片 2；花萼裂片卵状披针形，长 3～4 毫米；花冠黄色，漏斗状，内面有淡红色斑点；雄蕊着生于花冠管中部，花药伸出花冠管喉部外；柱头上部 2 裂，裂片顶端再 2 裂。蒴果未开裂时具 2 条纵槽，成熟时常黑色，干后室间开裂为 2 个 2 裂果瓣，有宿存花萼。种子边缘具齿裂状膜质翅。

产江西、福建、湖南、广东、海南、广西、贵州、云南和台湾等省份，海拔 500～2000 米，生长在岗松灌丛、山黄麻灌丛、桃金娘灌丛、小果蔷薇灌丛中。

Loranthaceae
（四十三）桑寄生科

广寄生
Taxillus chinensis（Candolle）Danser

灌木。高 0.5~1 米。嫩枝、嫩叶、花序和花被密被锈色星状毛，有时具疏生叠生星状毛，后呈粉状脱落。叶对生或近对生，厚纸质，卵形至长卵形，长 2.5~6 厘米；侧脉 3~4 对。伞形花序，1~2 个腋生或生于小枝已落叶腋部，通常 2（1~4）朵；花梗长 6~7 毫米；苞片鳞片状；花褐色，花托椭圆状或卵球形；副萼环状；花冠花蕾时管状，长 2.5~2.7 厘米，下半部膨胀，顶部卵球形，裂片4 枚，匙形，反折；花盘环状；花柱线状，柱头头状。果椭圆状或近球形，果皮密生小瘤体，成熟果浅黄色。

产山东、江苏、四川、贵州、云南、海南、广西、广东和福建等省份，海拔 20~400 米，寄生于多种植物上，生长在红背山麻杆灌丛、马甲子灌丛中。

Lythraceae
（四十四）千屈菜科

紫薇
Lagerstroemia indica Linnaeus

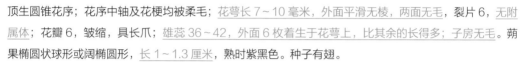

落叶灌木或小乔木。高可达 7 米。树皮平滑，枝干多扭曲，小枝具 4 棱，略成翅状。叶纸质，椭圆形、阔矩圆形或倒卵形，长 2.5 ~ 7 厘米，无毛或下面沿中脉有微柔毛，无柄或叶柄很短。顶生圆锥花序；花序中轴及花梗均被柔毛；花萼长 7 ~ 10 毫米，外面平滑无棱，两面无毛，裂片 6，无附属体；花瓣 6，皱缩，具长爪；雄蕊 36 ~ 42，外面 6 枚着生于花萼上，比其余的长得多；子房无毛。蒴果椭圆状球形或阔椭圆形，长 1 ~ 1.3 厘米，熟时紫黑色。种子有翅。

广东、广西、湖南、福建、江西、浙江、江苏、湖北、河南、河北、山东、安徽、陕西、四川、云南、贵州和吉林均有生长或栽培，海拔 2000 米以下，生长在紫薇灌丛、檵木灌丛、白栎灌丛、黄荆灌丛、小果蔷薇灌丛、竹叶花椒灌丛、八角枫灌丛、六月雪灌丛、灰白毛莓灌丛、尖尾枫灌丛、算盘子灌丛中。

Malvaceae
（四十五）锦葵科

黄蜀葵
Abelmoschus manihot（Linnaeus）Medikus

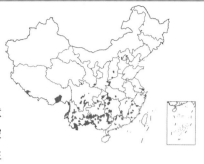

一年生或多年生草本。高 1~2 米，疏被长硬毛。叶掌状 5~9 深裂，直径 15~30 厘米，裂片边缘具粗钝锯齿，两面疏被长硬毛；叶柄长 6~18 厘米，疏被长硬毛；托叶披针形。花单生于枝端叶腋；小苞片 4~5，卵状披针形，宽达 4~5 毫米；花黄色。蒴果卵状椭圆形，被硬毛。种子多数，肾形。

产河北、山东、河南、陕西、湖北、湖南、四川、贵州、云南、广西、广东和福建等省份，海拔 2100 米以下，生长在红背山麻杆灌丛、黄荆灌丛、羊蹄甲灌丛中。

木芙蓉

Hibiscus mutabilis Linnaeus

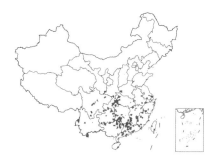

　　落叶灌木或小乔木。高 2～5 米。小枝、叶柄、花梗和花萼均密被星状毛与直毛相混的细绵毛。叶宽卵形至心形，常 5～7 裂，裂片三角形，先端渐尖，具钝圆锯齿，两面密被星状细绒毛。花单生于枝端叶腋间，花梗长 5～8 厘米，小苞片 8，线形，长 10～16 毫米，宽约 2 毫米，密被星状短绵毛；萼钟形，裂片 5；花初开时白色或淡红色，后变深红色；雄蕊柱无毛，花柱枝 5，疏被毛。蒴果扁球形，被淡黄色刚毛和绵毛，果爿 5。种子肾形，背面被长柔毛。

　　原产湖南，辽宁、河北、山东、陕西、安徽、江苏、浙江、江西、福建、广东、广西、湖北、四川、贵州、云南和台湾等省份有栽培或逸生，海拔 50～1500 米，生长在老虎刺灌丛、檵木灌丛、石榕树灌丛中。

黄槿

Hibiscus tiliaceus Linnaeus

常绿灌木或乔木，高 4～10 米。小枝无毛或近无毛。叶革质，近圆形或广卵形，直径 8～15 厘米，全缘或具不明显细圆齿，下面密被灰白色星状柔毛，叶脉 7 或 9 条；托叶叶状，早落。聚伞花序顶生或腋生，基部有 1 对托叶状苞片；小苞片 7～10，线状披针形；萼宿存，裂片 5，披针形，被绒毛；花冠钟形，直径 6～7 厘米，花瓣黄色，内面基部暗紫色，外面密被黄色星状柔毛；雄蕊柱无毛，花柱枝 5，被细腺毛。蒴果卵圆形，被绒毛，果爿 5。种子光滑，肾形。

产河北、山西、江苏、山东、湖北、陕西、广西、海南、云南、广东、福建和台湾等省份，海拔 300 米以下，生长在海榄雌灌丛中。

地桃花
Urena lobata Linnaeus

直立亚灌木状草本，高达 1 米。小枝、叶下面、叶柄均被星状绒毛。茎下部叶近圆形，长 4~5 厘米，先端浅 3 裂，边缘具锯齿；中部叶卵形；上部叶长圆形至披针形。花腋生，单生或稍丛生，淡红色，径约 15 毫米；花梗被绵毛；小苞片 5，基部 1/3 合生；花萼杯状，裂片 5，较小苞片略短，两者均被星状柔毛；花瓣 5，倒卵形，长约 15 毫米，外面被星状柔毛；雄蕊柱长约 15 毫米，无毛；花柱枝 10，微被长硬毛。果扁球形，径约 1 厘米，分果爿被星状短柔毛和锚状刺。

产长江以南各省份，海拔 500~2200 米，生长在红背山麻杆灌丛、牡荆灌丛、光荚含羞草灌丛、老虎刺灌丛、羊蹄甲灌丛、黄荆灌丛、白饭树灌丛、枫杨灌丛、浆果楝灌丛、马缨丹灌丛、番石榴灌丛、马甲子灌丛、桃金娘灌丛、八角枫灌丛、枫香树灌丛、岗松灌丛、灰白毛莓灌丛、檵木灌丛、马桑灌丛、山黄麻灌丛、石榕树灌丛、小果蔷薇灌丛、余甘子灌丛中。

Melastomataceae
（四十六）野牡丹科

地菍
Melastoma dodecandrum Loureiro

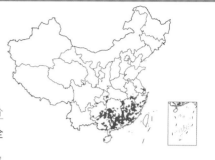

匍匐小灌木。长 10～30 厘米。茎匍匐上升，逐节生根，分枝披散，幼时疏被糙伏毛。叶卵形或椭圆形，长 1～4 厘米，全缘或具密浅细锯齿，基三至五出脉，上面通常仅边缘被糙伏毛，有时基出脉行间被 1～2 行疏糙伏毛。聚伞花序顶生；花萼管长约 5 毫米，被糙伏毛，裂片披针形，疏被糙伏毛，具缘毛，裂片间具 1 小裂片；花瓣淡紫红色或紫红色，菱状倒卵形，长 1.2～2 厘米，先端有 1 束刺毛，疏被缘毛；子房顶端具刺毛。果坛状球状，肉质，长 7～9 毫米；宿存萼被疏糙伏毛。

产贵州、湖南、广西、广东、江西、浙江和福建等省份，海拔 1250 米以下，为酸性土壤常见的植物，生长在桃金娘灌丛、檵木灌丛、白栎灌丛、岗松灌丛、赤楠灌丛、杜鹃灌丛、杨梅灌丛、白背叶灌丛、枫香树灌丛、山鸡椒灌丛、盐肤木灌丛、杨桐灌丛、油茶灌丛、茅栗灌丛、余甘子灌丛中。

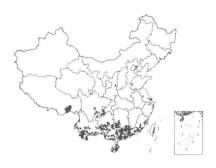

野牡丹
Melastoma malabathricum Linnaeus

直立灌木。高 0.5～1 米。茎钝四棱形或近圆柱形，密被紧贴的鳞片状糙伏毛。叶卵形、椭圆形或椭圆状披针形，长 5.4～13 厘米，全缘，两面密被糙伏毛；叶柄长 0.5～1 厘米，密被糙伏毛。花梗密被糙伏毛，花萼裂片披针形，与萼管等长或稍长，有鳞片状糙伏毛及短柔毛，裂片间具 1 小裂片；花瓣紫红色，倒卵形，长约 2 厘米，具缘毛；子房密被糙伏毛，顶端具 1 圈密刚毛。蒴果坛状球形，径 5～7 毫米，密被鳞片状糙伏毛，宿存花萼与果贴生。种子镶于肉质胎座内。

产西藏、四川、贵州、湖南、海南、云南、广西、广东、福建和台湾等省份，海拔 150～2800 米，生长在桃金娘灌丛、岗松灌丛、野牡丹灌丛、余甘子灌丛、光荚含羞草灌丛、盐肤木灌丛、白栎灌丛、枫香树灌丛、檵木灌丛、假烟叶树灌丛、木荷灌丛、山黄麻灌丛、油茶灌丛、中平树灌丛中。

尖子木

Oxyspora paniculata（D. Don）Candolle

灌木。高 1~2（6）米。茎四棱形或钝四棱形，幼时被糠秕状星状毛及具微柔毛和疏刚毛。叶片坚纸质，边缘具不整齐小齿，基七出脉，叶面被糠秕状鳞片或几无，背面通常仅于脉上被糠秕状星状毛。由聚伞花序组成的圆锥花序顶生，宽 10 厘米以上，基部具叶状总苞 2；花萼狭漏斗形，幼时密被星状毛；花瓣红色至深玫瑰红色，卵形，右上角突出 1 小片，顶端具小尖头；短雄蕊药隔隆起，基部伸长成短距；子房下位，无毛。蒴果倒卵形，顶端具胎座轴，萼宿存。

产西藏、贵州、云南和广西，海拔 500～1900 米，生长在羊蹄甲灌丛、油茶灌丛中。

Meliaceae
（四十七）楝科

浆果楝
Cipadessa baccifera（Roth）Miquel

灌木。小枝红褐色，有灰白色的皮孔。叶互生，连柄长 8~25 厘米，小叶 4~6 对；小叶对生，长 3.5~8 厘米，宽 1.5~3 厘米，侧脉每边 8~10 条，全缘或仅上半部有锯齿；叶柄极短。圆锥花序长 8~13 厘米，有短的分枝；花具短梗；花萼 5 齿裂，裂齿宽三角形；花瓣白色或淡黄色，长约 3.5 毫米，急尖；雄蕊稍短于花瓣，花药卵形；子房 5 室。核果熟后紫红色，直径 4~5 毫米，有棱。

产四川、贵州、广东、广西和云南，海拔 200~2100 米，生长在浆果楝灌丛、红背山麻杆灌丛、番石榴灌丛、羊蹄甲灌丛、老虎刺灌丛、马甲子灌丛、光荚含羞草灌丛、黄荆灌丛、化香树灌丛、小果蔷薇灌丛、云实灌丛、假烟叶树灌丛、龙须藤灌丛、毛桐灌丛、雀梅藤灌丛、桃金娘灌丛、香叶树灌丛中。

Menispermaceae
（四十八）防己科

木防己
Cocculus orbiculatus（Linnaeus）Candolle

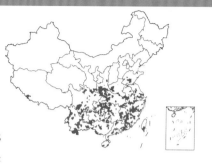

　　木质藤本。小枝有条纹。叶片纸质至近革质，形状变异极大，叶两面被毛或近无毛，但至少叶柄被白色绒毛或柔毛；掌状脉 3 条，很少 5 条，侧生的一对通常不达叶片中部即分枝消失。聚伞花序腋生，或排成多花、狭窄聚伞圆锥花序，被柔毛；雄花小苞片 2 或 1，萼片 6，花瓣 6，下部边缘内折，抱着花丝；雌花心皮 6，无毛。核果近球形，红色至紫红色；果核骨质，径约 5~6 毫米，背部有小横肋状雕纹。

　　我国中部和南部大部分地区都有分布，以长江流域中下游及其以南各省份常见，海拔 1200 米以下，生长在檵木灌丛、白背叶灌丛、马桑灌丛、牡荆灌丛中。

秤钩风

Diploclisia affinis (Oliver) Diels

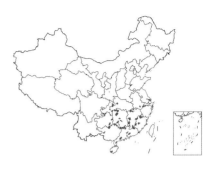

木质藤本。长可达 7~8 米。老枝红褐色或黑褐色，有纵裂皮孔，无毛；<u>腋芽 2 个，叠生</u>。叶革质，三角状扁圆形或菱状扁圆形，长 3.5~9 厘米或稍过之，宽度通常稍大于长度，边缘具明显或不明显的波状圆齿；掌状脉常 5 条，最外侧的一对几不分枝，连同网脉两面均凸起；<u>叶柄在叶片的基部或紧靠基部着生</u>。聚伞花序腋生，有花 3 至多朵；雄花萼片椭圆形至阔卵圆形，花瓣卵状菱形，基部二侧反折呈耳状，抱着花丝。<u>核果红色，倒卵圆形，长约 1 厘米</u>。

产湖北、四川、贵州、云南、广西、广东、湖南、江西、福建和浙江等省份，海拔 800 米以下，生长在牡荆灌丛中。

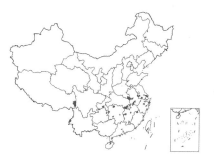

千斤藤

Stephania japonica（Thunberg）Miers

稍木质藤本。全株无毛。根条状非肉质。叶长与宽度近相等，下面粉白；掌状脉 10~11 条；叶柄盾状着生。复伞形聚伞花序腋生，伞梗 4~8 条，小聚伞花序和花近无柄，密集呈头状；雄花萼片 2 轮，每轮 3 或 4 片，倒卵状椭圆形至匙形，花瓣 3 或 4，黄色，阔倒卵形，聚药雄蕊；雌花萼片和花瓣各 3~4 片，形状和大小与雄花近似，心皮卵状。果倒卵形至近圆形，长约 8 毫米，熟时红色；果核背部有 2 行小横肋状雕纹，每行 8~10 条，胎座迹不穿孔或偶有 1 小孔。

产河南、四川、湖北、湖南、江苏、浙江、安徽、江西和福建等省份，海拔 1500 米以下，生长在红背山麻杆灌丛、黄荆灌丛、牡荆灌丛、盐肤木灌丛、八角枫灌丛、光荚含羞草灌丛、檵木灌丛、桃金娘灌丛、小果蔷薇灌丛、羊蹄甲灌丛中。

粪箕笃

Stephania longa Lour.

草质藤本。除花序外全株无毛。枝纤细，有条纹。叶纸质，三角状卵形，长 3~9 厘米，<u>明显大于宽度</u>，顶端有小凸尖，基部近截平或微圆，<u>下面淡绿色或粉绿色</u>；掌状脉 10~11 条；叶柄基部常扭曲。<u>复伞形聚伞花序腋生，雄花序被短硬毛</u>；<u>雄花萼片 8（6），排成 2 轮</u>，背面被乳头状短毛，花瓣 4（3），绿黄色，聚药雄蕊长约 0.6 毫米；<u>雌花萼片和花瓣均 4（3）片</u>；子房无毛，柱头裂片平叉。核果红色，<u>果核背部有 2 行小横肋，每行 9~10 条，胎座迹穿孔</u>。

产云南东南部、广西、广东、海南、福建和台湾，海拔 1500 米以下，生长在光荚含羞草灌丛、假木豆灌丛、浆果楝灌丛中。

粉防己

Stephania tetrandra S. Moore

草质藤本。高 1~3 米。主根肉质，柱状。小枝有直线纹。叶纸质，阔三角形或三角状近圆形，长通常 4~7 厘米，宽 5~8.5 厘米或过之，顶端有凸尖，基部微凹或近截平，两面或仅下面被贴伏短柔毛；掌状脉 9~10 条，网脉甚密，明显。花序头状，于腋生、长而下垂的枝条上作总状排列；雄花萼片 4 或有时 5，花瓣 5，肉质，边缘内折，聚药雄蕊长约 0.8 毫米；雌花萼片和花瓣与雄花相似。核果近球形，成熟时红色；果核背部鸡冠状隆起，两侧各有约 15 条小横肋状雕纹。

产浙江、安徽、福建、湖南、江西、广西、广东、海南和台湾，海拔 1200 米以下，生长在盐肤木灌丛、马桑灌丛、牡荆灌丛中。

Moraceae
（四十九）桑科

构树
Broussonetia papyrifera
（Linnaeus）L'Héritier ex Ventenat

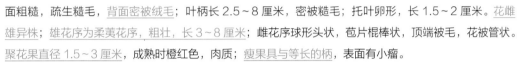

乔木。高 10~20 米。小枝密生柔毛。叶螺旋状排列，广卵形至长椭圆状卵形，长 6~18 厘米，宽 5~9 厘米，先端渐尖，基部心形，两侧常不相等，边缘具粗锯齿，不分裂或 3~5 裂，表面粗糙，疏生糙毛，背面密被绒毛；叶柄长 2.5~8 厘米，密被糙毛；托叶卵形，长 1.5~2 厘米。花雌雄异株；雄花序为柔荑花序，粗壮，长 3~8 厘米；雌花序球形头状，苞片棍棒状，顶端被毛，花被管状。聚花果直径 1.5~3 厘米，成熟时橙红色，肉质；瘦果具与等长的柄，表面有小瘤。

除西北和东北外，其余各省份均有分布，海拔 2800 米以下，生长在马桑灌丛、黄荆灌丛、檵木灌丛、牡荆灌丛、红背山麻杆灌丛、盐肤木灌丛、老虎刺灌丛、白饭树灌丛、火棘灌丛、清香木灌丛、小果蔷薇灌丛、羊蹄甲灌丛、八角枫灌丛、插田泡灌丛、枫杨灌丛、光荚含羞草灌丛、龙须藤灌丛、毛黄栌灌丛、白栎灌丛、枫香树灌丛、茅栗灌丛、雀梅藤灌丛、石榕树灌丛、栓皮栎灌丛、野牡丹灌丛、异叶鼠李灌丛、油茶灌丛中。

石榕树

Ficus abelii Miquel

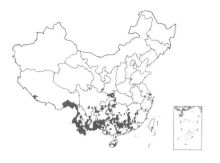

灌木。高 1~2.5 米。小枝、叶柄密生灰白色粗短毛。叶纸质，窄椭圆形至倒披针形，全缘，表面散生短粗毛，背面密生黄色或灰白色短硬毛和柔毛，基生侧脉对生，侧脉 7~9 对；叶柄被毛。榕果单生叶腋，近梨形，直径 1.5~2 厘米，密生白色短硬毛，顶部脐状凸起，基部收缩为短柄；雄花散生于榕果内壁，近无柄；瘿花同生于一榕果内，子房球形，略具小瘤点，花柱侧生；雌花无花被，花柱近顶生。瘦果肾形，外被 1 层泡状黏膜。

产西藏、湖北、海南、江西、福建、广东、广西、云南、贵州、四川和湖南等省份，生长在石榕树灌丛、浆果楝灌丛、水柳灌丛中。

粗叶榕

Ficus hirta Vahl

灌木或小乔木。嫩枝中空，小枝、叶和榕果均被金黄色开展的长硬毛。叶互生，纸质，多型，边缘具细锯齿或全缘或 3～5 深裂；叶柄长 2～8 厘米。榕果成对生于已落叶枝上，球形或椭圆球形，幼时顶部苞片形成脐状凸起；雌花果球形，雄花及瘿花果卵球形；雄花生于榕果内壁近口部，有柄，花被片 4，雄蕊 2～3，花药长于花丝；瘿花子房球形，花柱侧生，柱头漏斗形；雌花生雌株榕果内，花被片 4。瘦果椭圆球形。

产云南、贵州、广西、广东、海南、湖南、福建和江西等省份，海拔 500～1000 米，生长在桃金娘灌丛、檵木灌丛、岗松灌丛、山黄麻灌丛、余甘子灌丛、木荷灌丛、石榕树灌丛、栓皮栎灌丛、盐肤木灌丛中。

琴叶榕
Ficus pandurata Hance

　　小灌木。高 1~2 米。小枝、嫩叶幼时被白色柔毛。<u>叶纸质，提琴形或倒卵形</u>，长 4~8 厘米，中部缢缩，表面无毛，背面叶脉有疏毛和小瘤点，基生侧脉 2，侧脉 3~5 对；叶柄疏被糙毛，长 3~5 毫米。<u>榕果单生叶腋，鲜红色，椭圆形或球形</u>，直径 6~10 毫米，顶部脐状凸起，基生苞片 3；<u>雄花有柄，生榕果内壁口部</u>，花被片 4，雄蕊 3；瘿花花被片 3~4，子房近球形，花柱侧生；雌花花被片 3~4，椭圆形，花柱侧生，柱头漏斗形。

　　产广东、海南、广西、福建、湖南、湖北、江西、安徽和浙江，海拔 1200 米以下，生长在檵木灌丛、桃金娘灌丛、栓皮栎灌丛、油茶灌丛中。

薜荔

Ficus pumila Linnaeus

攀援或匍匐灌木。叶二型。不结果枝节上生不定根，叶卵状心形，薄革质；结果枝上无不定根，革质，卵状椭圆形，网脉甚明显，呈蜂窝状；托叶 2，披针形，被黄褐色丝状毛。榕果单生叶腋，瘿花果梨形，雌花果近球形，顶部截平，基部收窄成一短柄，基生苞片宿存，密被长柔毛；雄花生榕果内壁口部，有柄，花被片 2~3，雄蕊 2；瘿花具柄，花被片 3~4，线形，花柱侧生；雌花花柄长，花被片 4~5。瘦果近球形，有黏液。

产福建、江西、浙江、安徽、江苏、湖南、广东、广西、贵州、云南、四川、陕西和台湾，海拔 50~800 米，生长在糯米条灌丛、檵木灌丛、老虎刺灌丛中。

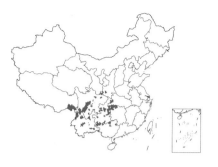

地果
Ficus tikoua Bureau

匍匐木质藤本。茎上生细长不定根，节膨大；幼枝偶有直立，高达 30~40 厘米。叶坚纸质，倒卵状椭圆形，先端急尖，基部圆形至浅心形，边缘具波状疏浅圆锯齿，侧脉 3~4 对，表面被短刺毛，背面沿脉有细毛。榕果成对或簇生于匍匐茎上，常埋于土中，球形至卵球形，基部收缩成狭柄，成熟时深红色，表面多圆形瘤点，基生苞片 3；雄花生榕果内壁孔口部，无柄，花被片 2~6，雄蕊 1~3。瘦果卵球形，表面有瘤体。

产湖南、湖北、广西、贵州、云南、西藏、四川、甘肃和陕西，海拔 200~1400 米，生长在马桑灌丛、黄荆灌丛、火棘灌丛、盐肤木灌丛、羊蹄甲灌丛、化香树灌丛、老虎刺灌丛、马甲子灌丛、毛黄栌灌丛、牡荆灌丛、铁仔灌丛、小果蔷薇灌丛、枫杨灌丛、红背山麻杆灌丛、灰白毛莓灌丛、金佛山荚蒾灌丛、蜡莲绣球灌丛、雀梅藤灌丛、异叶鼠李灌丛、中华绣线菊灌丛、白饭树灌丛、刺叶冬青灌丛、大叶紫珠灌丛、番石榴灌丛、光荚含羞草灌丛、河北木蓝灌丛、石榕树灌丛、云实灌丛中。

斜叶榕

Ficus tinctoria subsp. *gibbosa*（Blume）Corner

　　乔木或附生。叶革质，变异很大，卵状椭圆形或近菱形，<u>两侧极不相等</u>，在同一树上有全缘的也有具角棱和角齿的，大小幅度相差很大，大树叶一般长不到 13 厘米，宽不到 5 厘米；而附生的叶长超过 13 厘米，宽 5~6 厘米，质薄，侧脉 5~7 对，干后黄绿色。榕果径 6~8 毫米。

　　产海南、广西、贵州、云南、西藏、广东、福建和台湾，海拔 200~600 米，生长在浆果楝灌丛、马甲子灌丛、红背山麻杆灌丛、檵木灌丛、龙须藤灌丛、雀梅藤灌丛中。

柘

Maclura tricuspidata Carrière

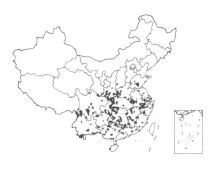

落叶直立灌木或小乔木。高 1~7 米。小枝无毛，略具棱，有棘刺，刺长 5~20 毫米。叶卵形或菱状卵形，偶为三裂，长 5~14 厘米，先端渐尖，基部楔形至圆形，无毛或被柔毛，侧脉 4~6 对。雌雄异株，球形头状花序，单生或成对腋生，具短总梗；雄花序径 0.5 厘米，雄花苞片 2，花被片 4，内面有黄色腺体 2，雄蕊 4，退化雌蕊锥形；雌花序径 1~1.5 厘米，花被片 4，先端盾形，内卷，子房埋于花被片下部。聚花果近球形，直径约 2.5 厘米，肉质，成熟时橘红色。

产华北、华东、华南、中南和西南各省份，海拔 500~2200 米，生长在檵木灌丛、雀梅藤灌丛、白饭树灌丛、老虎刺灌丛、盐肤木灌丛、白栎灌丛、火棘灌丛、蜡莲绣球灌丛、青冈灌丛、云实灌丛、杜鹃灌丛、番石榴灌丛、黄荆灌丛、假木豆灌丛、毛黄栌灌丛、茅栗灌丛、小果蔷薇灌丛、竹叶花椒灌丛中。

Myricaceae
（五十）杨梅科

杨梅
Myrica rubra Siebold & Zuccarini

常绿乔木，高达 15 米。小枝及芽无毛。叶革质，楔状倒卵形或长椭圆状倒卵形，长 6～16 厘米，全缘，稀中上部疏生锐齿，下面疏被金黄色腺鳞。花雌雄异株；雄花序单生或数序簇生叶腋，圆柱状，长 1～3 厘米，雄花具 2～4 卵形小苞片，雄蕊 4～6，花药暗红色；雌花序单生叶腋，长 0.5～1.5 厘米，雌花具 4 卵形小苞片。核果球形，具乳头状凸起，径 1～1.5 厘米，果皮肉质，熟时深红或紫红色；核宽椭圆形或圆卵形，稍扁，长 1～1.5 厘米，内果皮硬木质。

产江苏、浙江、福建、江西、湖南、贵州、四川、云南、广西、广东和台湾，海拔 100～1500 米，生长在杨梅灌丛、木荷灌丛、檵木灌丛、枹栎灌丛、杜鹃灌丛、桃金娘灌丛、乌药灌丛中。

Myrsinaceae
（五十一）紫金牛科

瘤皮孔酸藤子
Embelia scandens（Loureiro）Mez

攀援灌木。长 2～8 米。<u>小枝无毛，密布瘤状皮孔</u>。叶片坚纸质至革质，长椭圆形或椭圆形，基部圆形或楔形，<u>全缘或上半部具不明显的疏锯齿</u>，两面无毛，边缘及顶端具密腺点，侧脉 7～9 对，叶柄两侧微具狭翅。<u>总状花序腋生</u>，花梗长 1～2 毫米；小苞片钻形，具缘毛及腺点；花 5 数，稀 4 数，长约 2 毫米，花萼基部连合，萼片三角形；花瓣白色或淡绿色，里面中央尤其是基部密被乳头状凸起。果球形，直径约 5 毫米，红色，花柱宿存，宿存萼反卷。

产云南、广西、广东和海南等省份，海拔 200～1300 米，生长在红背山麻杆灌丛、龙须藤灌丛、马甲子灌丛、余甘子灌丛中。

密齿酸藤子

Embelia vestita Roxburgh

攀援灌木或小乔木。高 5 米以上。叶片坚纸质，卵形至卵状长圆形，稀椭圆状披针形，边缘具细据齿，稀成重锯齿，两面无毛，叶面中脉下凹，侧脉多数，背面中、侧脉及细脉均隆起。总状花序腋生，被细绒毛；花梗长与轴几成直角；花 5 数，长约 2 毫米，花萼基部连合，萼片卵形；花瓣白色或粉红色，分离；雄蕊在雌花中退化，长不超过花瓣的 1/2；雌蕊在雌花中与花瓣近等长，花柱常下弯。果球形或略扁，直径约 5 毫米，红色，具腺点。

产长江以南各省份，海拔 200 ~ 1700 米的石灰岩山坡林下，生长在浆果楝灌丛、岗松灌丛中。

杜茎山

Maesa japonica（Thunberg）Moritzi & Zollinger

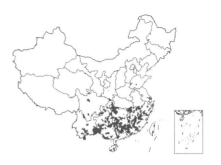

灌木。高 1~5 米。小枝无毛，疏生皮孔。叶革质，长 5~15 厘米，宽 2~5 厘米，两面无毛，侧脉 5~8 对，叶面脉平整，不深凹，其余部分不隆起，叶柄无毛。总状或圆锥花序无毛，苞片卵形，花梗长 2~3 毫米，小苞片紧贴花萼基部，花萼长 2 毫米；花冠白色，长钟形，花冠筒具脉状腺纹，裂片卵形或肾形，长为管的 1/3 或更短，边缘略具细齿；雄蕊生于冠筒中部，内藏，花丝与花药等长；柱头分裂。果球形，径 4~6 毫米，肉质，具脉状腺纹，宿萼包果顶端，花柱宿存。

产长江流域以南各省份，海拔 300~2000 米，生长在檵木灌丛、浆果楝灌丛、龙须藤灌丛、尖尾枫灌丛、栓皮栎灌丛中。

铁仔

Myrsine africana Linnaeus

灌木。高 0.5~1 米。小枝圆柱形，叶柄下延处多少具棱角，<u>幼嫩时被锈色微柔毛</u>。叶片革质或坚纸质，<u>椭圆状倒卵形、近圆形、倒卵形、长圆形或披针形，长 1~2（3）厘米，宽 0.7~1 厘米，先端钝圆，具短刺尖，边缘中部以上具刺尖锯齿</u>，下面常具小腺点；叶柄短或几无，下延至小枝。花簇生或近伞形花序，腋生，花 4 数，花萼基部微连合，花冠基部连合成管；雄蕊微微伸出花冠，花丝基部连合成管，雌蕊长于雄蕊。果球形，红色变紫黑色，光亮。

产甘肃、陕西、湖北、湖南、四川、贵州、云南、西藏、河南、江西、浙江、福建、广东、广西和台湾，海拔 1000~3600 米，生长在毛黄栌灌丛、铁仔灌丛、黄荆灌丛、火棘灌丛、马桑灌丛、烟管荚蒾灌丛、刺叶冬青灌丛、牡荆灌丛、冬青叶鼠刺灌丛、化香树灌丛、金佛山荚蒾灌丛、香叶树灌丛、檵木灌丛、异叶鼠李灌丛、白栎灌丛、番石榴灌丛、河北木蓝灌丛、栓皮栎灌丛、桃金娘灌丛、油茶灌丛、中华绣线菊灌丛中。

Myrtaceae
（五十二）桃金娘科

岗松
Baeckea frutescens Linnaeus

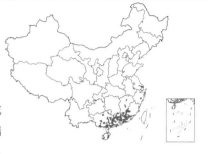

　　灌木，有时为小乔木。嫩枝纤细，多分枝。叶小，无柄，或有短柄，叶片狭线形或线形，长 5 ~ 10 毫米，宽 1 毫米，先端尖，上面有沟，下面凸起，有透明油腺点，中脉 1 条，无侧脉。花小，白色，单生于叶腋内；苞片早落；花梗长 1 ~ 1.5 毫米；萼管钟状，长约 1.5 毫米，萼齿 5，先端急尖；花瓣圆形，分离，长约 1.5 毫米，基部狭窄成短柄；雄蕊 10 枚或稍少，成对与萼齿对生；子房下位，3 室，花柱短，宿存。蒴果小，长约 2 毫米。种子扁平，有角。

　　产海南、福建、广东、广西和江西等省份，是酸性土的指示植物，海拔 20 ~ 900 米，生长在岗松灌丛、桃金娘灌丛、余甘子灌丛、赤楠灌丛、檵木灌丛中。

子楝树

Decaspermum gracilentum（Hance）Merrill & L. M. Perry

灌木至小乔木。嫩枝被灰褐色或灰色柔毛，有钝棱。叶片纸质或薄革质，椭圆形、长圆形或披针形，长4~9厘米，初时两面有柔毛，后变无毛，下面黄绿色，有细小腺点，侧脉10~13对，不明显。聚伞花序腋生，长约2厘米，有时为短小的圆锥状花序，总梗有紧贴柔毛；小苞片细小，锥状；花梗被毛；花白，3数，萼管被灰毛，萼片卵形，长1毫米；花瓣倒卵形，外面有微毛；雄蕊比花瓣略短。浆果直径约4毫米，有柔毛。种子3~5颗。

产海南、广东、广西和台湾等省份，常见于低海拔至中海拔，生长在马甲子灌丛中。

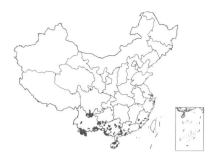

番石榴
Psidium guajava Linnaeus

　　乔木。高达 13 米。树皮平滑，灰色，片状剥落；嫩枝有棱，被毛。叶片革质，长圆形至椭圆形，长 6～12 厘米，先端急尖或钝，基部近圆形，下面有毛，侧脉 12～15 对，常下陷，网脉明显；叶柄长 5 毫米。花单生或 2～3 朵排成聚伞花序；萼管钟形，有毛，萼帽近圆形，不规则裂开；花瓣白色；子房下位，与萼合生，花柱与雄蕊等长。浆果球形、卵圆形或梨形，长 3～8 厘米，顶端有宿存萼片。种子多数。

　　原产南美洲，华南各地栽培，常逸生为野生种，海拔 50～1500 米，生长在番石榴灌丛、浆果楝灌丛、羊蹄甲灌丛、光荚含羞草灌丛、红背山麻杆灌丛、雀梅藤灌丛、白饭树灌丛、假烟叶树灌丛、老虎刺灌丛、龙须藤灌丛、牡荆灌丛、桃金娘灌丛中。

桃金娘

Rhodomyrtus tomentosa（Aiton）Hasskarl

灌木。高 1~2 米。嫩枝有灰白色柔毛。叶对生，革质，叶片椭圆形或倒卵形，长 3~8 厘米，上面初时有毛，后无毛，下面有灰色茸毛，<u>离基三出脉</u>，直达先端且相结合，边脉离边缘 3~4 毫米，中脉有侧脉 4~6 对，网脉明显；叶柄长 4~7 毫米。花有长梗，常单生，紫红色，直径 2~4 厘米；萼管倒卵形，有灰茸毛，萼裂片 5，近圆形，宿存；花瓣 5，倒卵形，长 1.3~2 厘米；雄蕊红色，长 7~8 毫米；<u>子房下位，3 室</u>。浆果卵状壶形，长 1.5~2 厘米，熟时紫黑色。<u>种子每室 2 列</u>。

产海南、福建、广东、广西、云南、贵州、湖南和台湾等省份，为酸性土指示植物，海拔 500 米以下，生长在桃金娘灌丛、岗松灌丛、檵木灌丛、余甘子灌丛、赤楠灌丛、野牡丹灌丛、红背山麻杆灌丛、雀梅藤灌丛、油茶灌丛、杜鹃灌丛、枫香树灌丛、小果蔷薇灌丛、盐肤木灌丛、杨桐灌丛中。

赤楠

Syzygium buxifolium Hooker & Arnott

　　灌木或小乔木。嫩枝有棱，干后黑褐色。叶片革质，阔椭圆形至椭圆形，长 1.5～3 厘米，宽 1～2 厘米，先端圆或钝，基部阔楔形或钝；侧脉多而密，脉间相隔 1～1.5 毫米，斜行向上，离边缘 1～1.5 毫米处结合成边脉，上面不明显，下面稍凸起；叶柄长 2 毫米。聚伞花序顶生，长约 1 厘米，有花数朵；花梗长 1～2 毫米；花蕾长 3 毫米；萼管倒圆锥形，长约 2 毫米，萼齿浅波状；花瓣 4，分离，长 2 毫米；雄蕊长 2.5 毫米；花柱与雄蕊等长。果实球形，直径 5～7 毫米。

　　产安徽、浙江、福建、江西、湖南、广东、广西、贵州和台湾等省份，海拔 200～1200 米，生长在赤楠灌丛、檵木灌丛、桃金娘灌丛、木荷灌丛、白栎灌丛、杨桐灌丛、乌药灌丛、柯灌丛、山鸡椒灌丛、杜鹃灌丛、茅栗灌丛、盐肤木灌丛、枫香树灌丛、油茶灌丛、龙须藤灌丛中。

轮叶蒲桃

Syzygium grijsii（Hance）Merrill & L. M. Perry

灌木。高不及 1.5 米。嫩枝纤细，有 4 棱。叶片革质，常 3 叶轮生，狭窄长圆形或狭披针形，宽 5~7 毫米，先端钝或略尖，基部楔形，上面干后暗褐色，下面多腺点，侧脉密，以 50 度开角斜行，彼此相隔 1~1.5 毫米，在下面比上面明显，边脉极接近边缘；叶柄长 1~2 毫米。聚伞花序顶生，长 1~1.5 厘米，少花；花梗长 3~4 毫米，花白色；萼管长 2 毫米，萼齿极短；花瓣 4，分离，近圆形，长约 2 毫米；雄蕊长约 5 毫米；花柱与雄蕊同长。果实球形，直径 4~5 毫米。

产湖南、浙江、江西、福建、广东和广西，海拔 100~900 米，生长在檵木灌丛、乌药灌丛、桃金娘灌丛、杜鹃灌丛、杨梅灌丛、紫薇灌丛、白栎灌丛中。

Oleaceae

（五十三）木樨科

流苏树

Chionanthus retusus Lindley & Paxton

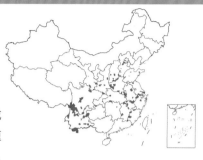

落叶灌木或乔木。高可达 20 米。小枝圆柱形，幼枝疏被或密被短柔毛。叶片革质或薄革质，长 3~12 厘米，宽 2~6.5 厘米，全缘或有小锯齿；叶柄密被黄色卷曲柔毛。聚伞状圆锥花序，长 3~12 厘米，顶生于枝端；苞片线形；花长 1.2~2.5 厘米，单性而雌雄异株或为两性花；花冠白色，4 深裂，裂片线状倒披针形，长 1~2.5 厘米，宽 0.5~3.5 毫米，基部合生成短管；雄蕊藏于管内或稍伸出；子房卵形，柱头球形，稍 2 裂。果椭圆形，被白粉，长 1~1.5 厘米，径 6~10 毫米，呈蓝黑色或黑色。

产甘肃、陕西、山西、河北、河南以南至云南、四川、广东、福建和台湾，海拔 3000 米以下，生长在檵木灌丛、白栎灌丛、枹栎灌丛、冬青叶鼠刺灌丛、青冈灌丛、算盘子灌丛中。

探春花

Jasminum floridum Bunge

直立或攀援灌木。高 0.4～3 米。小枝四棱形，无毛。复叶互生，小叶 3 或 5 枚，稀 7，小枝基部常有单叶；叶片和小叶片上面光亮，两面无毛。聚伞花序或伞状聚伞花序顶生，有花 3～25 朵；苞片锥形，长 3～7 毫米；花萼具 5 条凸起的肋，萼管长 1～2 毫米，裂片锥状线形，与萼管等长或较长，长 1～3 毫米；花冠黄色，近漏斗状，先端锐尖，稀圆钝，边缘具纤毛；子房每室具胚珠 2。果长圆形或球形，长 5～10 毫米，径 5～10 毫米，成熟时呈黑色。

产河北、陕西、山东、河南、湖北、四川和贵州，海拔 2000 米以下，生长在毛黄栌灌丛、刺叶冬青灌丛、火棘灌丛、黄荆灌丛、铁仔灌丛、冬青叶鼠刺灌丛、马桑灌丛中。

女贞

Ligustrum lucidum W. T. Aiton

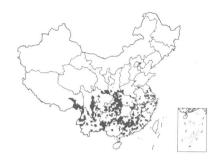

常绿灌木或乔木。高可达 25 米。枝圆柱形，疏生皮孔，无毛。叶片革质，卵形、长卵形或椭圆形至宽椭圆形，长 6～17 厘米，先端锐尖至渐尖或钝，两面无毛，侧脉 4～9 对。圆锥花序顶生，花序梗长 0～3 厘米；花序基部苞片常与叶同型；花无梗或近无梗，长不超过 1 毫米；花萼长 1.5～2 毫米，齿不明显或近截形；花冠管长 1.5～3 毫米，与裂片近等长，残片反折；花药长圆形；柱头棒状。果肾形或近肾形，长 7～10 毫米，熟时红黑色，被白粉。

产长江以南至华南、西南各省份，向西北分布至陕西、甘肃，海拔 2900 米以下，生长在火棘灌丛、马桑灌丛、毛黄栌灌丛、河北木蓝灌丛、黄荆灌丛、檵木灌丛、铁仔灌丛、盐肤木灌丛、白栎灌丛、化香树灌丛、灰白毛莓灌丛、蜡莲绣球灌丛、牡荆灌丛、山胡椒灌丛中。

小蜡

Ligustrum sinense Loureiro

落叶灌木或小乔木。高 2～7 米。小枝圆柱形，幼时被毛，老时近无毛。叶片纸质或薄革质，两面多少被毛，侧脉 4～8 对；叶柄长 28 毫米，被短柔毛。圆锥花序顶生或腋生，塔形；花序轴被毛至近无毛；花梗长 1～3 毫米，被短柔毛或无毛；花萼无毛，先端呈截形或呈浅波状齿；花冠长 3.5～5.5 毫米，花冠管长 1.5～2.5 毫米，稍短于裂片，裂片长圆状椭圆形或卵状椭圆形；花丝与裂片近等长或长于裂片，花药长圆形，长约 1 毫米。果近球形，径 5～8 毫米。

产西藏、海南、河南、陕西、江苏、浙江、安徽、江西、福建、湖北、湖南、广东、广西、贵州、四川、云南和台湾，海拔 200～2600 米，生长在枫杨灌丛、柯灌丛、雀梅藤灌丛、光荚含羞草灌丛、化香树灌丛、灰白毛莓灌丛、檵木灌丛、木荷灌丛、栓皮栎灌丛、算盘子灌丛、白背叶灌丛、白栎灌丛、枹栎灌丛、浆果楝灌丛、马桑灌丛、毛桐灌丛、乌药灌丛中。

Onagraceae
（五十四）柳叶菜科

毛草龙
Ludwigia octovalvis（Jacquin）P. H. Raven

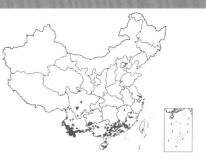

多年生粗壮<u>直立草本</u>或亚灌木状，高 50～200 厘米，<u>常被伸展的黄褐色粗毛</u>。叶披针形至线状披针形，长 4～12 厘米，先端渐尖或长渐尖，两面被黄褐色粗毛，边缘具毛。<u>萼片 4</u>，卵形，基三出脉，两面被粗毛；花瓣黄色，倒卵状楔形，<u>长 7～14 毫米；雄蕊 8，为萼片数 2 倍</u>；花药宽长圆形，<u>开花时以四合花粉授粉</u>；花柱与雄蕊近等长，柱头近头状，浅 4 裂；花盘基部围以白毛，子房圆柱状，密被粗毛。蒴果圆柱状，具 8 条棱，<u>果梗长 3～10 毫米。种子每室多列，离生</u>。

产江西、浙江、福建、广东、香港、海南、广西、云南和台湾等省份，海拔 0～750 米，生长在石榕树灌丛中。

Oxalidaceae
（五十五）酢浆草科

酢浆草
Oxalis corniculata Linnaeus

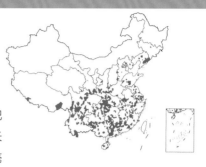

　　草本。高 10~35 厘米，全株被柔毛。根茎非纺锤形，稍肥厚。茎细弱，多分枝，直立或匍匐。叶基生或茎上互生，叶柄长 1~13 厘米，基部具关节；小叶 3，无柄，倒心形，长 4~16 毫米，先端凹入，表面无紫色斑点。花单生或数朵集为伞形花序状，腋生；小苞片 2，萼片 5，宿存；花直径小于 1 厘米，花瓣 5，黄色；雄蕊 10，花丝基部合生；子房 5 室，花柱 5，柱头头状。蒴果长圆柱形，长 1~2.5 厘米，5 棱。种子长卵形，长 1~1.5 毫米，具横向肋状网纹。

　　除新疆、青海、宁夏、内蒙古、黑龙江外，全国广布，海拔 3400 米以下，生长在牡荆灌丛、檵木灌丛、红背山麻杆灌丛、白栎灌丛、浆果楝灌丛、马桑灌丛、插田泡灌丛、光荚含羞草灌丛、尖尾枫灌丛、盐肤木灌丛、枫杨灌丛、黄荆灌丛、老虎刺灌丛、糯米条灌丛、羊蹄甲灌丛、八角枫灌丛、杜鹃灌丛、灰白毛莓灌丛、火棘灌丛、龙须藤灌丛、茅栗灌丛、青冈灌丛、栓皮栎灌丛、水柳灌丛、银叶柳灌丛、云实灌丛中。

Pandanaceae
（五十六）露兜树科

小露兜
Pandanus fibrosus Gagnepain ex Humbert

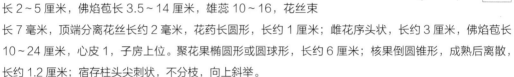

多年生灌木状分枝草本。叶狭条形，长达 62 厘米，宽约 1.5 厘米，叶缘和背面中脉均有向上的锐刺。雌雄异株；雄花序穗状，长 2~5 厘米，佛焰苞长 3.5~14 厘米，雄蕊 10~16，花丝束长 7 毫米，顶端分离花丝长约 2 毫米，花药长圆形，长约 1 厘米；雌花序头状，长约 3 厘米，佛焰苞长 10~24 厘米，心皮 1，子房上位。聚花果椭圆形或圆球形，长约 6 厘米；核果倒圆锥形，成熟后离散，长约 1.2 厘米；宿存柱头尖刺状，不分枝，向上斜举。

产西藏、广东、海南、台湾等省份，海拔 600 米以下，生长在仙人掌灌丛中。

Papaveraceae
（五十七）罂粟科

博落回
Macleaya cordata （Willd.） R. Br.

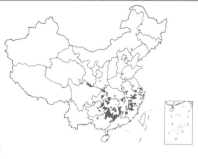

亚灌木状草本。基部木质化，高达 3 米。叶宽卵形或近圆形，长 5～27 厘米，7 深裂或浅裂，边缘波状或具粗齿，上面无毛，下面被白粉及易脱落细绒毛，侧脉 2～3 对，细脉常淡红色；叶柄长 1～12 厘米，具浅槽。圆锥花序长 15～40 厘米，花梗长 2～7 毫米，苞片窄披针形，花芽棒状，长约 1 厘米；萼片倒卵状长圆形，长约 1 厘米，舟状，黄白色；雄蕊 24～30，花药与花丝近等长。蒴果窄倒卵形或倒披针形，长 1.3～3 厘米，无毛。种子 4～8，生于腹缝两侧，卵球形，长 1.5～2 毫米。

长江以南、南岭以北的大部分省份均有分布，南至广东，西至贵州，西北达甘肃南部，海拔 150～830 米，生长在檵木灌丛、枇杷叶紫珠灌丛、白栎灌丛、杜鹃灌丛、灰白毛莓灌丛中。

Passifloraceae
（五十八）西番莲科

鸡蛋果
Passiflora edulis Sims

草质藤本，长约 6 米。茎无毛。叶纸质，长 6~13 厘米，掌状 3 深裂，裂片边缘有细齿，基部有 1~2 个杯状小腺体，无毛。聚伞花序退化仅存 1 花，与卷须对生；花芳香，径约 4 厘米，苞片宽卵形或菱形；萼片 5，外面顶端具 1 角状附属器；花瓣 5，与萼片等长；外副花冠裂片 4~5 轮，外 2 轮裂片丝状，内 3 轮裂片窄三角形；雄蕊 5，花药长圆形；子房倒卵球形，花柱 3，扁棒状，柱头肾形。浆果卵球形，径 3~4 厘米，无毛，熟时紫色。种子多数，卵形，长 5~6 毫米。

原产大小安的列斯群岛，栽培于广东、海南、福建、云南和台湾，有时逸生，海拔 180~1900 米，生长在檵木灌丛中。

（五十九）商陆科

垂序商陆
Phytolacca americana Linnaeus

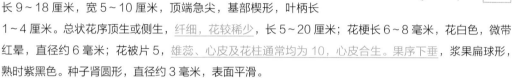

多年生草本。高 1~2 米。根粗壮，肥大，倒圆锥形。茎直立，圆柱形，有时带紫红色。叶片椭圆状卵形或卵状披针形，长 9~18 厘米，宽 5~10 厘米，顶端急尖，基部楔形，叶柄长 1~4 厘米。总状花序顶生或侧生，<u>纤细，花较稀少</u>，长 5~20 厘米；花梗长 6~8 毫米，花白色，微带红晕，直径约 6 毫米；花被片 5，<u>雄蕊、心皮及花柱通常均为 10，心皮合生</u>。果序下垂，浆果扁球形，熟时紫黑色。种子肾圆形，直径约 3 毫米，表面平滑。

原产北美，河北、陕西、山东、江苏、浙江、江西、福建、河南、湖北、广东、四川和云南等省份有逸生，海拔 100~2100 米，生长在灰白毛莓灌丛、檵木灌丛、白栎灌丛、插田泡灌丛、山黄麻灌丛中。

Pittosporaceae

（六十）海桐科

光叶海桐

Pittosporum glabratum Lindley

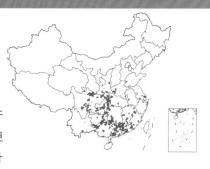

常绿灌木。高 2~3 米。嫩枝无毛，老枝有皮孔。叶聚生于枝顶，薄革质，窄矩圆形，或为倒披针形，长 5~10 厘米或更长，先端尖锐，下面无毛，侧脉 5~8 对，网眼宽 1~2 毫米，叶柄长 6~14 毫米。花序伞形，1~4 枝簇生于枝顶叶腋、多花；苞片披针形，萼片卵形，花瓣倒披针形，长 8~10 毫米；子房长卵形，绝对无毛，柱头略增大，侧膜胎座 3，胚珠 18。蒴果椭圆形或长筒形，长 2~3.2 厘米，3 片裂，有宿存花柱，果片薄革质。种子近圆形，长 5~6 毫米，红色。

分布于广东、四川、陕西、江西、浙江、广西、贵州和湖南等省份，海拔 200~2000 米，生长在白栎灌丛、檵木灌丛中。

Plantaginaceae
（六十一）车前科

车前
Plantago asiatica Linnaeus

　　二年生或多年生草本。须根系，根茎短。叶基生呈莲座状，薄纸质或纸质，宽卵形或宽椭圆形，长通常不及宽的 2 倍；叶柄上面具凹槽，中部无翅。穗状花序 3 ~ 10 个，细圆柱状，下部常间断；萼片先端钝圆或钝尖，龙骨突不延至顶端；花具短梗，花冠白色，裂片狭三角形，花冠筒与萼片近等长；雄蕊与花柱明显外伸，花药白色，长 1 ~ 1.2 毫米。蒴果长 3 ~ 4.5 毫米，于基部上方周裂。种子 5 ~ 12，卵状椭圆形或椭圆形，长 1.2 ~ 2 毫米，具角，背腹面微隆起。

　　几乎遍及全国，海拔 3 ~ 3200 米，生长在羊蹄甲灌丛、白饭树灌丛、赤楠灌丛、黄荆灌丛、尖尾枫灌丛、浆果楝灌丛、山胡椒灌丛中。

Poaceae
（六十二）禾本科

水蔗草
Apluda mutica Linnaeus

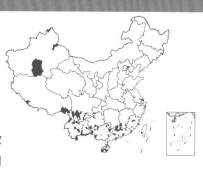

多年生草本。秆高 50~300 厘米，质硬，直径可达 3 毫米，节间上段常有白粉。叶鞘具纤毛或否；叶舌长 1~2 毫米，上缘微齿裂；叶耳小，直立；叶片两面无毛或沿侧脉疏生白色糙毛。圆锥花序先端常弯垂，由许多总状花序组成。总状花序仅 1 节，含 3 枚异形小穗，其下托以佛焰苞状总苞。每 1 总状花序包裹在 1 舟形总苞内，总苞长 4~8 毫米；总状花序长 6.5~8 毫米，总状花序轴膨胀成陀螺形。退化有柄小穗仅存长约 1 毫米的外颖，宿存；正常有柄小穗含 2 小花。颖果成熟时蜡黄色，卵形。

产新疆、华东、西南、华南和台湾等省份，海拔 2000 米以下，生长在浆果楝灌丛、老虎刺灌丛、红背山麻杆灌丛、牡荆灌丛、白栎灌丛、檵木灌丛、雀梅藤灌丛、云实灌丛、番石榴灌丛、枫香树灌丛、剑叶龙血树灌丛、石榕树灌丛、桃金娘灌丛中。

荩草

Arthraxon hispidus （Thunberg） Makino

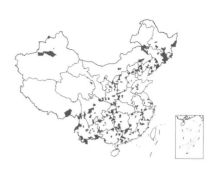

一年生草本。秆细弱，高 30~60 厘米，具多节，常分枝。叶鞘短于节间，生短硬疣毛；叶舌长 0.5~1 毫米，边缘具纤毛；叶片卵状披针形，基部心形，抱茎。总状花序长 1.5~4 厘米，2~10 枚呈指状排列或簇生于秆顶；花序轴节间无毛。无柄小穗卵状披针形，呈两侧压扁；第二颖与第一颖等长，第一外稃长为第一颖的 2/3，第二外稃与第一外稃等长，近基部伸出一膝曲的芒，芒长 6~9 毫米；雄蕊 2，长 0.7~1 毫米。颖果长圆形，与稃体等长，有柄小穗退化为针状刺，柄长 0.2~1 毫米。

遍布全国各地温暖区域，海拔 100~2300 米，生长在黄荆灌丛、红背山麻杆灌丛、毛黄栌灌丛、檵木灌丛、马桑灌丛、牡荆灌丛、盐肤木灌丛、番石榴灌丛、老虎刺灌丛、火棘灌丛、龙须藤灌丛、铁仔灌丛、白栎灌丛、刺叶冬青灌丛、化香树灌丛、浆果楝灌丛、茅栗灌丛、青冈灌丛、栓皮栎灌丛、光荚含羞草灌丛、河北木蓝灌丛、中华绣线菊灌丛、枹栎灌丛、杨梅灌丛、银叶柳灌丛、八角枫灌丛、插田泡灌丛、杜鹃灌丛、枫香树灌丛、岗松灌丛、灰白毛莓灌丛、假烟叶树灌丛、马甲子灌丛、糯米条灌丛、山胡椒灌丛、紫薇灌丛中。

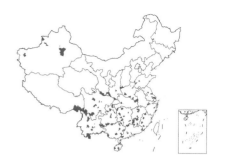

狗牙根

Cynodon dactylon（Linnaeus）Persoon

低矮草本，具根茎。秆细而坚韧，下部匍匐地面蔓延甚长，节上常生不定根，直立部分高 10～30 厘米，秆壁厚，光滑无毛，有时略两侧压扁。叶鞘微具脊，鞘口常具柔毛；叶舌仅为 1 轮纤毛；叶片线形，通常两面无毛。穗状花序（2～）3～5（～6）枚，长 2～5（～6）厘米；小穗灰绿色或带紫色，长 2～2.5 毫米，仅含 1 小花。颖果长圆柱形。

广布于我国黄河以南各省份及新疆，海拔 2500 米以下，生长在光荚含羞草灌丛、河北木蓝灌丛、檵木灌丛、红背山麻杆灌丛、黄荆灌丛、牡荆灌丛、秋华柳灌丛、疏花水柏枝灌丛、栓皮栎灌丛、算盘子灌丛、杨桐灌丛、银叶柳灌丛、白饭树灌丛、白栎灌丛、番石榴灌丛、假木豆灌丛、羊蹄甲灌丛、八角枫灌丛、插田泡灌丛、大叶紫珠灌丛、杜鹃灌丛、枫香树灌丛、枫杨灌丛、化香树灌丛、假烟叶树灌丛、南蛇藤灌丛、糯米条灌丛、水柳灌丛、细叶水团花灌丛、香叶树灌丛、小果蔷薇灌丛、盐肤木灌丛中。

稗

Echinochloa crusgalli（Linnaeus）P. Beauvois

一年生草本。秆高 50～150 厘米，光滑无毛，基部倾斜或膝曲。叶鞘疏松裹秆，无毛，下部者长于而上部者短于节间；叶舌缺；叶片线形，长 10～40 厘米，宽 5～20 毫米，无毛。圆锥花序直立，长 6～20 厘米；主轴具棱，粗糙或具疣基长刺毛；分枝斜上举或贴向主轴，柔软，有时再分小枝；小穗卵形，长 3～4 毫米，脉上密被疣基刺毛，密集在穗轴一侧；第一小花外稃顶端延伸成一粗壮的芒，芒长 0.5～1.5（～3）厘米，内稃薄膜质，狭窄，具 2 脊。

分布几遍全国，海拔 3000 米以下，生长在光荚含羞草灌丛、牡荆灌丛、白栎灌丛、灰白毛莓灌丛、老虎刺灌丛中。

黄茅

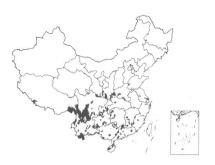

Heteropogon contortus
（Linnaeus） P. Beauvois ex Roemer & Schultes

多年生丛生草本。秆高 20～100 厘米，基部常膝曲，上部直立，无毛。叶鞘无毛，鞘口常具柔毛；叶片线形，扁平或对折，长 10～20 厘米，宽 3～6 毫米，两面粗糙或表面基部疏生柔毛。总状花序单生于主枝或分枝顶，长 3～7 厘米（芒除外），诸芒常于花序顶扭卷成 1 束；花序基部具 3～12 同性小穗对，无芒，宿存，上部 7～12 对为异性对；无柄小穗线形，两性，雄蕊 3，花柱 2；有柄小穗长圆状披针形，雄性或中性，无芒，常偏斜扭转覆盖无柄小穗，绿色或带紫色。

产河南、陕西、甘肃、浙江、江西、福建、湖北、湖南、广东、广西、四川、贵州、云南、西藏和台湾等省份，海拔 400～2300 米，生长在毛黄栌灌丛、檵木灌丛、铁仔灌丛、黄荆灌丛、岗松灌丛、马桑灌丛、桃金娘灌丛、中华绣线菊灌丛、白栎灌丛、番石榴灌丛、红背山麻杆灌丛、火棘灌丛、栓皮栎灌丛、盐肤木灌丛、刺叶冬青灌丛、化香树灌丛、烟管荚蒾灌丛、余甘子灌丛中。

白茅

Imperata cylindrica （Linnaeus） Raeuschel

多年生草本。具粗壮的长根状茎；秆直立，高 30～80 厘米，具 1～3 节，节无毛，常为叶鞘所包。叶鞘聚集于秆基，甚长于节间；分蘖叶片宽约 8 毫米。圆锥花序稠密，长 20 厘米，宽约 2.5 厘米；小穗长 4.5～6 毫米，基部具长 12～16 毫米的丝状柔毛；第一外稃长为颖片的 2/3，第二外稃与其内稃近相等，长约为颖之半；雄蕊 2，花药长 3～4 毫米；柱头 2，紫黑色，羽状，长约 4 毫米，自小穗顶端伸出。颖果椭圆形，长约 1 毫米，胚长为颖果之半。

除新疆、青海、黑龙江外，全国大部分省份有分布，海拔 100～4400 米，生长在白栎灌丛、盐肤木灌丛、黄荆灌丛、檵木灌丛、火棘灌丛、马桑灌丛、牡荆灌丛、番石榴灌丛、栓皮栎灌丛、桃金娘灌丛、小果蔷薇灌丛、光荚含羞草灌丛、算盘子灌丛、羊蹄甲灌丛、老虎刺灌丛、余甘子灌丛、紫薇灌丛、赤楠灌丛、化香树灌丛、浆果楝灌丛、枹栎灌丛、杜鹃灌丛、胡枝子灌丛、山鸡椒灌丛、山乌桕灌丛、白背叶灌丛、白饭树灌丛、枫香树灌丛、岗松灌丛、河北木蓝灌丛、红背山麻杆灌丛、龙须藤灌丛、毛黄栌灌丛、雀梅藤灌丛、杨梅灌丛、异叶鼠李灌丛、大叶紫珠灌丛、灰白毛莓灌丛、假烟叶树灌丛、马甲子灌丛、木荷灌丛、青冈灌丛、杨桐灌丛、油茶灌丛、中平树灌丛中。

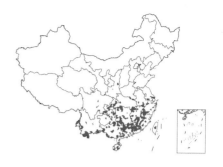

淡竹叶

Lophatherum gracile Brongniart

多年生草木。具木质根头，须根中部膨大呈纺锤形小块根。秆直立，疏丛生，高 40～80 厘米，具 5～6 节。叶鞘平滑或外侧边缘具纤毛；叶舌质硬，长 0.5～1 毫米，背有糙毛；叶片披针形，具横脉，基部收窄成柄状。圆锥花序长 12～25 厘米，分枝斜升或开展，长 5～10 厘米；小穗线状披针形，宽 1.5～2 毫米，具极短柄；颖顶端钝，具 5 脉；第一外稃长宽约 3 毫米，顶端具尖头，内稃较短；不育外稃密集包卷，顶端具 1.5 毫米的短芒；雄蕊 2 枚。颖果长椭圆形。

产江苏、安徽、浙江、江西、福建、湖南、广东、广西、四川、云南和台湾等省份，海拔 200～3000 米，生长在檵木灌丛、木荷灌丛、桃金娘灌丛、油茶灌丛、白栎灌丛、枹栎灌丛、杜鹃灌丛、灰白毛莓灌丛、盐肤木灌丛、柯灌丛、茅栗灌丛、栓皮栎灌丛中。

刚莠竹

Microstegium ciliatum （Trinius） A. Camus

多年生蔓生草本。秆高 1 米以上，具分枝。叶舌具纤毛，叶片长 10~20 厘米。总状花序 5~15 枚着生于短缩主轴，长 6~10 厘米，花序轴节间长 2.5~4 毫米，两侧边缘密生 1~2 毫米长的纤毛。无柄小穗长约 3.2 毫米，第一颖背部无毛，边缘具纤毛，第二颖舟形；第一外稃不存在或微小，第一内稃长约 1 毫米，第二外稃具直伸或稍弯、长 8~14 毫米的芒；雄蕊 3，花药长 1~1.5 毫米；有柄小穗与无柄者同形。颖果长圆形，长 1.5~2 毫米，胚长为果体的 1/3~1/2。

产江西、湖南、福建、广东、海南、广西、四川、云南和台湾等省份，海拔达 1300 米以下，生长在浆果楝灌丛、红背山麻杆灌丛、黄荆灌丛、老虎刺灌丛、羊蹄甲灌丛、光荚含羞草灌丛、龙须藤灌丛、小果蔷薇灌丛、盐肤木灌丛、枫香树灌丛、假木豆灌丛、清香木灌丛、桃金娘灌丛中。

五节芒

Miscanthus floridulus
（Labillardière）Warburg ex K. Schumann & Lauterbach

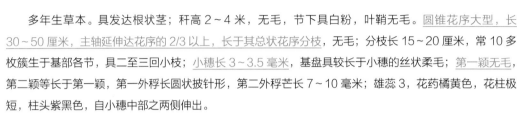

多年生草本。具发达根状茎；秆高 2~4 米，无毛，节下具白粉，叶鞘无毛。圆锥花序大型，长 30~50 厘米，主轴延伸达花序的 2/3 以上，长于其总状花序分枝，无毛；分枝长 15~20 厘米，常 10 多枚簇生于基部各节，具二至三回小枝；小穗长 3~3.5 毫米，基盘具较长于小穗的丝状柔毛；第一颖无毛，第二颖等长于第一颖，第一外稃长圆状披针形，第二外稃芒长 7~10 毫米；雄蕊 3，花药橘黄色，花柱极短，柱头紫黑色，自小穗中部之两侧伸出。

产江苏、浙江、福建、广东、海南、广西和台湾等省份，海拔 100~2400 米，生长在桃金娘灌丛、檵木灌丛、马桑灌丛、白栎灌丛、黄荆灌丛、红背山麻杆灌丛、盐肤木灌丛、火棘灌丛、牡荆灌丛、小果蔷薇灌丛、栓皮栎灌丛、赤楠灌丛、岗松灌丛、油茶灌丛、枹栎灌丛、番石榴灌丛、枫香树灌丛、光荚含羞草灌丛、山乌桕灌丛、乌药灌丛、野牡丹灌丛、余甘子灌丛、白背叶灌丛、杜鹃灌丛、茅栗灌丛、算盘子灌丛、杨桐灌丛、银叶柳灌丛、白饭树灌丛、河北木蓝灌丛、尖尾枫灌丛、浆果楝灌丛、老虎刺灌丛、毛黄栌灌丛、糯米条灌丛、枇杷叶紫珠灌丛、青冈灌丛、杨梅灌丛中。

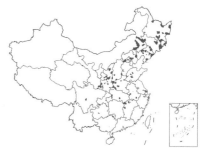

荻

Miscanthus sacchariflorus （Maximowicz） Hackel

多年生草本。具长匍匐根状茎；秆直立，高 1～1.5 米，径约 5 毫米，具 10 余节，节密生长约 2 毫米柔毛。叶鞘无毛；叶舌具纤毛；叶片长 20～50 厘米，除上面基部密生柔毛外两面无毛。圆锥花序疏展成伞房状，长 10～20 厘米；主轴无毛，具 10～20 枚较细弱分枝；小穗柄基部腋间常有柔毛；小穗线状披针形，长 5～5.5 毫米，成熟后带褐色，基盘具长为小穗 2 倍的丝状柔毛；雄蕊 3，花药长约 2.5 毫米；柱头紫黑色，自小穗中部以下的两侧伸出。颖果长圆形，长 1.5 毫米。

产黑龙江、吉林、辽宁、河北、山西、河南、山东、甘肃及陕西等省份，生长在疏花水柏枝灌丛、桃金娘灌丛、秋华柳灌丛、中平树灌丛中。

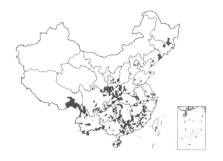

芒

Miscanthus sinensis Andersson

多年生苇状草本。秆高 1~2 米。叶鞘无毛，长于节间，叶舌具纤毛；叶片下面疏生柔毛及被白粉。圆锥花序长 15~40 厘米，主轴无毛，延伸至花序的中部以下，短于其总状花序分枝，节与分枝腋间具柔毛，基部分枝具第二次分枝；小穗披针形，长 4.5~5 毫米；第一颖背部无毛，第二颖上部内折之边缘具纤毛，第一外稃长圆形，第二外稃芒长 9~10 毫米，芒柱稍扭曲，长约 2 毫米；雄蕊 3，花药长 2~2.5 毫米，柱头羽状。颖果长圆形，暗紫色。

产江苏、浙江、江西、湖南、福建、广东、海南、广西、四川、贵州、云南和台湾等省份，海拔 1800 米以下，生长在桃金娘灌丛、白栎灌丛、檵木灌丛、马桑灌丛、火棘灌丛、盐肤木灌丛、岗松灌丛、杜鹃灌丛、黄荆灌丛、枹栎灌丛、毛黄栌灌丛、化香树灌丛、油茶灌丛、枫香树灌丛、铁仔灌丛、羊蹄甲灌丛、赤楠灌丛、河北木蓝灌丛、山鸡椒灌丛、光荚含羞草灌丛、雀梅藤灌丛、杨桐灌丛、中华绣线菊灌丛、刺叶冬青灌丛、牡荆灌丛、木荷灌丛、茅栗灌丛、青冈灌丛、山胡椒灌丛、小果蔷薇灌丛、白背叶灌丛、胡枝子灌丛、灰白毛莓灌丛、浆果楝灌丛、金佛山荚蒾灌丛、蜡莲绣球灌丛、老虎刺灌丛、南烛灌丛、枇杷叶紫珠灌丛、算盘子灌丛、乌药灌丛、细叶水团花灌丛、香叶树灌丛、柯灌丛、六月雪灌丛、山黄麻灌丛、栓皮栎灌丛、野牡丹灌丛、余甘子灌丛、云实灌丛、枫杨灌丛、红背山麻杆灌丛、龙须藤灌丛、糯米条灌丛、烟管荚蒾灌丛、异叶鼠李灌丛中。

类芦

Neyraudia reynaudiana（Kunth）Keng ex Hitchcock

多年生草本。具木质根状茎，须根粗而坚硬。秆直立，高 2~3 米，径 5~10 毫米，通常节具分枝，节间被白粉。叶鞘无毛，仅沿颈部具柔毛；叶舌密生柔毛；叶片长 30~60 厘米，宽 5~10 毫米，扁平或卷折，顶端长渐尖，无毛或上面生柔毛。圆锥花序长 30~60 厘米，分枝细长，开展或下垂；小穗长 6~8 毫米，含 5~8 小花；第一外稃不孕，无毛；颖片短小，长 2~3 毫米；外稃长约 4 毫米，边脉生有长约 2 毫米的柔毛，顶端具长 1~2 毫米向外反曲的短芒；内稃短于外稃。

产海南、广东、广西、贵州、云南、四川、湖北、湖南、江西、福建、浙江、江苏和台湾等省份，海拔 300~1500 米，生长在光荚含羞草灌丛、檵木灌丛、浆果楝灌丛、石榕树灌丛、河北木蓝灌丛、老虎刺灌丛、龙须藤灌丛、茅栗灌丛、雀梅藤灌丛、盐肤木灌丛、杨梅灌丛、白饭树灌丛、假烟叶树灌丛、牡荆灌丛、青冈灌丛、羊蹄甲灌丛、中平树灌丛中。

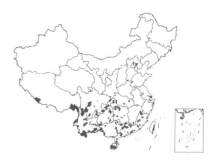

竹叶草

Oplismenus compositus（Linnaeus） P. Beauvois

　　多年生草本。秆较纤细，基部平卧，上升部分高 20~80 厘米。叶片披针形至卵状披针形，基部多少包茎而不对称，长 3~8 厘米，宽 5~20 毫米，具横脉。圆锥花序长 5~15 厘米，分枝互生而疏离，长 2~6 厘米；小穗孪生（有时其中 1 个小穗退化），稀上部者单生，长约 3 毫米；颖草质，近等长，约为小穗的 1/2~2/3，边缘常被纤毛，第一颖先端芒长 0.7~2 厘米，第二颖顶端芒长 1~2 毫米；第一小花中性，外稃与小穗等长，先端具芒尖，内稃狭小或缺；第二外稃边缘内卷，包着同质的内稃；花柱基部分离。

　　产河北、山东、湖北、湖南、西藏、广西、海南、江西、四川、贵州、广东、云南和台湾等省份，海拔 3700 米以下，生长在黄荆灌丛、化香树灌丛、白背叶灌丛、白饭树灌丛、红背山麻杆灌丛、浆果楝灌丛、油茶灌丛、白栎灌丛、火棘灌丛、栓皮栎灌丛、云实灌丛中。

求米草

Oplismenus undulatifolius （Arduino） Roemer & Schultes

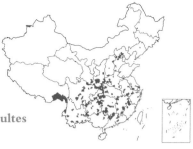

多年生草本。秆纤细，基部平卧，上升部分高 20～50 厘米。叶鞘密被疣基毛，叶片长 2～8 厘米，宽 5～18 毫米，基部略圆形而稍不对称，常具细毛。圆锥花序长 2～10 厘米，主轴密被疣基长刺柔毛；分枝短缩，有时下部的分枝延伸长达 2 厘米；小穗卵圆形，被硬刺毛，长 3～4 毫米，簇生于主轴或部分孪生；第一颖长约为小穗之半，顶端具长 0.5～1.5 厘米硬直芒；第二颖较长于第一颖，顶端芒长 2～5 毫米；第一外稃与小穗等长，顶端芒长 1～2 毫米，第一内稃通常缺；第二外稃边缘包着同质内稃。

广布我国南北各省份，海拔 200～2000 米，生长在马桑灌丛、红背山麻杆灌丛、盐肤木灌丛、黄荆灌丛、白栎灌丛、清香木灌丛、栓皮栎灌丛、枫杨灌丛、尖尾枫灌丛、老虎刺灌丛、龙须藤灌丛、山胡椒灌丛、桃金娘灌丛、冬青叶鼠刺灌丛、剑叶龙血树灌丛、檵木灌丛、浆果楝灌丛、牡荆灌丛、木荷灌丛、烟管荚蒾灌丛中。

双穗雀稗

Paspalum distichum Linnaeus

    多年生草本。匍匐茎横走、粗壮，长达 1 米，直立部分高 20~40 厘米，节生柔毛。叶鞘短于节间，背部具脊，边缘或上部被柔毛；叶舌长 2~3 毫米，无毛；叶片披针形，长 5~15 厘米，宽 3~7 毫米，无毛。总状花序 2 枚对生，长 2~6 厘米；穗轴硬直，宽 1.5~2 毫米；小穗椭圆形，长约 3 毫米，顶端尖，疏生微柔毛；第一颖退化或微小，第二颖贴生柔毛，具明显的中脉；第一外稃具 3~5 脉，通常无毛，顶端尖；第二外稃草质，等长于小穗，黄绿色，顶端尖，被毛。

    产江苏、福建、广东、四川、贵州、湖北、湖南、云南、广西、海南和台湾等省份，海拔 100~1700 米，生长在桃金娘灌丛、枇杷叶紫珠灌丛、细叶水团花灌丛、白背叶灌丛、白栎灌丛、枫香树灌丛、灰白毛莓灌丛、檵木灌丛、茅栗灌丛、水柳灌丛、盐肤木灌丛、银叶柳灌丛、油茶灌丛中。

狼尾草

Pennisetum alopecuroides（Linnaeus）Sprengel

多年生草本。秆直立，丛生，高 0.3～1.2 米，在花序下密生柔毛。叶鞘光滑，两侧压扁，主脉呈脊；叶舌具长约 2.5 毫米纤毛；叶片长 10～80 厘米，宽 3～8 毫米，基部生疣毛。圆锥花序直立，长 5～25 厘米，宽 1.5～3.5 厘米，主轴密生柔毛；总梗长 2～5 毫米，刚毛粗糙，不呈羽毛状，长 1.5～3 厘米；小穗常单生，偶双生，线状披针形，长 5～8 毫米；第一颖微小或缺，第二颖卵状披针形，第一小花中性，第一和第二外稃与小穗等长；鳞被 2；雄蕊 3；花柱基部联合。颖果长圆形，长约 3.5 毫米。

我国自东北、华北经华东、中南及西南各省份均有分布，海拔 50～3200 米，生长在毛黄栌灌丛、火棘灌丛、化香树灌丛、黄荆灌丛、檵木灌丛、白栎灌丛、马桑灌丛、枫杨灌丛、茅栗灌丛、牡荆灌丛中。

篌竹
Phyllostachys nidularia Munro

灌木状竹类。竿高达 10 米，粗达 4 厘米，幼竿无毛，箨环最初有棕色刺毛。箨鞘薄革质，背面无斑点，基部密生淡褐色刺毛，愈向上刺毛渐稀疏；箨耳大，三角形或末端延伸成镰形；箨舌边缘密生白色微纤毛；箨片宽三角形至三角形，直立，舟形。末级小枝仅有 1 叶，稀可 2 叶，叶片下倾；叶耳及鞘口缝毛均微弱或俱缺；叶舌低，不伸出；叶片长 4～13 厘米，宽 1～2 厘米，无毛或在下面基部有柔毛。花枝呈紧密的头状，长 1.5～2 厘米，基部托以 2～4 片逐渐增大的鳞片状小形苞片。

产陕西、北京、四川和长江流域及其以南各省份，海拔 1300 米以下，生长在檵木灌丛、白栎灌丛、盐肤木灌丛、牡荆灌丛、栓皮栎灌丛、刺叶冬青灌丛、火棘灌丛、铁仔灌丛、油茶灌丛中。

斑茅

Saccharum arundinaceum Retzius

多年生高大丛生草本。秆中不含蔗糖，无甜味；秆粗壮，高 2~6 米，粗达 2 厘米，花序下无毛。叶片条状披针形，宽 3~6 毫米。圆锥花序大型，白色，长 30~80 厘米，主轴无毛；总状花序多节；穗轴逐节断落，节间有长丝状纤毛；小穗成对生于各节，一有柄，一无柄，均结实且同形，长 3.5~4 毫米，含 2 小花，仅第二小花结实，基盘的毛长约 1 毫米，远短于小穗；第一颖顶端渐尖，两侧具脊，背部具长于其小穗 1 倍以上之丝状柔毛；第二外稃透明膜质，顶端仅有小尖头。

产河南、陕西、浙江、江西、湖北、湖南、福建、广东、海南、广西、贵州、四川、云南和台湾等省份，海拔 100~1500 米，生长在马桑灌丛、石榴树灌丛、白饭树灌丛、桃金娘灌丛、红背山麻杆灌丛、小果蔷薇灌丛中。

棕叶狗尾草

Setaria palmifolia（J. König）Stapf

多年生草本。具根茎和支柱根，<u>秆直立或基部稍膝曲，高 0.75～2 米</u>。叶鞘具密或疏疣毛，少数无毛；<u>叶片纺锤状宽披针形，质厚，宽 2～7 厘米</u>，基部窄缩呈柄状。圆锥花序疏松呈金字塔状，长 20～60 厘米；小穗卵状披针形，长 2.5～4 毫米，<u>部分小穗下托以 1 枚刚毛</u>；第一颖三角状卵形，先端稍尖；第二颖长为小穗的 1/2～3/4；第一小花雄性或中性，第二小花两性；<u>第二外稃具不甚明显的横皱纹</u>。颖果卵状披针形，成熟时往往不带着颖片脱落，长 2～3 毫米。

产浙江、江西、福建、湖北、湖南、贵州、四川、云南、广东、广西、西藏和台湾等省份，海拔 200～2200 米，生长在盐肤木灌丛、火棘灌丛、烟管荚蒾灌丛、白栎灌丛、枇杷叶紫珠灌丛中。

狗尾草

Setaria viridis （Linnaeus） P. Beauvois

　　一年生草本。根为须状，高大植株具支持根。秆直立或基部膝曲，<u>高 10～100 厘米</u>。叶鞘松弛，边缘具较长的密绵毛状纤毛；叶舌极短；叶片扁平，长 4～30 厘米，宽 2～18 毫米，边缘粗糙。<u>圆锥花序紧密呈圆柱状或基部稍疏离，直立或稍弯垂，长 2～15 厘米，刚毛粗糙不具倒刺；小穗 2～5 个簇生于主轴上或更多的小穗着生在短小枝上，先端钝，长 2～2.5 毫米；第一颖长约为小穗的 1/3，先端钝或稍尖；第二颖几与小穗等长</u>；第一外稃与小穗等长；花柱基分离。

　　产全国各地，海拔 4000 米以下，生长在黄荆灌丛、马桑灌丛、桃金娘灌丛、白栎灌丛、河北木蓝灌丛、檵木灌丛、牡荆灌丛、插田泡灌丛、光荚含羞草灌丛、红背山麻杆灌丛、火棘灌丛、龙须藤灌丛、秋华柳灌丛、小果蔷薇灌丛、盐肤木灌丛、雀梅藤灌丛、八角枫灌丛、番石榴灌丛、枫杨灌丛、灰白毛莓灌丛、老虎刺灌丛、六月雪灌丛、茅栗灌丛、羊蹄甲灌丛、银叶柳灌丛、余甘子灌丛、紫薇灌丛中。

黄背草

Themeda triandra Forsskål

多年生簇生草本。秆高 0.5 ~ 1.5 米，光滑无毛。叶鞘常生疣基柔毛；叶舌有睫毛；叶片长 10 ~ 50 厘米，中脉显著。大型伪圆锥花序多回复出，由具佛焰苞的总状花序组成，长为全株的 1/3 ~ 1/2；佛焰苞长 2 ~ 3 厘米；总状花序长 15 ~ 17 毫米，由 7 小穗组成。下部总苞状小穗对轮生于一平面，无柄，雄性，长 7 ~ 10 毫米；第一颖背面上部常生瘤基毛，具多数脉。无柄小穗两性，1 枚，纺锤状圆柱形，基盘被褐色髯毛；第二外稃退化为芒的基部，芒长 3 ~ 6 厘米，1 ~ 2 回膝曲。胚长为颖果的 1/2。

我国除新疆、青海和内蒙古等省份以外几乎均有分布，海拔 80 ~ 2700 米，生长在檵木灌丛、白栎灌丛、栓皮栎灌丛、枹栎灌丛、桃金娘灌丛、火棘灌丛、紫薇灌丛、毛黄栌灌丛、算盘子灌丛、白背叶灌丛、刺叶冬青灌丛、化香树灌丛、糯米条灌丛、烟管荚蒾灌丛中。

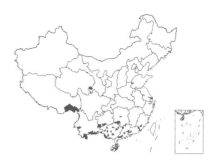

粽叶芦

Thysanolaena latifolia
（Roxburgh ex Hornemann） Honda

多年生丛生草本。秆高 2～3 米，直立，不分枝。叶鞘无毛；叶舌长 1～2 毫米，质硬，截平；叶片披针形，长 20～50 厘米，宽 3～8 厘米，具横脉，基部心形，具柄。圆锥花序长达 50 厘米，分枝多，基部主枝长达 30 厘米；小穗两性，长 1.5～1.8 毫米，仅含 2 小花；小穗柄具关节；颖片无脉，长为小穗的 1/4；第一花仅具外稃，约等长于小穗；第二外稃卵形，背部圆，具 3 脉，顶端具小尖头，边缘被柔毛；内稃膜质，较短小；花药长约 1 毫米，褐色。颖果长圆形，长约 0.5 毫米。

产福建、湖南、青海、西藏、云南、海南、广东、广西、贵州和台湾等省份，海拔 200～1400 米，生长在桃金娘灌丛、枫香树灌丛、红背山麻杆灌丛、檵木灌丛、石榕树灌丛、余甘子灌丛、中平树灌丛中。

Polygalaceae
（六十三）远志科

瓜子金
Polygala japonica Houttuyn

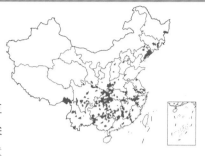

多年生草本。高 15～20 厘米。茎枝被卷曲短柔毛。单叶互生，厚纸质或亚革质，卵形或卵状披针形，长 1～3 厘米，具短尖头，全缘，两面无毛或被短柔毛，侧脉 3～5 对，两面凸起。总状花序与叶对生，或腋外生；萼片 5，宿存，外面 3 枚披针形，里面 2 枚花瓣状；花瓣 3，白色至紫色，侧瓣长圆形，龙骨瓣舟状，具流苏状鸡冠状附属物；雄蕊 8，花丝全部合生成鞘，花药无柄，子房倒卵形，柱头 2。蒴果圆形，边缘具有横脉的阔翅，无缘毛。种子密被白色短柔毛。

产东北、华北、西北、华东、华中和西南地区，海拔 800～2100 米，生长在糯米条灌丛、白栎灌丛、檵木灌丛、山胡椒灌丛中。

Polygonaceae
（六十四）蓼科

火炭母
Polygonum chinense Linnaeus

　　多年生草本，基部近木质。根状茎粗壮，茎高 0.7～1 米，常无毛。叶卵形或长卵形，宽 2～4 厘米，顶端短渐尖，全缘，两面无毛或下面沿叶脉疏生短柔毛；下部叶具 1～2 厘米长叶柄，有叶耳，上部叶近无柄或抱茎；托叶鞘无毛，长 1.5～2.5 厘米，顶端偏斜，无缘毛。花序头状，数个排成圆锥状，顶生或腋生，花序梗被腺毛；苞片宽卵形，每苞内具 1～3 花；花被 5 深裂，白色或淡红色，裂片卵形，果时增大，呈肉质，蓝黑色；雄蕊 8，花柱 3。瘦果具 3 棱，包于宿存花被。

　　产陕西南部、甘肃南部、华东、华中、华南和西南，海拔 30～2400 米，生长在白饭树灌丛、浆果楝灌丛、秋华柳灌丛、水柳灌丛、桃金娘灌丛、盐肤木灌丛中。

辣蓼

Polygonum hydropiper Linnaeus

一年生草本。高 40~70 厘米。茎直立，多分枝，无毛，节部膨大。叶披针形或椭圆状披针形，长 4~8 厘米，全缘，具缘毛，两面无毛或有时沿中脉具短硬伏毛，被褐色小点，具辛辣味，叶腋具闭花受精花；托叶鞘筒状，疏生短硬伏毛，鞘内藏有花簇。总状花序呈穗状，顶生或腋生，长 3~8 厘米，常下垂，下部间断；苞片漏斗状，每苞内具 3~5 花；花被 5（4）深裂，上部白色或淡红色，被黄褐色透明腺点，花被片长 3~3.5 毫米；雄蕊 6（8），花柱 2~3，柱头头状。瘦果卵形，包于宿存花被。

分布于我国南北各省份，海拔 50~3500 米，生长在银叶柳灌丛、雀梅藤灌丛、檵木灌丛、茅栗灌丛、光荚含羞草灌丛、河北木蓝灌丛、牡荆灌丛、枇杷叶紫珠灌丛、秋华柳灌丛、细叶水团花灌丛、盐肤木灌丛、油茶灌丛中。

蚕茧蓼

Polygonum japonicum Meisner

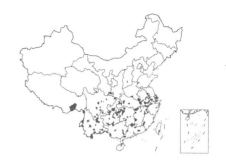

多年生草本。高 50～100 厘米。根状茎横走；茎无毛或具稀疏的短硬伏毛，节部膨大。叶披针形，近薄革质，坚硬，长 7～15 厘米，基部楔形，全缘，两面疏生短硬伏毛，边缘具刺状缘毛，叶柄短或近无柄；托叶鞘筒状，具硬伏毛，缘毛长 1～1.2 厘米。总状花序呈穗状，长 6～12 厘米，顶生，常数个再集成圆锥状；苞片漏斗状，每苞内具 3～6 花；雌雄异株，花被 5 深裂，白色或淡红色；雄花雄蕊 8，雌花花柱2～3。瘦果卵形，具 3 棱或双凸镜状，长 2.5～3 毫米，有光泽，包于宿存花被。

产山东、河南、陕西、江苏、浙江、安徽、江西、湖南、湖北、四川、贵州、福建、广东、广西、云南、西藏和台湾等省份，海拔 20～1700 米，生长在火棘灌丛、疏花水柏枝灌丛、白饭树灌丛、枫杨灌丛中。

（六十五）马齿苋科

土人参

Talinum paniculatum （Jacquin） Gaertner

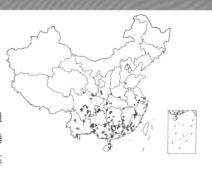

一年生或多年生草本。全株无毛，高 30～100 厘米。主根粗壮，圆锥形。茎直立，肉质，基部近木质。叶互生或近对生，稍肉质，倒卵形或倒卵状长椭圆形，长 5～10 厘米，具短尖头，基部狭楔形，全缘。圆锥花序顶生或腋生，常二叉状分枝；花小，径约 6 毫米；总苞片绿色或近红色；苞片 2，披针形；花瓣粉红色或淡紫红色；雄蕊 10～20，比花瓣短；花柱基部具关节，柱头 3 裂；上位子房卵球形。蒴果近球形，径约 4 毫米，3 瓣裂。种子多数，有种阜，扁圆形。

原产热带美洲，我国中部和南部均有栽植，有的逸为野生，海拔可达 1600 米，生长在假烟叶树灌丛中。

Primulaceae
（六十六）报春花科

红根草
Lysimachia fortunei Maximowicz

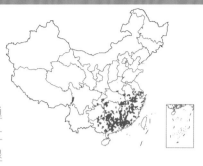

多年生草本。全株无毛。根状茎横走，紫红色；茎直立，通常不分枝，高 30~70 厘米，基部紫红色。叶互生，近无柄，叶片长圆状披针形至狭椭圆形，长 4~11 厘米，两面均有黑色腺点，干后成粒状凸起。总状花序顶生，长 10~20 厘米；苞片披针形，长 2~3 毫米；花梗与苞片近等长或稍短；花萼分裂几达基部，裂片先端钝，周边膜质，有腺状缘毛，背面有黑色腺点；花冠白色，长约 3 毫米，裂片椭圆形或卵状椭圆形，有黑色腺点。蒴果球形，径 2~2.5 毫米。

产我国中南、华南和华东各省份，海拔 100~1500 米，生长在盐肤木灌丛、白栎灌丛、茅栗灌丛、算盘子灌丛、羊蹄甲灌丛中。

Ranunculaceae
（六十七）毛茛科

小木通
Clematis armandii Franchet

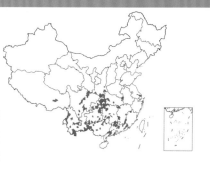

　　木质藤本。高达 6 米。茎圆柱形，小枝有棱，有白色短柔毛，后脱落。三出复叶；小叶片革质，卵状披针形、长椭圆状卵形至卵形，长 4~16 厘米，宽 2~8 厘米，全缘，两面无毛。聚伞花序或圆锥状聚伞花序，腋生或顶生；腋生花序基部有多数宿存芽鳞，三角状卵形、卵形至长圆形，长 0.8~3.5 厘米；萼片开展，白色，偶带淡红色，长圆形或长椭圆形，外面边缘密生短绒毛，雄蕊无毛。瘦果扁，卵形至椭圆形，长 4~7 毫米，疏生柔毛，宿存花柱长达 5 厘米，有白色长柔毛。

　　分布于西藏、云南、贵州、四川、甘肃、陕西、湖北、湖南、广东、广西和福建，海拔 100~2000 米，生长在牡荆灌丛、黄荆灌丛、火棘灌丛、小果蔷薇灌丛、檵木灌丛、浆果楝灌丛、毛黄栌灌丛中。

威灵仙

Clematis chinensis Osbeck

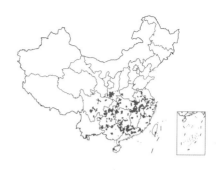

　　木质藤本。全株干后变黑色。茎、小枝近无毛或疏生短柔毛。一回羽状复叶有 5 小叶，有时 3 或 7，偶尔基部一对以至第二对 2~3 裂至 2~3 小叶；小叶片纸质，长 1.5~10 厘米，宽 1~7 厘米，全缘，两面近无毛，或疏生短柔毛，网脉明显。常为圆锥状聚伞花序，多花，腋生或顶生；花直径 1~2 厘米；萼片白色，长 0.5~1.5 厘米，顶端常凸尖，外面边缘密生绒毛或中间有短柔毛，雄蕊无毛。瘦果扁，3~7 个，卵形至宽椭圆形，长 5~7 毫米，有柔毛，宿存花柱长 2~5 厘米。

　　分布于云南、贵州、四川、陕西、广西、广东、湖南、湖北、河南、福建、江西、浙江、江苏、安徽和台湾等省份，海拔 8~1500 米，生长在盐肤木灌丛、白背叶灌丛、化香树灌丛、黄荆灌丛中。

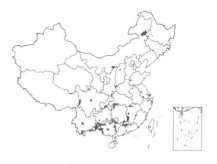

锈毛铁线莲

Clematis leschenaultiana de Candolle

木质藤本。茎圆柱形，有纵沟纹，全株密被锈色长柔毛。三出复叶；小叶片纸质，卵圆形、卵状椭圆形至卵状披针形，长 7~11 厘米，顶端渐尖或有短尾，基部圆形或浅心形，常偏斜，上部边缘有钝锯齿，下部全缘；叶柄长 5~11 厘米。聚伞花序腋生，常 3 花，花序的分枝处具 1 对披针形苞片；花萼直立成壶状，顶端反卷；萼片 4 枚，黄色，卵圆形至卵状椭圆形，长 1.8~2.5 厘米。瘦果狭卵形，长 5 毫米，宿存花柱长 3~3.5 厘米。

分布于内蒙古、河北、山西、云南、四川、贵州、湖南、广西、广东、福建和台湾等省份，海拔 500~1200 米，生长在红背山麻杆灌丛中。

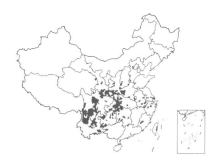

钝萼铁线莲

Clematis peterae Handel-Mazzetti

藤本。一回羽状复叶，有 5 小叶，偶尔基部 1 对为 3 小叶；小叶片长 2~9 厘米，宽 1~4.5 厘米，基部圆形或浅心形，边缘疏生 1 至多个锯齿状牙齿或全缘，两面疏生短柔毛至近无毛。圆锥状聚伞花序多花；花序梗、花梗密生短柔毛，花序梗基部常有 1 对叶状苞片；花直径 1.5~2 厘米，萼片 4，倒卵形至椭圆形，长 0.7~1.1 厘米，两面有短柔毛，外面边缘密生短绒毛；子房无毛。瘦果卵形，稍扁平，无毛或近花柱处稍有柔毛，长约 4 毫米，宿存花柱长达 3 厘米。

分布于江苏、安徽、浙江、福建、云南、贵州、四川、湖北、甘肃、陕西、河南、山西和河北等省份，海拔 340~3400 米，生长在枫杨灌丛、浆果楝灌丛、牡荆灌丛中。

柱果铁线莲

Clematis uncinata Champion ex Bentham

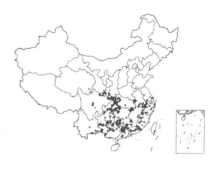

藤本。除花柱有羽状毛及萼片外面边缘有短柔毛外，其余光滑。茎圆柱形，有纵条纹。一至二回羽状复叶，有 5～15 小叶，基部二对常为 2～3 小叶，茎基部为单叶或三出叶；小叶片纸质或薄革质，全缘，上面亮绿不皱缩，下面灰绿色，两面网脉突出。圆锥状聚伞花序腋生或顶生，多花；萼片 4，线状披针形至倒披针形，长 1～1.5 厘米；雄蕊无毛。瘦果圆柱状钻形，干后变黑，长 5～8 毫米，宿存花柱长 1～2 厘米。

分布于云南、贵州、四川、甘肃、陕西、广西、广东、湖南、福建、江西、安徽、浙江、江苏和台湾，海拔 100～2000 米，生长在牡荆灌丛、番石榴灌丛、火棘灌丛、檵木灌丛、龙须藤灌丛、马甲子灌丛中。

（六十八）鼠李科

牯岭勾儿茶

Berchemia kulingensis C. K. Schneider

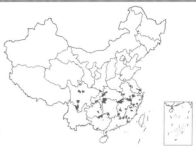

藤状或攀援灌木。高达 3 米。叶纸质，长 2～6.5 厘米，宽 1.5～3.5 厘米，顶端钝圆或锐尖，具小尖头，两面无毛，上面绿色，下面干时常灰绿色，侧脉每边 7～10 条；叶柄长 6～10 毫米，无毛；托叶披针形，长约 3 毫米，基部合生。花绿色，通常 2～3 个簇生排成近无梗或具短总梗的疏散聚伞总状花序，或稀窄聚伞圆锥花序；萼片三角形；花瓣倒卵形。核果长圆柱形，长 7～9 毫米，成熟时黑紫色；基部宿存的花盘盘状；果梗长 2～4 毫米，无毛。

产安徽、江苏、浙江、江西、福建、湖南、湖北、四川、贵州和广西的山谷灌丛、林缘或林中，海拔 300～2150 米，生长在雀梅藤灌丛、黄荆灌丛、檵木灌丛、红背山麻杆灌丛、化香树灌丛、老虎刺灌丛、毛黄栌灌丛、牡荆灌丛、小果蔷薇灌丛、火棘灌丛、马桑灌丛、栓皮栎灌丛、羊蹄甲灌丛中。

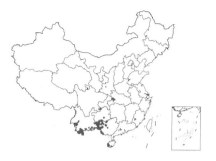

毛咀签

Gouania javanica Miquel

攀援灌木。小枝、叶柄、花序轴、花梗和花萼外面被棕色密短柔毛。叶互生，纸质，全缘或具钝细锯齿，下面被锈色绒毛或灰色丝状柔毛，侧脉每边 6～7 条。花杂性同株，5 基数，单生、数个簇生或排成聚伞总状或聚伞圆锥花序，花序下部常有卷须；萼片卵状三角形，花瓣倒卵圆形；花盘五角形，包围子房，每角延伸成一个舌状附属物；子房下位，藏于花盘内，3 室。蒴果具 3 翅，两端凹陷，顶端有宿存花萼，成熟时黄色。种子 3 粒，倒卵形，红褐色。

产江苏、海南、福建、广东、广西、贵州和云南的低中海拔地区，生长在龙须藤灌丛中。

马甲子

Paliurus ramosissimus （Loureiro） Poiret

灌木。高达 6 米。小枝褐色，常被短柔毛。叶互生，纸质，长 3~7 厘米，<u>幼叶下面密生棕褐色细柔毛，后脱落仅沿脉被短柔毛或无毛</u>，基生三出脉；叶柄基部有 2 个紫红色斜向直立针刺，长 0.4~1.7 厘米。腋生聚伞花序，<u>被黄色绒毛</u>；萼片宽卵形，长 2 毫米；花瓣匙形，短于萼片，雄蕊与花瓣等长或略长；花盘圆形，边缘 5 或 10 齿裂；子房 3 室，花柱 3 深裂。<u>核果杯状，与果梗均被棕褐色绒毛，周围具木栓质 3 浅裂窄翅，径 1~1.7 厘米</u>。种子紫红色或红褐色，扁圆形。

产江苏、浙江、安徽、江西、湖南、湖北、福建、广东、广西、云南、贵州、四川和台湾，海拔 2000 米以下，生长在马甲子灌丛、白栎灌丛、竹叶花椒灌丛中。

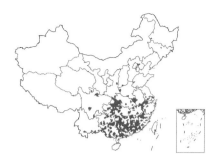

长叶冻绿

Rhamnus crenata Siebold & Zuccarini

落叶灌木或小乔木。高达 7 米。幼枝带红色。叶纸质，<u>倒卵状椭圆形、椭圆形或倒卵形</u>，长 4～14 厘米，<u>边缘具圆齿状齿或细锯齿，下面被柔毛或沿脉被柔毛，叶柄被密柔毛</u>。花数个或 10 余个密集成腋生聚伞花序，总花梗长 4～15 毫米，<u>被柔毛</u>；萼片三角形，与萼管等长；花瓣近圆形，顶端 2 裂；雄蕊与花瓣等长而短于萼片；子房 3 室，<u>花柱不分裂</u>，柱头不明显。核果球形或倒卵状球形，成熟时黑色或紫黑色，长 5～6 毫米，<u>具 3 分核</u>，各有种子 1 个。

产陕西、河南、安徽、江苏、浙江、江西、福建、广东、广西、湖南、湖北、四川、贵州、云南和台湾等省份，海拔 2000 米以下，生长在檵木灌丛、白栎灌丛、桃金娘灌丛、枹栎灌丛、杜鹃灌丛、枫香树灌丛、算盘子灌丛、盐肤木灌丛、岗松灌丛、赤楠灌丛、乌药灌丛、杨桐灌丛、油茶灌丛、茅栗灌丛、山鸡椒灌丛、白背叶灌丛、光荚含羞草灌丛、木荷灌丛、南烛灌丛、黄荆灌丛、火棘灌丛、马桑灌丛、毛黄栌灌丛、雀梅藤灌丛、山胡椒灌丛、栓皮栎灌丛中。

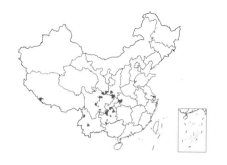

异叶鼠李
Rhamnus heterophylla Oliver

矮小灌木。高 2 米。枝无刺，小枝细长，被密短柔毛。叶纸质，大小异形，在同侧交替互生，小叶长 0.5~1.5 厘米；大叶长 1.5~4.5 厘米，顶端常具小尖头，边缘具细锯齿或细圆齿，侧脉每边 2~4 条，叶柄长 2~7 毫米；托叶宿存。花单性，雌雄异株，单生或 2~3 个簇生于侧枝上的叶腋，5 基数，花梗长 1~2 毫米；雄花花瓣匙形，具退化雌蕊；雌花花瓣小，早落，有极小退化雄蕊，子房球形，3 室。核果球形，基部有宿存萼筒，成熟时黑色，具 3 分核。种子背面具纵沟。

产重庆、西藏、甘肃、陕西、湖北、四川、贵州和云南，海拔 300~1450 米，生长在异叶鼠李灌丛、烟管荚蒾灌丛、山胡椒灌丛中。

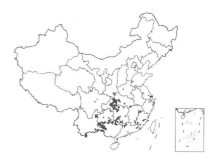

钩齿鼠李

Rhamnus lamprophylla C. K. Schneider

灌木或小乔木。高达 6 米，全株无毛，枝端刺状。叶纸质或薄纸质，互生或在短枝上簇生，长椭圆形或椭圆形，长 5～12 厘米，顶端尾状渐尖或渐尖，边缘有钩状内弯的圆锯齿，两面无毛，侧脉每边 4～6条；叶柄长 5～10 毫米。花单性，雌雄异株，4 基数，黄绿色；雄花 2 至数个腋生或在短枝端和当年生枝下部簇生，有花瓣；雌花数个至 10 余个簇生。核果倒卵状球形，长 6～7 毫米，成熟时黑色，有 2～3 分核，基部有宿存萼筒。种子背面仅下部 1/4 具短沟，上部有沟缝。

产江西、湖南、湖北、四川、贵州、云南、广西和福建等省份，海拔 400～1600 米，生长在青冈灌丛、糯米条灌丛、白饭树灌丛中。

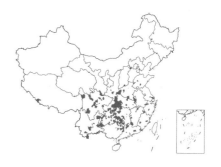

薄叶鼠李

Rhamnus leptophylla C. K. Schneider

灌木或小乔木。高达 5 米。小枝对生或近对生，无毛。叶纸质，对生或近对生，或在短枝上簇生，倒卵形至倒卵状椭圆形，宽 2~5 厘米，顶端短突尖或锐尖，边缘具圆齿或钝齿，上面无毛或沿中脉被疏毛，下面仅脉腋有簇毛，侧脉每边 3~5 条；叶柄长 0.8~2 厘米。花单性，雌雄异株，4 基数，有花瓣，花梗无毛；雄花 10~20 个簇生于短枝端；雌花数个至 10 余个簇生于短枝端或长枝下部叶腋。核果球形，基部有宿存萼筒；果梗长 6~7 毫米。种子背面具长为种子 2/3~3/4 的纵沟。

广布于陕西、河南、山东、安徽、浙江、江西、福建、广东、广西、湖南、湖北、四川、云南和贵州等省份，海拔 400~2600 米，生长在化香树灌丛、雀梅藤灌丛、桃金娘灌丛、油茶灌丛、白栎灌丛、黄荆灌丛、檵木灌丛、云实灌丛、杜鹃灌丛、浆果楝灌丛、马桑灌丛、盐肤木灌丛中。

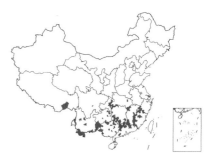

尼泊尔鼠李

Rhamnus napalensis（Wallich） M. A. Lawson

　　直立或藤状灌木。枝无刺，幼枝被短柔毛。叶大小异形，交替互生，小叶近圆形或卵圆形，长2～5厘米；大叶宽椭圆形或椭圆状矩圆形，长6～20厘米，边缘具圆齿或钝齿，上面无毛，下面仅脉腋被簇毛，侧脉每边5～9条；叶柄无毛。腋生聚伞总状花序或下部有短分枝的聚伞圆锥花序，长可达12厘米，花序轴被短柔毛；花单性，雌雄异株，5基数；萼片长三角形，花瓣匙形。核果倒卵状球形，基部有宿存萼筒，具3分核。种子背面具与种子等长上窄下宽的纵沟。

　　产浙江、江西、福建、广东、广西、湖南、湖北、贵州、云南和西藏，海拔1800米以下，生长在番石榴灌丛中。

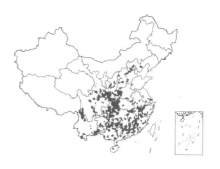

冻绿

Rhamnus utilis Decaisne

　　灌木或小乔木。高达 4 米。幼枝无毛，小枝对生或近对生，枝端常具针刺。叶纸质，对生或近对生，或在短枝上簇生，长 4~15 厘米，边缘具细锯齿或圆锯齿，上面无毛或仅中脉具疏柔毛，下面沿脉或脉腋有金黄色柔毛，侧脉每边通常 5~6 条，叶柄长 0.5~1.5 厘米，有疏微毛或无毛；托叶宿存。花单性，雌雄异株，4 基数，具花瓣；花梗无毛；雄花数个至 30 余个簇生，雌花 2~6 个簇生。核果具 2 分核，基部有宿存萼筒，梗长 5~12 毫米。种子背面基部有长为种子 1/3 以下的短沟。

　　产甘肃、陕西、河南、河北、山西、安徽、江苏、浙江、江西、福建、广东、广西、湖北、湖南，四川和贵州等省份，海拔 1500 米以下，生长在火棘灌丛、白栎灌丛、茅栗灌丛、木荷灌丛、山胡椒灌丛、香叶树灌丛、胡枝子灌丛、化香树灌丛、檵木灌丛、柯灌丛、烟管荚蒾灌丛、白饭树灌丛、杜鹃灌丛、黄荆灌丛、蜡莲绣球灌丛、毛黄栌灌丛、栓皮栎灌丛、桃金娘灌丛、小果蔷薇灌丛中。

皱叶雀梅藤

Sageretia rugosa Hance

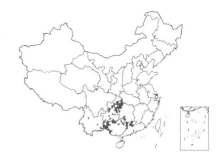

藤状或直立灌木。高达 4 米。幼枝和小枝被锈色绒毛或密短柔毛，侧枝有时缩短成钩状。叶互生或近对生，常卵状矩圆形或卵形，长 3~11 厘米，宽 2~5 厘米，顶端锐尖或短渐尖，边缘具细锯齿，下面被锈色或灰白色不脱落的绒毛，侧脉每边 6~8 条，侧脉和网脉在上面明显下陷，干时常皱褶；叶柄密被短柔毛。花无梗，有芳香，常排成顶生或腋生穗状或穗状圆锥花序；花序轴被密短柔毛或绒毛；萼片三角形；子房藏于花盘内，2 室。核果圆球形，成熟时红色或紫红色。

产广东、广西、湖南、湖北、四川、贵州和云南，海拔 1600 米以下，生长在檵木灌丛、铁仔灌丛、番石榴灌丛、龙须藤灌丛、马桑灌丛中。

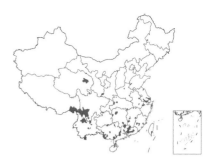

雀梅藤

Sageretia thea（Osbeck）M. C. Johnston

藤状或直立灌木。小枝具刺，互生或近对生，褐色，被短柔毛。叶近对生或互生，长 1~4.5 厘米，宽 0.7~2.5 厘米，边缘具细锯齿，上面无毛，下面无毛或沿脉被柔毛，侧脉每边 3~5 条，上面不明显，下面明显凸起。花无梗，黄色，有芳香，通常 2 至数个簇生排成顶生或腋生疏散穗状或圆锥状穗状花序；花序轴被绒毛或密短柔毛；萼片三角形或三角状卵形，长约 1 毫米；花柱极短，柱头 3 浅裂，子房 3 室。核果近圆球形，径约 5 毫米，成熟时黑色或紫黑色，具 1~3 分核。

产安徽、江苏、浙江、江西、福建、广东、广西、湖南、湖北、四川、云南和台湾等省份，海拔 2100 米以下，生长在雀梅藤灌丛、黄荆灌丛、浆果楝灌丛、老虎刺灌丛、檵木灌丛、龙须藤灌丛、牡荆灌丛、桃金娘灌丛、铁仔灌丛、毛黄栌灌丛、小果蔷薇灌丛、盐肤木灌丛、刺叶冬青灌丛、岗松灌丛、化香树灌丛、番石榴灌丛、香叶树灌丛、白栎灌丛、红背山麻杆灌丛、灰白毛莓灌丛、假烟叶树灌丛、烟管荚蒾灌丛中。

小果枣

Ziziphus oenopolia （Linnaeus） Miller

直立或藤状灌木。小枝具皮刺，与叶柄、花梗和花萼均被锈色或黄褐色密柔毛。叶卵状矩圆形或卵状披针形，顶端锐尖或渐尖，基部稍不对称，全缘或具不明显圆锯齿，下面或沿脉被锈色或黄褐色丝状柔毛，基三或四出脉，中脉每边无次生侧脉；托叶刺 1 或 2。花两性，5 基数，数个至 10 余个密集成腋生聚伞花序，具极短总花梗；萼片卵状三角形，花瓣匙形，花盘 5 边形；子房球形，藏于花盘内，花柱 2 浅裂。核果小，径 5~6 毫米，基部有宿存萼筒。

产云南和广西，海拔 500~1100 米，生长在中平树灌丛中。

Rhizophoraceae
（六十九）红树科

秋茄树
Kandelia obovata Sheue et al.

灌木或小乔木。高2~3米。树皮平滑，红褐色；枝粗壮，有膨大的节。叶椭圆形、矩圆状椭圆形或近倒卵形，长5~9厘米，顶端钝形或浑圆，基部阔楔形，全缘，叶脉不明显；叶柄粗壮，长1~1.5厘米。二歧聚伞花序，1~3个着生上部叶腋，有花4（~9）朵；总花梗长2~4厘米，花梗长1~2厘米；花萼深5裂，裂片革质，长1~1.5厘米，短尖，花后外反；花瓣白色，短于花萼裂片；雄蕊无定数，长6~12毫米；花柱丝状，与雄蕊等长。果实圆锥形，长1.5~2厘米。

产浙江、海南、广东、广西、福建和台湾，海拔0~20米，生长在秋茄树灌丛、海榄雌灌丛中。

龙芽草

Agrimonia pilosa Ledebour

　　多年生草本。茎高 30～120 厘米。叶为间断奇数羽状复叶，通常有小叶 3～4 对；小叶片长 1.5～5 厘米，宽 1～2.5 厘米，边缘有急尖到圆钝锯齿，托叶镰形，稀卵形，边缘有尖锐锯齿或裂片，稀全缘。花序穗状总状顶生；苞片通常深 3 裂，小苞片对生；花直径 6～9 毫米，萼片 5，花瓣黄色；雄蕊 5～8～15 枚。果实倒卵圆锥形，外面有 10 条肋，顶端有数层钩刺，幼时直立，成熟时靠合，连钩刺长 7～8 毫米，最宽处直径 3～4 毫米。

　　南北各省份均产，海拔 100～3800 米，生长在马桑灌丛、黄荆灌丛、火棘灌丛、栓皮栎灌丛、枫杨灌丛、山胡椒灌丛、盐肤木灌丛、灰白毛莓灌丛、檵木灌丛、牡荆灌丛、青冈灌丛、雀梅藤灌丛、羊蹄甲灌丛、八角枫灌丛、刺叶冬青灌丛、金佛山荚蒾灌丛、老虎刺灌丛、茅栗灌丛、小果蔷薇灌丛、烟管荚蒾灌丛、银叶柳灌丛中。

平枝栒子

Cotoneaster horizontalis Decaisne

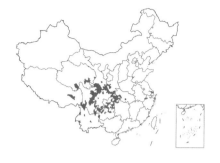

落叶或半常绿匍匐灌木。高不超过 0.5 米。枝水平开张成整齐二列状；小枝圆柱形，黑褐色。叶片近圆形或宽椭圆形，长 5 ~ 14 毫米，叶边平，无波状起伏，全缘，下面有稀疏平贴柔毛；叶柄被柔毛。花 1 ~ 2 朵，萼筒钟状，外面有稀疏短柔毛；萼片三角形，花瓣直立，倒卵形，长约 4 毫米，粉红色；雄蕊约 12，短于花瓣；花柱常为 3，有时为 2，离生，短于雄蕊；子房顶端有柔毛。果实近球形，直径 4 ~ 6 毫米，鲜红色，常具 3 小核，稀 2 小核。

产陕西、甘肃、湖北、湖南、四川、贵州、云南等省份，海拔 700 ~ 3500 米，生长在白桦灌丛、火棘灌丛、化香树灌丛、枫杨灌丛、毛黄栌灌丛、茅栗灌丛、铁仔灌丛中。

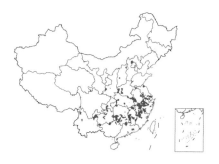

野山楂
Crataegus cuneata Siebold & Zuccarini

落叶灌木。高达 15 米。分枝密，通常具细刺。<u>叶片宽倒卵形至倒卵状长圆形，基部楔形，下延连于叶柄，顶端有缺刻或 3～7 浅裂，下面具稀疏柔毛</u>；托叶镰刀状，边缘有齿。伞房花序具花 5～7 朵，总花梗和花梗均被柔毛；苞片披针形；花萼筒钟状，外被长柔毛，萼片三角卵形，约与萼筒等长；雄蕊 20；花药红色；花柱 4～5，基部被绒毛。<u>果实近球形或扁球形，红色或黄色</u>，常具有宿存反折萼片或 1 苞片；<u>小核 4～5</u>。

产河南、湖北、江西、湖南、安徽、江苏、浙江、云南、贵州、广东、广西和福建等省份，海拔 250～2000 米，生长在檵木灌丛、白栎灌丛、盐肤木灌丛、枹栎灌丛、栓皮栎灌丛、枫香树灌丛、茅栗灌丛、雀梅藤灌丛、算盘子灌丛、竹叶花椒灌丛、紫薇灌丛中。

白鹃梅

Exochorda racemosa（Lindley）Rehder

灌木。高达 3~5 米。小枝圆柱形，微有棱角，无毛。叶全缘，稀中部以上有钝锯齿，上下两面均无毛；叶柄短，或近于无柄；不具托叶。总状花序，有花 6~10 朵，花梗长 3~8 毫米，苞片宽披针形，花直径 2.5~3.5 厘米；萼筒浅钟状，萼片宽三角形，长约 2 毫米，边缘有尖锐细锯齿，黄绿色；花瓣倒卵形，长约 1.5 厘米，先端钝，基部急缩成短爪，白色；雄蕊 15~20，3~4 枚一束着生在花盘边缘，与花瓣对生；心皮 5，花柱分离。蒴果，倒圆锥形，有 5 脊。

产北京、河北、山西、陕西、甘肃、安徽、湖北、广西、河南、江西、江苏和浙江的山坡阴地，海拔 250~500 米，生长在枹栎灌丛、檵木灌丛、杨梅灌丛中。

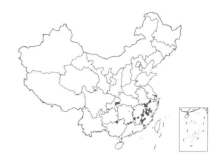

褐毛石楠
Photinia hirsuta Handel-Mazzetti

　　落叶灌木或乔木，高 1~2 米。幼枝、叶片下面、叶柄、花梗及萼筒均密生褐色硬毛。叶片纸质，椭圆形、椭圆披针形或近卵形，长 3~7.5 厘米，先端渐尖或尾尖，边缘有疏生具腺锐锯齿，侧脉 5~6 对，叶柄长 2~4 毫米。花 3~8 朵，成顶生聚伞花序，径 8~20 毫米，无总花梗；花梗长 3~10 毫米；苞片钻形，花直径 5~7 毫米；萼筒钟状，萼片三角形；花瓣白色或带粉红色，倒卵形；雄蕊 20，花柱 2。果实椭圆形，长约 8 毫米，红色。种子椭圆形，长 2.5 毫米，黑褐色。

　　产浙江、安徽、湖北、广东、广西、湖南、江西、浙江和福建，海拔 300~1200 米，生长在乌药灌丛、檵木灌丛中。

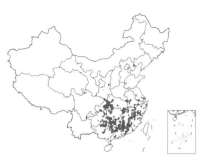

小叶石楠

Photinia parvifolia （E. Pritzel） C. K. Schneider

落叶灌木。高 1~3 米。幼枝、叶片下面、叶柄、花梗及萼筒均无毛。叶片草质，椭圆形、椭圆卵形或菱状卵形，长 4~8 厘米，先端渐尖或尾尖，边缘有具腺尖锐锯齿，侧脉 4~6 对，叶柄长 1~2 毫米。花 2~9 朵，成伞形花序，生于侧枝顶端，无总花梗，花梗有疣点；苞片及小苞片钻形；花直径 0.5~1.5 厘米，萼筒杯状，萼片卵形；花瓣白色，径 4~5 毫米；雄蕊 20；花柱 2~3，子房顶端密生长柔毛。果实椭圆形或卵形，长 9~12 毫米，橘红色或紫色，有直立宿存萼片；果梗密布疣点。

产河南、江苏、安徽、浙江、江西、湖南、湖北、四川、贵州、广东、广西和台湾等省份，海拔 1000 米以下，生长在檵木灌丛、乌药灌丛、白栎灌丛、柯灌丛、茅栗灌丛中。

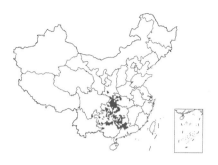

全缘火棘

Pyracantha atalantioides（Hance）Stapf

常绿灌木或小乔木。常有枝刺，嫩枝有黄褐色或灰色柔毛。叶片常椭圆形或长圆形，先端常微尖或圆钝，全缘或具不明显细锯齿，中部或近中部最宽，幼时有黄褐色柔毛，老时两面无毛，下面微带白霜；叶柄长2~5毫米。复伞房花序直径3~4厘米，花梗和花萼外被黄褐色柔毛；萼筒钟状，外被柔毛，萼片浅裂，广卵形，外被疏柔毛；花瓣白色，卵形；雄蕊20，花丝长约3毫米；花柱5，与雄蕊等长，子房上部密生白色绒毛。梨果扁球形，径4~6毫米，亮红色。

产陕西、湖北、湖南、四川、贵州、广东和广西等省份，海拔500~1700米，生长在黄荆灌丛、檵木灌丛、老虎刺灌丛中。

火棘

Pyracantha fortuneana（Maximowicz）H. L. Li

常绿灌木。高达 3 米。侧枝短，先端成刺状，嫩枝外被锈色短柔毛，老枝无毛。叶片倒卵形或倒卵状长圆形，中部以上最宽，下面绿色，先端圆钝或微凹，边缘有钝锯齿，齿尖向内弯，两面无毛；叶柄短。复伞房花序直径 3~4 厘米，花梗和总花梗近无毛；花直径约 1 厘米；萼筒钟状，无毛；萼片三角卵形，先端钝；花瓣白色，近圆形；雄蕊 20，花丝长 3~4 毫米；花柱 5，离生，与雄蕊等长，子房上部密生白色柔毛。果实近球形，径约 5 毫米，橘红色或深红色。

产陕西、河南、江苏、浙江、福建、湖北、湖南、广西、贵州、云南、四川和西藏等省份，海拔 500~2800 米，生长在火棘灌丛、马桑灌丛、黄荆灌丛、檵木灌丛、毛黄栌灌丛、化香树灌丛、白栎灌丛、牡荆灌丛、铁仔灌丛、中华绣线菊灌丛、刺叶冬青灌丛、河北木蓝灌丛、金佛山荚蒾灌丛、老虎刺灌丛、算盘子灌丛、香叶树灌丛、盐肤木灌丛、异叶鼠李灌丛、枹栎灌丛、蜡莲绣球灌丛、六月雪灌丛、糯米条灌丛、小果蔷薇灌丛、冬青叶鼠刺灌丛、杜鹃灌丛、光荚含羞草灌丛、龙须藤灌丛、栓皮栎灌丛、紫薇灌丛中。

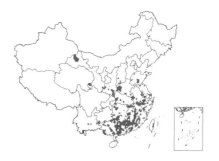

豆梨

Pyrus calleryana Decaisne

乔木。高5~8米。小枝粗壮，嫩时有绒毛。叶片常宽卵形至卵形，长4~8厘米，<u>边缘有钝锯齿，两面无毛</u>；叶柄长2~4厘米，无毛；托叶线状披针形，长4~7毫米，无毛。伞形总状花序，具花6~12朵，直径4~6毫米，<u>总花梗和花梗均无毛</u>；苞片线状披针形，内面具绒毛；花直径2~2.5厘米；萼筒无毛；萼片披针形，外面无毛，内面具绒毛；花瓣卵形，长约13毫米，白色；<u>雄蕊20</u>，稍短于花瓣；<u>花柱2（3）</u>。梨果球形，径约1厘米，<u>黑褐色</u>，有斑点，<u>萼片脱落</u>，有细长果梗。

产山东、河南、江苏、浙江、江西、安徽、湖北、湖南、福建、广东和广西等省份，海拔80~1800米，生长在檵木灌丛、浆果楝灌丛、老虎刺灌丛、马桑灌丛、油茶灌丛中。

石斑木

Rhaphiolepis indica（Linnaeus）Lindley

　　常绿灌木，稀小乔木。高可达 4 米。幼枝初被褐色绒毛，渐脱落。叶片集生枝顶，卵形、长圆形，稀倒卵形或长圆披针形，长 2～8 厘米，边缘具细钝锯齿，上面光亮无毛，下面无毛或被稀疏绒毛；叶柄近无毛。顶生圆锥花序或总状花序，总花梗和花梗被锈色绒毛；苞片及小苞片狭披针形，近无毛；花直径 1～1.3 厘米；萼筒筒状，萼片 5，三角披针形至线形；花瓣 5，白色或淡红色；雄蕊 15；花柱 2～3，基部合生。果实球形，紫黑色，直径约 5 毫米，果梗短粗。

　　产安徽、浙江、江西、湖南、贵州、云南、福建、广东、广西和台湾等省份，海拔 150～1600 米，生长在桃金娘灌丛、檵木灌丛、岗松灌丛、白栎灌丛、赤楠灌丛、枹栎灌丛、乌药灌丛、杨桐灌丛、油茶灌丛、柯灌丛、火棘灌丛、木荷灌丛、杜鹃灌丛、野牡丹灌丛、胡枝子灌丛、雀梅藤灌丛、山鸡椒灌丛、盐肤木灌丛中。

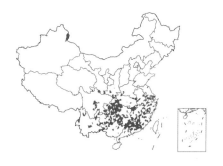

小果蔷薇
Rosa cymosa Trattinnick

　　攀援灌木。高2~5米。小枝圆柱形，无毛或稍有柔毛，有钩状皮刺。小叶3~5，稀7；小叶片常卵状披针形或椭圆形，长2.5~6厘米，边缘有尖锐细锯齿，两面均无毛，下面沿脉有稀疏长柔毛；小叶柄和叶轴有稀疏皮刺和腺毛；托叶离生，线形，早落。花多朵成复伞房花序，花直径2~2.5厘米；萼片卵形，先端渐尖，常有羽状裂片，外面近无毛，稀有刺毛；花瓣白色，倒卵形；花柱离生，稍伸出花托口外，密被白色柔毛。果球形，直径4~7毫米，红色至黑褐色，萼片脱落。

　　产江西、江苏、浙江、安徽、湖南、四川、云南、贵州、福建、广东、广西和台湾等省份，海拔250~1300米，生长在檵木灌丛、黄荆灌丛、火棘灌丛、马桑灌丛、白栎灌丛、小果蔷薇灌丛、盐肤木灌丛、化香树灌丛、毛黄栌灌丛、算盘子灌丛、龙须藤灌丛、牡荆灌丛、栓皮栎灌丛、灰白毛莓灌丛、茅栗灌丛、铁仔灌丛、白背叶灌丛、金佛山荚蒾灌丛、雀梅藤灌丛、山胡椒灌丛、烟管荚蒾灌丛、枫香树灌丛、光荚含羞草灌丛、浆果楝灌丛、蜡莲绣球灌丛、刺叶冬青灌丛、红背山麻杆灌丛、南蛇藤灌丛、糯米条灌丛、杨梅灌丛、油茶灌丛、云实灌丛、中华绣线菊灌丛、竹叶花椒灌丛、紫薇灌丛中。

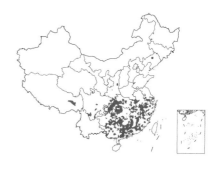

金樱子
Rosa laevigata Michaux

　　常绿攀援灌木。小枝散生扁弯皮刺，无毛，幼时被腺毛。小叶 3（5），长 2~6 厘米，边缘有锐锯齿，下面幼时沿中肋有腺毛；小叶柄和叶轴有皮刺和腺毛；托叶离生或基部与叶柄合生，边缘有细齿，齿尖有腺体，早落。花单生于叶腋，直径 5~7 厘米；花梗和萼筒密被腺毛，随果实成长变为针刺；萼片卵状披针形，先端呈叶状，边缘羽状浅裂或全缘，常有刺毛和腺毛，内面密被柔毛；花瓣白色；雄蕊多数；心皮多数，花柱离生。果紫褐色，外面密被刺毛，萼片宿存。

　　产陕西、安徽、江西、江苏、浙江、湖北、湖南、广东、广西、福建、四川、云南、贵州和台湾等省份，海拔 200~1600 米，生长在檵木灌丛、白栎灌丛、盐肤木灌丛、算盘子灌丛、枹栎灌丛、枫香树灌丛、牡荆灌丛、桃金娘灌丛、茅栗灌丛、赤楠灌丛、黄荆灌丛、毛黄栌灌丛、山鸡椒灌丛、白饭树灌丛、火棘灌丛、栓皮栎灌丛、油茶灌丛、紫薇灌丛、岗松灌丛、红背山麻杆灌丛、灰白毛莓灌丛、六月雪灌丛、铁仔灌丛、杜鹃灌丛、化香树灌丛、老虎刺灌丛、马桑灌丛、糯米条灌丛、雀梅藤灌丛、乌药灌丛、小果蔷薇灌丛中。

缫丝花

Rosa roxburghii Trattinnick

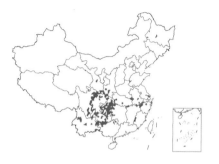

灌木。高 1~2.5 米。小枝有成对皮刺。小叶 9~15，小叶片长 1~2 厘米，边缘有细锐锯齿，两面无毛，叶轴和叶柄有散生小皮刺。花单生或 2~3 朵生于短枝顶端，径 5~6 厘米；小苞片 2~3 枚，卵形，边缘有腺毛，萼筒杯状，萼片通常宽卵形，有羽状裂片，外面密被针刺；花瓣重瓣至半重瓣，淡红色或粉红色，微香；雄蕊多数着生在萼筒边缘；心皮多数，着生在花托底部；花柱离生，被毛，不外伸，短于雄蕊。果扁球形，径 3~4 厘米，绿红色，外面密生针刺；萼片宿存，直立。

产陕西、甘肃、江西、安徽、浙江、福建、湖南、湖北、四川、云南、贵州和西藏等省份，海拔 500~1400 米，生长在黄荆灌丛、火棘灌丛、金佛山荚蒾灌丛、小果蔷薇灌丛、盐肤木灌丛、老虎刺灌丛中。

寒莓

Rubus buergeri Miquel

直立或匍匐小灌木。匍匐枝与总花梗、花梗和叶柄均密被绒毛状长柔毛，无刺或具稀疏小皮刺。单叶，卵形至近圆形，直径 5~11 厘米，下面密被绒毛，成长时常脱落，边缘 5~7 浅裂，裂片圆钝，有不整齐锐锯齿，基部具掌状五出脉；托叶离生，早落，掌状或羽状深裂。短总状花序顶生或腋生，或花数朵簇生于叶腋；花萼外密被淡黄色长柔毛和绒毛；萼片披针形或卵状披针形，外萼片顶端常浅裂；花瓣倒卵形，白色。果实近球形，径 6~10 毫米，紫黑色，无毛。

产江西、湖北、湖南、安徽、江苏、浙江、福建、广东、广西、四川、贵州和台湾等省份的中低海拔地区，生长在枹栎灌丛、光荚含羞草灌丛、龙须藤灌丛、羊蹄甲灌丛中。

掌叶复盆子

Rubus chingii H. H. Hu

藤状灌木。高 1.5~3 米。枝细，具皮刺，无毛。单叶，近圆形，直径 4~9 厘米，两面仅沿叶脉有柔毛或几无毛，边缘掌状 5 深裂，稀 3 或 7 裂，裂片基部狭缩，具重锯齿，有掌状 5 脉；叶柄长 2~4 厘米，疏生小皮刺；托叶线状披针形。单花腋生，直径 2.5~4 厘米；花梗长 2~3.5（4）厘米，无毛；萼片卵形或卵状长圆形，顶端具凸尖头，外面密被短柔毛；花瓣椭圆形或卵状长圆形，白色，长 1~1.5 厘米。果实近球形，红色，直径 1.5~2 厘米，密被灰白色柔毛；核有皱纹。

产江苏、安徽、浙江、江西、福建和广西等省份的低海拔至中海拔地区，生长在檵木灌丛、插田泡灌丛、枫香树灌丛、糯米条灌丛、乌药灌丛中。

插田泡

Rubus coreanus Miquel

灌木。高 1~3 米。枝红褐色，被白粉，具近直立或钩状扁平皮刺。小叶 3~7 枚，卵形、菱状卵形或宽卵形，长 2~8 厘米，边缘有不整齐粗锯齿或缺刻状粗锯齿，顶生小叶顶端有时 3 浅裂。伞房花序生于侧枝顶端，具花数朵至 30 几朵，总花梗和花梗均被灰白色短柔毛；花直径 7~10 毫米；花萼外面被灰白色短柔毛；萼片长卵形至卵状披针形，顶端渐尖，果时反折；花瓣倒卵形，淡红色至深红色，与萼片近等长或稍短。果实近球形，径 5~8 毫米，深红色至紫黑色。

产陕西、甘肃、河南、江西、湖北、湖南、江苏、浙江、福建、安徽、四川、贵州和新疆等省份，海拔 100~1700 米，生长在黄荆灌丛、马桑灌丛、盐肤木灌丛、火棘灌丛、毛黄栌灌丛、白栎灌丛、牡荆灌丛、小果蔷薇灌丛、插田泡灌丛、檵木灌丛、山胡椒灌丛、栓皮栎灌丛、铁仔灌丛、杜鹃灌丛、枫香树灌丛、枫杨灌丛、河北木蓝灌丛、蜡莲绣球灌丛、杨梅灌丛中。

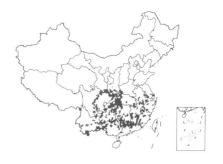

高粱泡
Rubus lambertianus Seringe

半落叶藤状灌木。高达3米。幼枝有微弯小皮刺。<u>单叶宽卵形，稀长圆状卵形</u>，长5~12厘米，<u>基部心形</u>，两面疏生柔毛，沿叶脉毛较密，中脉常疏生小皮刺，边缘3~5裂或波状，有细锯齿；<u>叶柄长2~5厘米</u>，有稀疏小皮刺；托叶离生，线状深裂，常脱落。<u>圆锥花序顶生</u>，生于枝上部叶腋内的常近总状，有时仅数朵花簇生于叶腋；<u>花梗长0.5~1厘米</u>；<u>萼片卵状披针形，全缘</u>；花瓣倒卵形，白色；<u>雌蕊15~20</u>。果实近球形，径6~8毫米，熟时红色。

产河南、湖北、湖南、安徽、江西、江苏、浙江、福建、广东、广西、云南和台湾等省份，海拔200~2500米，生长在檵木灌丛、白栎灌丛、盐肤木灌丛、黄荆灌丛、马桑灌丛、枹栎灌丛、茅栗灌丛、算盘子灌丛、火棘灌丛、山鸡椒灌丛、白背叶灌丛、红背山麻杆灌丛、龙须藤灌丛、栓皮栎灌丛、桃金娘灌丛、铁仔灌丛、八角枫灌丛、杜鹃灌丛、毛黄栌灌丛、木荷灌丛、雀梅藤灌丛、枫杨灌丛、光荚含羞草灌丛、化香树灌丛、老虎刺灌丛、南蛇藤灌丛、山乌桕灌丛、小果蔷薇灌丛、烟管荚蒾灌丛、中华绣线菊灌丛中。

茅莓

Rubus parvifolius Linnaeus

灌木。高 1~2 米。枝呈弓形弯曲，与叶柄和花梗均被柔毛和稀疏钩状皮刺；枝、叶柄和花梗无腺毛。小叶 3（5），菱状圆形或倒卵形，长 2.5~6 厘米，下面密被灰白色绒毛，边缘有不整齐粗锯齿或缺刻状粗重锯齿，常具浅裂片。伞房花序顶生或腋生，稀顶生花序成短总状；苞片线形，有柔毛；花萼外面密被柔毛和疏密不等的针刺；花直径约 1 厘米，花瓣卵圆形或长圆形，粉红色至紫红色。果实卵球形，直径 1~1.5 厘米，红色，无毛或具稀疏柔毛；核有浅皱纹。

产黑龙江、吉林、辽宁、河北、河南、山西、陕西、甘肃、湖北、湖南、江西、安徽、山东、江苏、浙江、福建、广东、广西、四川、贵州和台湾等省份，海拔 400~2600 米，生长在红背山麻杆灌丛、光荚含羞草灌丛、盐肤木灌丛、八角枫灌丛、白栎灌丛、火棘灌丛、龙须藤灌丛、马甲子灌丛、毛桐灌丛、山胡椒灌丛、桃金娘灌丛中。

锈毛莓

Rubus reflexus Ker Gawler

攀援灌木。高达 2 米。枝和叶柄被锈色绒毛状毛，有稀疏小皮刺。<u>单叶，心状长卵形</u>，长 7~14 厘米，下面密被锈色绒毛，<u>边缘 3~5 裂</u>，有不整齐粗锯齿或重锯齿，<u>基部心形</u>；托叶和苞片宽倒卵形，<u>长宽各 1~1.4 厘米</u>，被长柔毛，<u>梳齿状或不规则掌状分裂</u>。花数朵团集生于叶腋或成顶生短总状花序；<u>总花梗和花梗密被锈色长柔毛</u>；花直径 1~1.5 厘米；<u>花萼外密被锈色长柔毛和绒毛</u>，外萼片顶端常掌状分裂；花瓣白色，与萼片近等长。果实近球形，深红色。

产湖北、贵州、云南、海南、江西、湖南、浙江、福建、广东、广西和台湾，海拔 300~1000 米，生长在老虎刺灌丛、檵木灌丛、野牡丹灌丛、乌药灌丛中。

川莓

Rubus setchuenensis Bureau & Franchet

落叶灌木。高 2～3 米。小枝、叶柄、花梗、花萼密被淡黄色绒毛状柔毛，无刺。单叶，近圆形或宽卵形，顶端圆钝或近截形，基部心形，直径 7～15 厘米，上面粗糙，下面密被灰白色绒毛，基部具掌状 5 出脉，侧脉 2～3 对，边缘 5～7 浅裂，裂片圆钝或急尖并再浅裂，有不整齐浅钝锯齿。花成狭圆锥花序，顶生或腋生或花少数簇生于叶腋；花直径 1～1.5 厘米；萼片卵状披针形，顶端尾尖；花瓣紫红色，比萼片短很多。果实半球形，径约 1 厘米，黑色，无毛，常包藏在宿萼内。

产湖北、湖南、广西、四川、云南和贵州等省份，海拔 500～3000 米，生长在火棘灌丛、马桑灌丛、蜡莲绣球灌丛、小果蔷薇灌丛、金佛山荚蒾灌丛中。

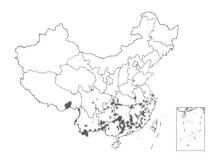

红腺悬钩子

Rubus sumatranus Miquel

直立或攀援灌木。小枝、叶轴、叶柄、花梗和花序均被紫红色腺毛、柔毛和皮刺。小叶（3）5~7枚，卵状披针形至披针形，长3~8厘米，两面疏生柔毛，下面沿中脉有小皮刺，边缘具不整齐的尖锐锯齿。花3朵或数朵成伞房状花序，稀单生；苞片披针形；花直径1~2厘米；花萼被长短不等的腺毛和柔毛；萼片披针形，长0.7~1厘米，顶端长尾尖，在果期反折；花瓣长倒卵形或匙状，白色；雌蕊数可达400。果实长圆形，长1.2~1.8厘米，橘红色，无毛。

产湖北、湖南、江西、安徽、浙江、福建、广东、广西、四川、贵州、云南、西藏和台湾等省份，海拔达2000米，生长在盐肤木灌丛、枹栎灌丛、白栎灌丛、算盘子灌丛中。

灰白毛莓

Rubus tephrodes Hance

攀援灌木。高达 3~4 米。枝、叶柄和花序密被灰白色绒毛，并有腺毛及刺毛，疏生微弯皮刺。单叶，近圆形，长宽各 5~11 厘米，基部心形，下面密被灰白色绒毛，侧脉 3~4 对，基部有掌状 5 出脉，边缘具 5~7 圆钝裂片和不整齐锯齿。大型圆锥花序顶生；花直径约 1 厘米；花萼外密被灰白色绒毛，通常无刺毛或腺毛；萼片卵形，全缘；花瓣白色，比萼片短；雌蕊 30~50，无毛。果实球形，直径达 1.4 厘米，紫黑色，无毛，由多数小核果组成。

产湖北、湖南、江西、安徽、福建、广东、广西、贵州和台湾等省份，海拔达 1500 米，生长在灰白毛莓灌丛、盐肤木灌丛、白栎灌丛、光荚含羞草灌丛、黄荆灌丛、浆果楝灌丛、檵木灌丛、青冈灌丛、小果蔷薇灌丛、枫香树灌丛、红背山麻杆灌丛、化香树灌丛、尖尾枫灌丛、马甲子灌丛中。

地榆

Sanguisorba officinalis Linnaeus

多年生草本。高 30～120 厘米。根多呈纺锤形。茎有棱。基生叶为羽状复叶，小叶 4～6 对，叶柄无毛或基部有稀疏腺毛；小叶片卵形或长圆状卵形，长 1～7 厘米，基部心形至浅心形，边缘有粗大圆钝稀急尖锯齿，两面无毛。穗状花序椭圆形、圆柱形或卵球形，直立，长 1～4 厘米，从花序顶端向下开放；苞片披针形，背面及边缘有柔毛；萼片 4 枚，花瓣状，紫红色；无花瓣；雄蕊 4，花丝丝状，与萼片近等长；柱头顶端扩大呈盘形，边缘具流苏状乳头。果实包藏在宿存萼筒内。

几乎分布全国各省份，海拔 30～3000 米，生长在白栎灌丛、檵木灌丛、糯米条灌丛、栓皮栎灌丛、盐肤木灌丛中。

毛萼麻叶绣线菊

Spiraea cantoniensis Loureiro var. *pilosa* T.T.YU

灌木。高达 1.5 米。小枝圆柱形，呈拱形弯曲，幼时暗红褐色，无毛；冬芽小，有数枚外露鳞片。叶片菱状披针形至菱状长圆形，长 3~5 厘米，先端急尖，基部楔形，边缘自近中部以上有缺刻状锯齿，两面无毛，有羽状叶脉；叶柄长 4~7 毫米。伞形花序具多数花；花梗长 8~14 毫米，被稀疏柔毛；苞片线形；花白色，直径 5~7 毫米；花萼外面密被柔毛，萼筒钟状；雄蕊 20~28，稍短于花瓣或几等长；花盘由大小不等的近圆形裂片组成；花柱短于雄蕊。蓇葖果直立开张，无毛，具直立开张萼片。

产江苏、安徽、广东、广西、福建、浙江和江西，海拔 70~1400 米，生长在雀梅藤灌丛、枫香树灌丛、檵木灌丛、茅栗灌丛、枹栎灌丛、盐肤木灌丛中。

中华绣线菊

Spiraea chinensis Maximowicz

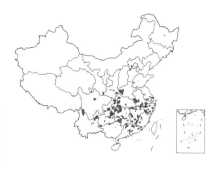

灌木。高 1.5~3 米。小枝拱形弯曲，红褐色；冬芽有数枚鳞片，外被柔毛。叶片菱状卵形至倒卵形，长 2.5~6 厘米，边缘有缺刻状粗锯齿，或具不显明 3 裂，上面被短柔毛，下面密被黄色绒毛；叶柄长 4~10 毫米，被短绒毛。伞形花序具花 16~25；花梗具短绒毛；苞片线形，被短柔毛；花直径 3~4 毫米；萼筒钟状，萼片卵状披针形，内面均被柔毛；花瓣近圆形，长与宽约 2~3 毫米，白色；雄蕊 22~25，短于花瓣或与花瓣等长。蓇葖果开张，全体被短柔毛，具直立、稀反折萼片。

产内蒙古、河北、河南、陕西、湖北、湖南、安徽、江西、江苏、浙江、贵州、四川、云南、福建、广东和广西，海拔 500~2040 米，生长在毛黄栌灌丛、中华绣线菊灌丛、马桑灌丛、火棘灌丛、蜡莲绣球灌丛、化香树灌丛、雀梅藤灌丛、刺叶冬青灌丛、枫杨灌丛、檵木灌丛、龙须藤灌丛、山胡椒灌丛中。

（七十一）茜草科

水团花

Adina pilulifera （Lamarck） Franchet ex Drake

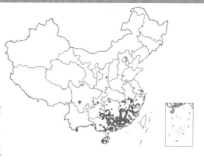

常绿灌木至小乔木，高达 5 米。叶对生，厚纸质，长 4～12 厘米，宽 1.5～3 厘米；侧脉 6～12 对，脉腋窝陷有稀疏的毛；叶柄长 2～6 毫米。头状花序明显腋生，极稀顶生，直径不计花冠 4～6 毫米，花序轴单生，不分枝；花冠白色，窄漏斗状。果序直径 8～10 毫米；小蒴果楔形，长 2～5 毫米。种子长圆形，两端有狭翅。

产长江以南各省份，海拔 200～350 米，生长在檵木灌丛、桃金娘灌丛、柯灌丛、石榕树灌丛中。

细叶水团花

Adina rubella Hance

落叶小灌木。高1~3米。小枝延长，具赤褐色微毛，后无毛；顶芽不明显，被开展的托叶包裹。叶对生，近无柄，薄革质，全缘，长2.5~4厘米，宽8~12毫米；侧脉5~7对，被稀疏或稠密短柔毛。头状花序不计花冠直径4~5毫米，单生、顶生或兼有腋生，总花梗略被柔毛；花冠裂片三角状，紫红色。果序直径8~12毫米；小蒴果长卵状楔形，长3毫米。

产广东、广西、福建、江苏、浙江、湖南、江西和陕西等省份，海拔100~600米，生长在牡荆灌丛、细叶水团花灌丛、银叶柳灌丛、石榕树灌丛、檵木灌丛中。

栀子

Gardenia jasminoides J. Ellis

常绿灌木。高 0.3~3 米，枝圆柱形，嫩枝常被短毛。叶对生，少为 3 枚轮生，革质，叶形多样，长 3~25 厘米，宽 1.5~8 厘米，两面常无毛，上面亮绿，下面色较暗。花芳香，常单朵生于枝顶；萼裂片披针形或线状披针形，长 10~30 毫米，宿存；花冠白色或乳黄色，高脚碟状，喉部有疏柔毛，冠管狭圆筒形，长 3~5 厘米，顶部 5 至 8 裂；花丝极短，花药线形；花柱粗厚，柱头纺锤形，伸出。果黄色或橙红色，有翅状纵棱 5~9 条，顶部的宿存萼片长达 4 厘米。种子多数。

产山东、江苏、安徽、浙江、江西、福建、湖北、湖南、广东、广西、海南、四川、贵州、云南、香港和台湾，海拔 10~1500 米，生长在檵木灌丛、桃金娘灌丛、白栎灌丛、枹栎灌丛、赤楠灌丛、岗松灌丛、油茶灌丛、杨桐灌丛、木荷灌丛、乌药灌丛、盐肤木灌丛、杜鹃灌丛、枫香树灌丛、青冈灌丛、算盘子灌丛、茅栗灌丛、山鸡椒灌丛、紫薇灌丛、野牡丹灌丛、红背山麻杆灌丛、黄荆灌丛、灰白毛莓灌丛、栓皮栎灌丛、杨梅灌丛中。

粗毛耳草

Hedyotis mellii Tutcher

直立粗壮草本。高 30~90 厘米。茎和枝近方柱形，幼时被干后呈黄褐色短硬毛，老时光滑。叶对生，两面均被疏短毛，侧脉每边 3~4 条，托叶阔三角形。聚伞花序顶生和腋生，排成圆锥花序式，总花梗长 2~5 厘米，有狭小苞片；花 4 数，花萼、花冠外面和花梗均被干后呈黄褐色短硬毛；萼管杯形，花冠裂片披针形；花丝下部被长柔毛，花药长圆形；柱头头状，微 2 裂。蒴果椭圆形，顶部不隆起，疏被短硬毛，成熟时开裂为两个果爿。种子数粒，具棱，黑色。

产广东、广西、福建、江西和湖南等地，海拔 400~1100 米，生长在盐肤木灌丛中。

野丁香

Leptodermis potaninii Batalin

灌木。高约1米，揉之有臭味。幼枝暗红色，有2列柔毛。叶对生，具短柄，椭圆形或卵形，长1~2厘米，顶端锐尖，基部楔形，上面被白色短毛；托叶基部合生，顶部长尖，有时顶端具油腺，被毛。花（1~2）3朵着生于小枝顶端，中央的无梗，两侧的有短梗；苞片合生，比花萼短；萼筒狭倒圆锥形，外面被粗毛，裂片5~6，狭三角形，与萼筒等长；花冠白色，漏斗形，裂片5~6，卵状三角形，顶端反折；雄蕊5~6，生冠管喉部下方。蒴果矩圆形，长4~5毫米。

分布于四川、西藏、贵州和云南等省份，海拔800~2700米，生长在野丁香灌丛中。

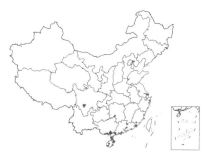

鸡眼藤

Morinda parvifolia Bartling ex Candolle

攀援、缠绕或平卧藤本。嫩枝密被短粗毛，老枝棕色或稍紫蓝色，具细棱。叶纸质，倒卵形或倒卵状椭圆形，长2~7厘米，侧脉3~6对；叶柄长3~8毫米，被粗毛；托叶筒状，长2~4毫米；头状花序顶生，由2~6个头状花序组成伞形复花序；花4~5基数，无梗；花萼下部各花彼此合生，上部环状，顶截平，常具1~3针状或波状齿；花冠白或绿白色，冠筒长约2毫米，裂片长圆状披针形，长4~5毫米。聚花果具核果，近球形，径0.6~1.5厘米，熟时橙红色至橘红色，具分核2~4。

产江西、福建、广东、海南、广西、香港和台湾等省份，海拔400米以下，生长在檵木灌丛、桃金娘灌丛、乌药灌丛、油茶灌丛、岗松灌丛、木荷灌丛中。

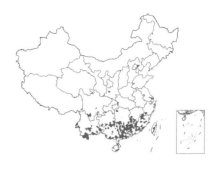

玉叶金花

Mussaenda pubescens W. T. Aiton

攀援灌木。嫩枝被贴伏短柔毛。叶对生或轮生，<u>卵状长圆形或卵状披针形</u>，长 5~8 厘米，下面密被短柔毛；<u>叶柄长 3~8 毫米</u>，被柔毛；托叶三角形，深 2 裂，裂片钻形。聚伞花序顶生，密花；苞片线形，花梗极短或无；<u>花萼管陀螺形</u>，长 3~4 毫米，<u>萼裂片线形，通常比花萼管长 2 倍以上</u>，基部密被柔毛，<u>花萼裂片仅 1 枚增大为长 2.5~5 厘米的阔椭圆形花叶</u>；花冠黄色，裂片长圆状披针形，内面密生金黄色小疣突。浆果近球形，长 8~10 毫米，顶部有萼檐脱落后的环状疤痕。

产广东、海南、广西、福建、湖南、江西、浙江、香港和台湾等省份，海拔 100~900 米，生长在桃金娘灌丛、檵木灌丛、木荷灌丛、岗松灌丛、红背山麻杆灌丛、栓皮栎灌丛、乌药灌丛、杨梅灌丛、野牡丹灌丛、油茶灌丛中。

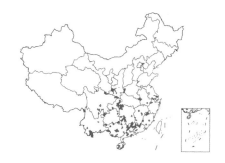

鸡矢藤

Paederia foetida Linnaeus

藤本。茎长3~5米。茎和叶无毛或近无毛。叶对生，形状变化很大，长5~15厘米，侧脉4~6对；托叶长3~5毫米，无毛。圆锥花序式的聚伞花序腋生和顶生，扩展，分枝对生，末次分枝上的花常呈蝎尾状排列；小苞片披针形；萼管陀螺形，萼檐裂片5；花冠浅紫色，外面被粉末状柔毛，里面被绒毛，顶部5裂，花药背着，花丝长短不齐。果球形，成熟时近黄色，有光泽，平滑，直径5~7毫米，顶冠以宿存的萼檐裂片和花盘；小坚果无翅，浅黑色。

产陕西、甘肃、山东、江苏、安徽、江西、浙江、福建、河南、湖南、广东、海南、广西、四川、贵州、云南、香港和台湾，海拔200~2000米，生长在檵木灌丛、黄荆灌丛、盐肤木灌丛、铁仔灌丛、马桑灌丛、化香树灌丛、灰白毛莓灌丛、火棘灌丛、毛黄栌灌丛、白栎灌丛、枹栎灌丛、木荷灌丛、算盘子灌丛、白背叶灌丛、赤楠灌丛、冬青叶鼠刺灌丛、龙须藤灌丛、牡荆灌丛、山黄麻灌丛、山鸡椒灌丛、栓皮栎灌丛、桃金娘灌丛中。

茜草

Rubia cordifolia Linnaeus

草质攀援藤本。根状茎和其节上的须根均红色；茎数至多条，从根状茎的节上发出，方柱形，有 4 棱，棱上生倒生皮刺，中部以上多分枝。叶常 4 片轮生，<u>披针形或长圆状披针形</u>，长 0.7~3.5 厘米，基部心形，边缘有齿状皮刺，两面粗糙，<u>脉上有微小皮刺</u>，基三出脉；叶柄长通常 1~2.5 厘米，有倒生皮刺。聚伞花序腋生和顶生，多回分枝，有花 10 余朵至数十朵；<u>花冠淡黄色，干时淡褐色，花冠裂片长约 1.5 毫米</u>，外面无毛。果球形，径 4~5 毫米，<u>成熟时橘黄色</u>。

除新疆外，全国各省均有分布，海拔 300~2800 米，生长在马桑灌丛、火棘灌丛、黄荆灌丛、化香树灌丛、白栎灌丛、枫香树灌丛、马缨丹灌丛、茅栗灌丛、盐肤木灌丛、红背山麻杆灌丛、檵木灌丛、蜡莲绣球灌丛、毛黄栌灌丛、青冈灌丛、栓皮栎灌丛、小果蔷薇灌丛中。

六月雪

Serissa japonica（Thunberg）Thunberg

　　小灌木。高60～90厘米，有臭气。叶革质，卵形至倒披针形，长6～22毫米，宽3～6毫米，顶端短尖至长尖，边全缘，无毛；叶柄短。花单生或数朵丛生于小枝顶部或腋生；有被毛、边缘浅波状的苞片；萼檐裂片细小，锥形，被毛；花冠淡红色或白色，长6～12毫米，裂片扩展，顶端3裂，花冠管比萼檐裂片长；雄蕊突出冠管喉部外；花柱长凸出，柱头2，直，略分开。

　　产江苏、安徽、江西、浙江、福建、广东、广西、四川、云南和香港，海拔100～1600米，生长在檵木灌丛、白栎灌丛、枹栎灌丛、盐肤木灌丛、六月雪灌丛、算盘子灌丛、化香树灌丛、栓皮栎灌丛、小果蔷薇灌丛、紫薇灌丛、杜鹃灌丛、浆果楝灌丛、雀梅藤灌丛、羊蹄甲灌丛、赤楠灌丛、牡荆灌丛、白背叶灌丛、黄荆灌丛、蜡莲绣球灌丛、茅栗灌丛、糯米条灌丛、烟管荚蒾灌丛中。

白马骨

Serissa serissoides （Candolle） Druce

小灌木。高达 1 米。枝粗壮，灰色，被短毛，后脱落。叶常丛生，薄纸质，倒卵形或倒披针形，长 1.5～4 厘米，宽 0.7～1.3 厘米，顶端短尖或近短尖，基部收狭成一短柄，除下面被疏毛外，其余无毛；侧脉每边 2～3 条，在叶片两面均凸起，小脉疏散不明显；托叶具锥形裂片，被疏毛。花无梗，通常数朵丛生于小枝顶部；苞片斜方状椭圆形，长约 6 毫米；萼檐裂片 5，披针状锥形，极尖锐；花冠管长 4 毫米，与萼檐裂片等长，裂片 5；花药内藏，花柱柔弱。

产江苏、安徽、浙江、江西、福建、湖北、广东、广西、香港和台湾等省份，海拔 100～2000 米，生长在白栎灌丛、檵木灌丛、黄荆灌丛、栓皮栎灌丛、盐肤木灌丛、枹栎灌丛、杜鹃灌丛、灰白毛莓灌丛、糯米条灌丛、白背叶灌丛、赤楠灌丛、枫香树灌丛、枫杨灌丛、化香树灌丛、算盘子灌丛中。

阔叶丰花草

Spermacoce alata Aublet

　　披散、粗壮草本。被毛。茎和枝均为明显的四棱柱形，棱上具狭翅。叶椭圆形或卵状长圆形，长2~7.5厘米，宽1~4厘米，基部阔楔形而下延，边缘波浪形。花数朵丛生于托叶鞘内，无梗；小苞片略长于花萼；萼管圆筒形，萼檐4裂，裂片长2毫米；花冠漏斗形，浅紫色，罕有白色，长3~6毫米，基部具1毛环，顶部4裂。蒴果椭圆形，长约3毫米，被毛。种子近椭圆形，长约2毫米，干后浅褐色或黑褐色，有小颗粒状凸起。

　　原产南美洲，约1937年引进至广东等地，现已逸为野生，海拔100~800米，生长在光荚含羞草灌丛、山黄麻灌丛、檵木灌丛中。

齿叶黄皮

Clausena dunniana H. Léveillé

落叶小乔木。高 2~5 米。小枝、叶轴、小叶背面中脉及花序轴均有凸起的油点。叶有小叶 5~15 片；小叶长 4~10 厘米，宽 2~5 厘米，基部两侧不对称，叶边缘有圆或钝裂齿，两面无毛，或嫩叶的脉上有疏短毛。花序顶生或生于小枝近顶部叶腋间；花蕾圆球形；花梗无毛；萼裂片宽卵形，花瓣长圆形，花丝顶部针尖，中部曲膝状，花柱比子房短，柱头与花柱约等粗，略呈 4 棱。果近圆球形，径 10~15 毫米，初时暗黄色，后变红色，透熟时蓝黑色。种子 1~2 颗，稀更多。

产湖南、广东、广西、贵州、四川和云南等省份，海拔 300~1 500 米，生长在尖尾枫灌丛中。

黄皮

Clausena lansium （Loureiro） Skeels

　　小乔木。高达 12 米。小枝、叶轴、花序轴、尤以未张开的小叶背脉上散生甚多明显凸起的细油点且密被短直毛。奇数羽状复叶；小叶 5～11 片，卵形或卵状椭圆形，常一侧偏斜，长 6～14 厘米，基部两侧不对称，边缘波浪状或具浅的圆裂齿。圆锥花序顶生；花蕾圆球形，有 5 条稍凸起的纵脊棱；花萼裂片阔卵形，花瓣长圆形；雄蕊 10 枚，长短相间；子房密被直长毛。果长 1.5～3 厘米，宽 1～2 厘米，淡黄至暗黄色，被细毛，果肉乳白色，半透明。种子 1～4 颗。

　　原产我国南部，台湾、福建、广东、海南、广西、贵州（南部）、云南和四川（金沙江河谷）均有栽培或逸生，海拔 300～1600 米，生长在檵木灌丛、浆果楝灌丛、雀梅藤灌丛、羊蹄甲灌丛中。

三桠苦

Melicope pteleifolia（Champion ex Bentham）T. G. Hartley

乔木。树皮光滑，纵向浅裂，嫩枝节部压扁状，枝叶无毛。3 小叶，偶有 2 小叶或单小叶同时存在，叶柄基部稍增粗，小叶两端尖，长 6~20 厘米，全缘，油点多，小叶柄甚短。花序常腋生，长 4~12 厘米；萼片及花瓣均 4，花瓣淡黄色或白色，长 1.5~2 毫米，常有透明油点；雄花的退化雌蕊细垫状凸起，密被白色短毛；雌花的不育雄蕊有花药而无花粉，花柱与子房等长或略短，柱头头状，子房无毛。分果瓣淡黄或茶褐色，有 1 颗种子。种子长 3~4 毫米，蓝黑色。

产福建、江西、广东、海南、广西、贵州、云南和台湾，平地至海拔 2000 米，生长在桃金娘灌丛、红背山麻杆灌丛、岗松灌丛、光荚含羞草灌丛、油茶灌丛中。

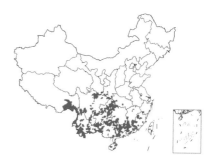

飞龙掌血

Toddalia asiatica（Linnaeus）Lamarck

　　木质藤本。老茎具木栓层，茎枝及叶轴具钩刺；幼枝近顶部被锈褐色细毛或密被灰白色毛。叶具3小叶，小叶无柄，密生透明油点，揉之有柑橘叶的香气，长5~9厘米，顶部尾状长尖或急尖而钝头，叶缘有细裂齿，侧脉甚多而纤细。花单性，淡黄白色；花梗甚短，基部有极小鳞片状苞片；萼片长不及1毫米；花瓣长2~3.5毫米；雄花序为伞房状圆锥花序；雌花序呈聚伞圆锥花序。核果橙红色或朱红色，近球形，径0.8~1厘米，含胶液，具4~8分核。种子肾形，长5~6毫米。

　　产秦岭南坡以南各地，最北限见于陕西西乡县，南至海南，东南至台湾，西南至西藏东南部，海拔2000米以下，生长在檵木灌丛、桃金娘灌丛、白栎灌丛、枫香树灌丛、雀梅藤灌丛、番石榴灌丛、老虎刺灌丛、小果蔷薇灌丛、油茶灌丛中。

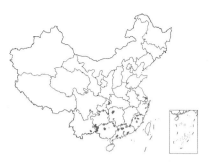

椿叶花椒

Zanthoxylum ailanthoides Siebold & Zuccarini

落叶乔木。高稀达 15 米。茎干有鼓钉状、基部宽达 3 厘米、长 2~5 毫米的锐刺，当年生枝常空心，花序轴及小枝顶部常散生短直刺，各部无毛。叶有小叶 11~27 片或稍多；小叶对生，狭长披针形或近卵形，宽 2~6 厘米，叶缘有明显裂齿，油点多且大，肉眼可见，叶背灰绿色或有灰白色粉霜。花序顶生，多花，几无花梗，萼片及花瓣均 5，花瓣淡黄白色；雄花雄蕊 5，退化雌蕊极短，2~3 浅裂；雌花心皮 3（4），果梗长 1~3 毫米，分果瓣顶端无芒尖。种子径约 4 毫米。

除江苏、安徽未见记录外，长江以南各地均有，海拔 500~1500 米，生长在白栎灌丛、檵木灌丛、小果蔷薇灌丛中。

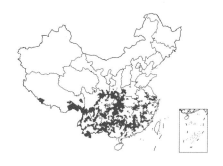

竹叶花椒
Zanthoxylum armatum Candolle

落叶小乔木或灌木状。高达5米。枝无毛，基部具宽扁锐刺。奇数羽状复叶，叶轴、叶柄具翅，下面有时具皮刺，无毛；小叶3~11，对生，几无柄，披针形、椭圆形或卵形，长3~12厘米，疏生浅齿或近全缘，叶下面基部中脉两侧具簇生柔毛，下面中脉常被小刺。聚伞状圆锥花序腋生或兼生于侧枝之顶，长2~5厘米，具花约30朵以内，花枝无毛；花被片6~8，1轮，大小几相同，淡黄色；雄花具5~6雄蕊，雌花具2~3心皮。果紫红色，疏生微凸油腺点，果瓣径4~5毫米。

产山东以南，南至海南，东南至台湾，西南至西藏东南部，海拔可达2200米，生长在黄荆灌丛、火棘灌丛、檵木灌丛、牡荆灌丛、雀梅藤灌丛、红背山麻杆灌丛、白栎灌丛、浆果楝灌丛、毛黄栌灌丛、竹叶花椒灌丛、化香树灌丛、番石榴灌丛、尖尾枫灌丛、栓皮栎灌丛、小果蔷薇灌丛、盐肤木灌丛、光荚含羞草灌丛、龙须藤灌丛、马桑灌丛、山胡椒灌丛、桃金娘灌丛、羊蹄甲灌丛中。

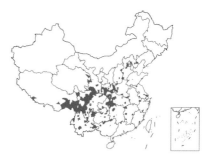

花椒
Zanthoxylum bungeanum Maximowicz

　　落叶小乔木。高 3~7 米。小枝具基部宽扁且劲直的刺，当年生枝被短柔毛。叶轴常有甚狭窄的叶翼；小叶 5~13，对生，无柄，位于叶轴顶部的较大，叶缘有细裂齿，齿缝有油点，叶背基部中脉两侧有丛毛或小叶两面均被柔毛。花序顶生或生于侧枝之顶；花被片 1 轮，6~8 片，黄绿色，形状及大小近似；雄花雄蕊 5~8，退化雌蕊顶端叉状浅裂；雌花有心皮 2~4，花柱斜向背弯。果紫红色，单个分果瓣径 4~5 毫米，散生微凸油点，顶端有短芒尖或无。

　　产地北起东北南部，南至五岭北坡，东南至江苏、浙江沿海地带，西南至西藏东南部，海拔 3200 米以下，生长在白桛灌丛、黄荆灌丛、檵木灌丛、火棘灌丛、烟管荚蒾灌丛中。

砚壳花椒

Zanthoxylum dissitum Hemsley

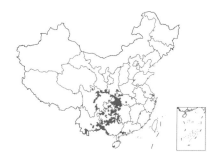

攀援藤本。枝干上的刺多劲直，叶轴及小叶中脉上的刺向下弯钩，刺褐红色。叶有小叶 3~9；小叶长不超过宽的 6 倍，全缘，厚纸质或近革质，无毛；中脉在叶面凹陷，油点甚小。花序腋生，序轴有短细毛；萼片及花瓣均 4 片，油点不显；萼片紫绿色，花瓣淡黄绿色；雄花花梗长 1~3 毫米，雄蕊 4，退化雌蕊顶端 4 浅裂；雌花无退化雄蕊。果密集于果序上，分果瓣较大，长 10~15 毫米，无毛亦无刺，果梗短；果棕色，外果皮比内果皮宽大，残存花柱位于一侧。

产湖北、湖南、广东、广西、海南、重庆、四川、贵州、云南、陕西和甘肃等省份，海拔 300~1500 米，生长在白栎灌丛、枹栎灌丛、火棘灌丛中。

Salicaceae
（七十三）杨柳科

银叶柳
Salix chienii W. C. Cheng

灌木或小乔木。高达 12 米。小枝有绒毛，后近无毛。叶长椭圆形、披针形或倒披针形，长 2~5.5 厘米，幼叶两面有绢状柔毛，下面苍白色，侧脉 8~12 对，具细腺齿；叶柄有绢状毛。花序与叶同放或稍先叶开放；雄花序圆柱状，长 1.5~2 厘米，基部有 3~7 小叶，轴有长毛，雄蕊 2，苞片倒卵形，腺体 2；雌花序长 1.2~1.8 厘米，梗长 2~5 毫米，基部有 3~5 小叶，子房卵形，长约 2 毫米，无柄，无毛，苞片卵形，无毛，有缘毛，腺体 1。果序长 2~4 厘米；蒴果卵状长圆形，长约 3 毫米。

产重庆、浙江、江西、江苏、安徽、湖北和湖南等省份，海拔 500~600 米，生长在银叶柳灌丛中。

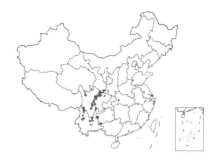

秋华柳

Salix variegata Franchet

灌木，高约 1 米。幼枝粉紫色，有绒毛，后无毛。叶通常为长圆状倒披针形或倒卵状长圆形，长 1.5 厘米，上面散生柔毛，下面有伏生绢毛，全缘或有锯齿。雄花序长 1.5~2.5 厘米，花序梗短，生 1~2 小叶；雄蕊 2，花丝合生，花药黄色；苞片椭圆状披针形，外面有长柔毛；腺体 1，长 1 毫米。雌花序径 7~8 毫米，受粉后不断伸长增粗，子房卵形，无柄，有密柔毛，花柱无或近无；苞片同雄花；仅 1 腹腺。果序长达 4 厘米；蒴果狭卵形，长达 4 毫米。

产西藏、云南、贵州、四川、湖北、甘肃、陕西、河南等地，海拔 200~2900 米，生长在秋华柳灌丛、疏花水柏枝灌丛、细叶水团花灌丛中。

紫柳

Salix wilsonii Seemen ex Diels

　　乔木。高可达 13 米。叶椭圆形，广椭圆形至长圆形，长 4~6 厘米，宽 2~3 厘米，幼叶常发红色，边缘有圆齿；叶柄上端常无腺点。花与叶同时开放；花序梗长 1~2 厘米，有 3（5）小叶；雄花序长 2.5~6 厘米，轴密生白柔毛；雄蕊 3~5（6）；苞片椭圆形，中、下部多少有柔毛和缘毛，长约 1 毫米；花有背腺和腹腺，常分裂。雌花序长 2~4 厘米（果期达 6~8 厘米）；花序轴有白柔毛；子房狭卵形或卵形，无毛，有长柄，花柱无，柱头 2 裂；腹腺宽厚抱柄，背腺小。蒴果卵状长圆形。

　　产湖北、湖南、江西、安徽、浙江和江苏等省份，海拔 300~1600 米，生长在银叶柳灌丛中。

沙针

Osyris quadripartita **Salzmann ex Decaisne**

灌木或小乔木。高 2~5 米。枝细长，嫩时呈三棱形。叶互生，薄革质，灰绿色，椭圆状披针形或椭圆状倒卵形，长 2.5~6厘米，宽 0.6~2 厘米，顶端有短尖头，基部渐下延成短柄。雄花2~4 朵集成小聚伞花序，花被直径约 4 毫米，裂片 3，花盘肉质，边缘弯缺，雄蕊 3，子房不育；雌花单生，偶 3~4 朵聚生，苞片 2，花梗顶部膨大，雄蕊不育；两性花形似雌花但雄蕊可育；胚珠 3，柱头 3裂。核果近球形，近无柄，顶端有圆形花盘残痕，熟时橙黄色至红色，径 8~10 毫米。

产西藏、四川、云南和广西，海拔 600~2700 米，生长在浆果楝灌丛、番石榴灌丛中。

Sapindaceae
（七十五）无患子科

倒地铃
Cardiospermum halicacabum Linnaeus

　　草质攀援藤本。长1~5米。茎、枝绿色，有5或6棱和同数的直槽，<u>棱上被皱曲柔毛</u>。二回三出复叶，轮廓为三角形；叶柄长3~4厘米；小叶近无柄，边缘有疏锯齿或羽状分裂。圆锥花序少花，与叶近等长或稍长，<u>卷须螺旋状；萼片4，内面2片比外面2片约长1倍</u>；花瓣乳白色，倒卵形；雄蕊（雄花）与花瓣近等长或稍长，花丝被疏而长的柔毛；子房（雌花）被短柔毛。蒴果褐色，被短柔毛。种子黑色，有光泽，直径约5毫米，种脐心形。

　　我国东部、南部和西南部很常见，北部较少，海拔200~1400米，生长在白饭树灌丛中。

茶条木

Delavaya toxocarpa Franchet

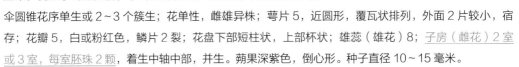

灌木或小乔木高 3~8 米。树皮褐红色；小枝无毛。掌状复叶互生，无托叶；小叶 3，顶生小叶长 8~15 厘米，小叶柄长约 1 厘米，侧生小叶近无柄；小叶均有粗齿，稀全缘，两面无毛。聚伞圆锥花序单生或 2~3 个簇生；花单性，雌雄异株；萼片 5，近圆形，覆瓦状排列，外面 2 片较小，宿存；花瓣 5，白或粉红色，鳞片 2 裂；花盘下部短柱状，上部杯状；雄蕊（雄花）8；子房（雌花）2 室或 3 室，每室胚珠 2 颗，着生中轴中部，并生。蒴果深紫色，倒心形。种子直径 10~15 毫米。

产云南大部分地区，以及广西西部和西南部，海拔 500~2000 米，生长在茶条木灌丛中。

蕺菜

Houttuynia cordata Thunberg

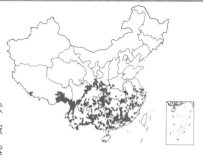

多年生草本。有味腥臭，高达 60 厘米。具根茎；茎下部伏地，上部直立，无毛或节被柔毛，有时紫红色。叶薄纸质，密被腺点，宽卵形或卵状心形，先端短渐尖，基部心形，下面常带紫色。穗状花序顶生或与叶对生，基部多具 4 片白色花瓣状苞片；花小，雄蕊 3，长于花柱，花丝下部与子房合生，花柱 3，外弯。蒴果近球形，长 2~3 毫米，顶端开裂，花柱宿存。

产我国中部、东南至西南部各省份，东起台湾，西南至云南、西藏，北达陕西、甘肃，海拔 2500 米以下，生长在马桑灌丛、火棘灌丛、盐肤木灌丛、蜡莲绣球灌丛、枫杨灌丛、小果蔷薇灌丛中。

Saxifragaceae
（七十七）虎耳草科

异色溲疏
Deutzia discolor Hemsley

灌木。高 2~3 米。老枝圆柱形，表皮片状脱落，花枝长 5~15 厘米，具 2~6 叶，疏被星状毛。叶纸质，椭圆状披针形或长圆状披针形，长 5~10 厘米，上面绿色，疏被星状毛，下面灰绿色，密被星状毛；叶柄长 3~6 毫米，被星状毛。聚伞花序有花 12~20；花蕾长圆形；花冠直径 1.5~2 厘米；萼筒杯状，裂片与萼筒等长或稍长；花瓣白色；花丝先端 2 齿，齿尖，长不达花药；花柱 3~4。蒴果半球形，褐色，宿存萼裂片外反。

产陕西、甘肃、河南、湖北和四川，海拔 1000~2500 米，生长在卵叶新木姜子灌丛中。

圆锥绣球

Hydrangea paniculata Siebold

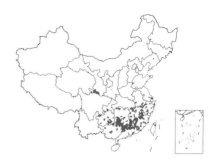

灌木或小乔木。高 1～9 米。幼枝疏被柔毛，具圆形浅色皮孔。叶纸质，2～3 片对生或轮生，卵形或椭圆形，长 5～14 厘米，具短尖头，边缘密生小锯齿，下面沿中脉侧脉被紧贴长柔毛，侧脉 6～7 对。圆锥状聚伞花序密被柔毛；不育花白色，萼片 4；孕性花萼筒陀螺状，萼齿三角形；花瓣分离，白色，基部平截；雄蕊不等长，较长的于花蕾时内折；子房半下位，花柱 3。蒴果椭圆形，顶端凸出部分圆锥形，与萼筒近等长。种子褐色，纺锤形，两端有窄长翅。

产西北（甘肃）、华东、华中、华南和西南等地区，海拔 360～2100 米，生长在灰白毛莓灌丛中。

蜡莲绣球

Hydrangea strigosa Rehder

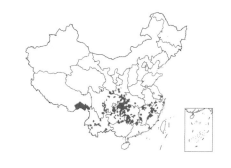

灌木。高 1~3 米。叶纸质，长圆形、卵状披针形、倒披针形或长卵形，长 8~28 厘米，先端渐尖，基部楔形或钝圆，边缘有锯齿，干后上面黑褐色，上面被糙伏毛，下面密被颗粒状腺体及糙伏毛，侧脉 7~10 对，叶柄长 1~7 厘米。伞房状聚伞花序分枝扩展，不育花萼片 4~5，宽卵形或近圆形，全缘或具数齿；孕性花淡紫红色，萼筒钟状，花瓣分离，长卵形；雄蕊不等长，花柱 2。蒴果坛状，不连花柱长宽均 3~3.5 毫米，顶端平截。种子褐色，宽椭圆形，两端具短翅。

产浙江、福建、江西、西藏、陕西、四川、云南、贵州、湖北和湖南等省份，海拔 500~1800 米，生长在马桑灌丛、火棘灌丛、蜡莲绣球灌丛、小果蔷薇灌丛、白栎灌丛、化香树灌丛、盐肤木灌丛中。

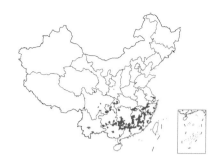

娥眉鼠刺

Itea omeiensis C. K. Schneider

灌木或小乔木。高 1.5～10 米。幼枝无毛，老枝有纵棱。叶薄革质，长圆形、稀椭圆形，边缘有极明显的细密锯齿，两面无毛，侧脉 5～7 对。腋生总状花序，通常长于叶，长达 12～23 厘米，单生或 2～3 簇生，直立，上部略下弯；花梗基部有叶状苞片，三角状披针形或倒披针形，长于花梗，长达 1.1 厘米；花瓣白色，披针形，长 3～3.5 毫米，花时直立；雄蕊与花瓣等长或长于花瓣，花丝被细毛，花药长圆状球形；子房上位，密被长柔毛。蒴果长 6～9 毫米，被柔毛。

产安徽、浙江、江西、福建、湖南、广西、四川、贵州和云南等省份，海拔 350～1650 米，生长在檵木灌丛、柯灌丛中。

蛛网萼

Platycrater arguta Siebold & Zuccarini

　　落叶灌木，高 0.5~3 米。茎下部近平卧或匍匐状，小枝几无毛，树皮呈薄片状剥落。叶膜质至纸质，披针形或椭圆形，长 9~15 厘米，先端尾尖，边缘有粗齿或小齿，下面疏被短柔毛，侧脉 7~9 对，叶柄长 1~7 厘米。伞房状聚伞花序近无毛；不育花具细长梗，萼片 3~4，盾状着生，中部以下合生；孕性花萼筒陀螺状，长 4~5 毫米，萼齿 4~5，花瓣卵形，雄蕊极多数，花丝短，花药近圆形，子房下位，花柱 2。蒴果倒圆锥状，成熟时于花柱基部间孔裂。种子椭圆形，两端有薄翅。

　　产安徽、浙江、江西和福建等省份，海拔 800~1800 米，生长在蛛网萼灌丛中。

Schisandraceae
（七十八）五味子科

冷饭藤

Kadsura oblongifolia Merrill

藤本。全株无毛。叶纸质，长圆状披针形、狭长圆形或狭椭圆形，长 5~10 厘米，不及宽的 4 倍，边有不明显疏齿，侧脉每边 4~8 条，叶柄长 0.5~1.2 厘米。花单生叶腋，雌雄异株；雄花花被片黄色，12~13 片，花托椭圆体形，顶端不伸长，雄蕊群球形，直径 4~5 毫米，具雄蕊约 25 枚，几无花丝，花梗长 1~1.5 厘米；雌花雌蕊 35~60。聚合果近球形或椭圆体形，果柄直径不及 3 毫米；小浆果椭圆体形或倒卵圆形，长约 5 毫米，顶端不增厚。种子 2~3，肾形或肾状椭圆形，长 4~4.5 毫米。

产福建、广东、广西、海南，见于海拔 500~1000 米的疏林中，生长在山黄麻灌丛中。

Scrophulariaceae
（七十九）玄参科

毛麝香

Adenosma glutinosum （Linnaeus）Druce

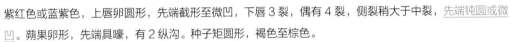

直立草本。高 30～100 厘米。茎圆柱形，上部四方形，中空，简单或常有分枝。叶对生，上部的多少互生，有长 3～20 毫米的柄。花单生叶腋或在茎、枝顶端集成较密的总状花序；花冠紫红色或蓝紫色，上唇卵圆形，先端截形至微凹，下唇 3 裂，偶有 4 裂，侧裂稍大于中裂，先端钝圆或微凹。蒴果卵形，先端具嚎，有 2 纵沟。种子矩圆形，褐色至棕色。

分布于新疆、西藏、四川、江西、福建、广东、广西和云南等省份，海拔 300～2000 米，生长在桃金娘灌丛中。

母草

Lindernia crustacea （Linnaeus） F. Mueller

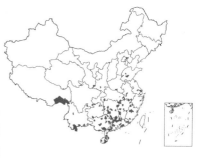

　　草本，高 10~20 厘米，常铺散成密丛。枝微方形有深沟纹，无毛。叶柄长 1~8 毫米；叶片三角状卵形或宽卵形，长 10~20 毫米，边缘有浅钝锯齿，下面沿叶脉有稀疏柔毛或近无毛。花单生于叶腋或在茎枝之顶成极短的总状花序；花萼坛状，长 3~5 毫米，<u>成腹面较深而侧、背均开裂较浅的 5 齿</u>，齿三角状卵形；花冠紫色，长 5~8 毫米，管略长于萼；雄蕊 4，全育，2 强；花柱常早落。<u>蒴果椭圆形，与宿萼近等长</u>。种子近球形，浅黄褐色，有明显的蜂窝状瘤突。

　　分布于浙江、江苏、安徽、江西、福建、广东、海南、广西、云南、西藏、四川、贵州、湖南、湖北、河南和台湾等省份，海拔 1300 米以下，生长在白栎灌丛中。

沙氏鹿茸草

Monochasma savatieri Franchet ex Maximowicz

多年生草本，高 15～23 厘米，全体因密被棉毛而呈灰白色，上部近花处还具腺毛。茎丛生，基部老时木质化。叶交互对生，下部者间距极短，向上渐疏离，叶片大小向上则逐渐增大。总状花序顶生，花少数，单生于叶腋，叶状小苞片 2；萼筒状，被绵毛，上有 9 条凸起的粗肋，萼齿 4；花冠淡紫色或白色，长 15～18 毫米，约为萼的 2 倍，瓣片二唇形；雄蕊 4，2 强，花药 2 室；子房长卵形，柱头长圆形。蒴果长圆形，长约 9 毫米，先端渐细成一稍弯的尖嘴。

产江苏、安徽、湖南、广东、浙江、福建和江西等省份，海拔 200～1100 米，生长在檵木灌丛中。

鹿茸草

Monochasma sheareri
（S. Moore）Maximowicz ex Franchet & Savatier

　　一年生草本。下部被少量绵毛，上部仅有短毛或几无毛。茎多数，成密丛，高 20～35 毫米。叶无柄，茎下部叶鳞片状，长仅 2 毫米，贴茎而生，互相盖叠成覆瓦状，向上渐变为以锐角至直角伸张。花序总状而花稀疏，花单生苞腋，小苞片 2；萼筒状，具 4 齿，管长 4～5 毫米，花开之后，萼管迅速膨大。花冠短于萼，淡紫色，外面脉上疏被白色短柔毛，瓣片二唇形。蒴果为宿萼所包，长 6～8 毫米，具 4 纵沟。种子椭圆形，扁平，多数，长 1.5 毫米，被短毛。

　　产山东、江苏、安徽、浙江、江西和湖北等省份的海拔 100 米以上低山地区，生长在白栎灌丛中。

阴行草

Siphonostegia chinensis Bentham

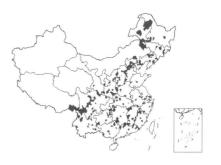

一年生草本。直立，高 30~60 厘米。枝对生，<u>全株密被无腺短毛</u>。叶对生，厚纸质，宽卵形，长 0.8~5.5 厘米，<u>一回羽状全裂，裂片约 3 对</u>，小裂片线形。花对生于茎枝上部；苞片叶状；<u>花萼筒主脉 10 条粗，凸起，脉间凹入成沟</u>，萼齿 5，长为萼筒 1/4~1/3；花冠长 2.2~2.5 厘米，上唇红紫色，<u>背部被长纤毛</u>，下唇黄色，<u>褶襞瓣状</u>；雄蕊 2 强，<u>花丝仅基部被毛</u>。蒴果包于宿存萼内，约与萼管等长，披针状长圆形，长约 15 毫米，黑褐色。种子多数，黑色，长卵圆形，长约 0.8 毫米。

东北、华北、华中、华南、西南和内蒙古等省份都有分布，海拔 800~3400 米，生长在算盘子灌丛、小果蔷薇灌丛、紫薇灌丛、白栎灌丛、黄荆灌丛、六月雪灌丛、栓皮栎灌丛、盐肤木灌丛中。

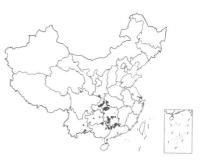

四方麻

Veronicastrum caulopterum（Hance） T. Yamazaki

直立草本。全体无毛，高达 1 米。茎多分枝，有宽达 1 毫米的翅。叶互生，从几乎无柄至有长达 4 毫米的柄，叶片矩圆形、卵形至披针形，长 3~10 厘米，宽 1.2~4 厘米。花序顶生于主茎及侧枝上，长尾状；花梗长不超过 1 毫米；花萼裂片钻状披针形，长约 1.5 毫米；花冠血红色、紫红色或暗紫色，长 4~5 毫米，筒部约占一半长，后方裂片卵圆形至前方裂片披针形。蒴果卵状或卵圆状，长 2~3.5 毫米。

分布于云南、贵州、广西、广东、湖南、湖北和江西等省份，海拔 2000 米以下，生长在檵木灌丛中。

细穗腹水草

Veronicastrum stenostachyum（Hemsley）T. Yamazaki

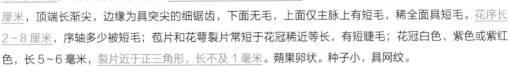

多年生草本。根状茎短而横走；茎圆柱状，有条棱，多弓曲，顶端着地生根，稀近直立而顶端生花序，无毛。叶互生，具短柄，叶片纸质至厚纸质，长卵形至披针形，长 7~20 厘米，顶端长渐尖，边缘为具突尖的细锯齿，下面无毛，上面仅主脉上有短毛，稀全面具短毛。花序长 2~8 厘米，序轴多少被短毛；苞片和花萼裂片常短于花冠稀近等长，有短睫毛；花冠白色、紫色或紫红色，长 5~6 毫米，裂片近于正三角形，长不及 1 毫米。蒴果卵状。种子小，具网纹。

产四川、陕西、湖北、湖南、贵州、江西和浙江等省份，海拔 1300 米以下，生长在马桑灌丛、化香树灌丛、冬青叶鼠刺灌丛、牡荆灌丛、香叶树灌丛、枫杨灌丛、火棘灌丛、油茶灌丛中。

（八十）茄科

曼陀罗
Datura stramonium Linnaeus

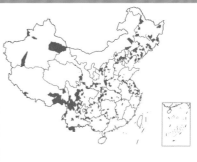

草本或半灌木状。高 0.5~1.5 米。茎粗壮，圆柱状，下部木质化。叶广卵形，长 8~17 厘米，基部不对称楔形，边缘有不规则波状浅裂。花单生于枝杈间或叶腋，直立；花萼筒状，筒部有 5 棱角；花冠漏斗状，长 6~10 厘米，下半部带绿色，上部白色或淡紫色；雄蕊不伸出花冠；子房密生柔针毛。蒴果直立生，卵状，长 3~4.5 厘米，表面生有坚硬针刺或有时无刺而近平滑，成熟后淡黄色，规则 4 瓣裂。种子卵圆形，稍扁，长约 4 毫米，黑色。

广布于世界各大洲，我国各省份都有分布，海拔 600~1600 米，生长在老虎刺灌丛中。

红丝线

Lycianthes biflora（Loureiro）Bitter

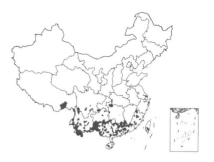

灌木或亚灌木。高 0.5~1.5 米。小枝、叶下面、叶柄、花梗及萼的外面密被淡黄色的单毛及 1~2 分枝或树枝状分枝的绒毛。上部叶常假双生，大小不等。花序无柄，通常 2~3（4~5）花着生于叶腋内；萼杯状，萼齿 10，钻状线形，长约 2 毫米；花冠淡紫色或白色，星形，顶端深 5 裂，裂片披针形；花冠筒隐于萼内。果柄长 1~1.5 厘米，浆果球形，熟时绯红色，宿萼盘形，萼齿长 4~5 毫米。种子多数，淡黄色，近卵形至近三角形，水平压扁，外面具凸起的网纹。

产云南、四川（南部）、广西、广东、江西、福建和台湾等省份，海拔 150~2000 米，生长在竹叶花椒灌丛中。

喀西茄

Solanum aculeatissimum Jacquin

直立草本至亚灌木。高 1~3 米。茎、枝、叶及花柄多混生黄白色具节的硬毛、腺毛及淡黄色基部宽扁的直刺。叶阔卵形，长 6~12 厘米，宽约与长相等，基部戟形，5~7 深裂，裂片边缘又作不规则齿裂及浅裂；侧脉与裂片数相等。蝎尾状花序腋外生，短而少花，单生或 2~4 朵；萼钟状，径约 1 厘米，5 裂，外面具细小直刺及纤毛；花冠筒淡黄色，隐于萼内；冠檐白色，5 裂；花药在顶端延长，顶孔向上。浆果球状，径 2~2.5 厘米，成熟时淡黄色，宿萼不膨大包果。

云南除东北及西北部外均产，广东、广西偶有发现，海拔 600~2300 米，生长在灰白毛莓灌丛、马桑灌丛中。

假烟叶树
Solanum erianthum D. Don

小乔木。高 1.5～10 米。小枝密被白色具柄头状簇绒毛。叶大而厚，卵状长圆形，长 10～29 厘米，与叶柄、总花梗、花梗、花萼外面均被具柄的不等长分枝簇绒毛，全缘或略作波状，侧脉每边 7～9 条。聚伞花序多花，形成近顶生圆锥状平顶花序；花白色，径约 1.5 厘米；萼钟形，5 半裂，萼齿卵形；花冠筒隐于萼内，冠檐深 5 裂，外面被星状簇绒毛；雄蕊 5，花药顶孔略向内；子房卵形，密被硬毛状簇绒毛。浆果球状，具宿存萼，径约 1.2 厘米。

产西藏、四川、贵州、云南、广西、广东、福建和台湾等省份，海拔 300～2100 米，生长在红背山麻杆灌丛、假烟叶树灌丛、浆果楝灌丛、龙须藤灌丛、竹叶花椒灌丛中。

水茄

Solanum torvum Swartz

　　灌木。高 1~3 米。小枝、叶下面、叶柄及花序柄均被稍不等长 5~9 分枝的尘土色星状毛。小枝疏具基部宽扁的皮刺，长 2.5~10 毫米，宽 2~10 毫米，尖端略弯。叶单生或双生，卵形至椭圆形，两边不等，边缘半裂或作波状，裂片通常 5~7，上面被星状绒毛及星状毛。伞房花序腋外生，2~3 歧，毛被厚；花梗和花萼被腺毛及星状毛；花白色；萼杯状，端 5 裂；花冠辐形，筒部隐于萼内，端 5 裂；花药顶孔向上。浆果黄色，光滑无毛，圆球形，径 1~1.5 厘米，宿萼外被星状毛。

　　产西藏、海南、云南、广西、广东和台湾等省份，海拔 200~1650 米，生长在白饭树灌丛、红背山麻杆灌丛、桃金娘灌丛中。

（八十一）省沽油科

野鸦椿

Euscaphis japonica（Thunberg）Kanitz

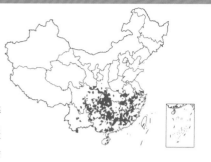

　　落叶小乔木或灌木。高 2~8 米。小枝及芽红紫色，枝叶揉碎后有恶臭味。奇数羽状复叶对生，小叶 3~11，厚纸质，长卵形或椭圆形，边缘具疏短锯齿，齿尖有腺休，两面除背面沿脉外余无毛，侧脉 8~11，小托叶线形。圆锥花序顶生，花梗长达 21 厘米，花黄白色，萼片与花瓣均 5，椭圆形，萼片宿存，花盘盘状，心皮 3，分离。蓇葖果长 1~2 厘米，果皮软革质，紫红色，有纵脉纹。种子近圆形，径约 5 毫米，假种皮肉质，黑色，有光泽。

　　主要分布于江南各省份，海拔 400~2300 米，生长在白栎灌丛、檵木灌丛、枹栎灌丛、盐肤木灌丛、赤楠灌丛、山鸡椒灌丛、油茶灌丛中。

Sterculiaceae
（八十二）梧桐科

山芝麻
Helicteres angustifolia Linnaeus

小灌木。高达 1 米。小枝被灰绿色短柔毛。叶狭矩圆形或条状披针形，顶端钝或急尖，下面被灰白色或淡黄色星状茸毛，间或混生绒毛，全缘，叶柄长 5~7 毫米。聚伞花序有 2 至数朵花，花梗常有锥尖状小苞片 4；萼管状，被星状短柔毛，5 裂，裂片三角形；花瓣 5 片，不等大，淡红色或紫红色，基部有 2 个耳状附属体；雄蕊 10，退化雄蕊 5；子房 5 室，被毛。蒴果卵状矩圆形，顶端急尖，密被星状毛及混生长绒毛。种子小，褐色，有椭圆形小斑点。

产湖南、江西、广东、广西、云南、福建和台湾，海拔 900 米以下，生长在桃金娘灌丛、岗松灌丛、余甘子灌丛、栓皮栎灌丛、檵木灌丛、红背山麻杆灌丛、龙须藤灌丛中。

细齿山芝麻

Helicteres glabriuscula Wallich ex Masters

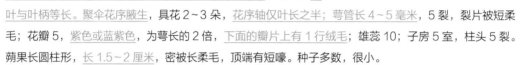

灌木。高达 1.5 米。枝甚柔弱，幼时密被星状柔毛。叶偏斜状披针形，长 3.5~10 厘米，顶端渐尖，基部斜心形，边缘有小锯齿，两面均被稀疏的星状短柔毛，叶柄长约 3 毫米，被毛，托叶与叶柄等长。聚伞花序腋生，具花 2~3 朵，花序轴仅叶长之半；萼管长 4~5 毫米，5 裂，裂片被短柔毛；花瓣 5，紫色或蓝紫色，为萼长的 2 倍，下面的瓣片上有 1 行绒毛；雄蕊 10；子房 5 室，柱头 5 裂。蒴果长圆柱形，长 1.5~2 厘米，密被长柔毛，顶端有短喙。种子多数，很小。

产广西、贵州和云南（南部），海拔 1600 米以下，生长在浆果楝灌丛、云实灌丛中。

Styracaceae
（八十三）安息香科

灰叶安息香
Styrax calvescens Perkins

灌木或小乔木。高 5～15 米。全株被灰黄色星状绒毛或短柔毛。叶互生，近革质，椭圆形、倒卵形或椭圆状倒卵形，长 3～8 厘米，边缘在中部以上具锯齿；主脉与侧脉汇合处有淡黄色星状长粗毛，侧脉每边 6～7 条，第 3 级小脉网状，两面均明显隆起；叶柄长 1～3 毫米。总状花序或圆锥花序，顶生或腋生，长 3.5～9 厘米；花白色；花冠裂片边缘常稍内折，花蕾时作镊合状排列；雄蕊 10，花丝下部联合成管。果实倒卵形，径约 6 毫米，顶端具短尖头。种子平滑，褐色无毛。

产河南、湖北、湖南、江西和浙江等省份，海拔 500～1200 米，生长在白栎灌丛中。

白花龙

Styrax faberi Perkins

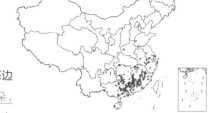

灌木。高1~2米。叶互生，纸质，边缘具细锯齿，侧脉每边5~6条，小脉两面均明显隆起。总状花序顶生，有花3~5朵，下部常单花腋生；花序梗和花梗均密被灰黄色星状短柔毛；花白色；花梗花后常向下弯；小苞片钻形，长2~3毫米；花萼杯状，高4~8毫米，宽3~6毫米，外面密被灰黄色星状绒毛和星状短柔毛，萼齿5；花冠裂片边缘常狭内折，在花蕾时作镊合状排列或呈稍内向覆瓦状排列；花丝下部联合成管。果实倒卵形或近球形，顶端圆形或短凸尖，无皱纹。

产安徽、湖北、江苏、浙江、湖南、江西、福建、广东、广西、贵州、四川和台湾等省份，海拔100~600米，生长在山鸡椒灌丛、白栎灌丛中。

Symplocaceae
（八十四）山矾科

光叶山矾
Symplocos lancifolia Siebold & Zuccarini

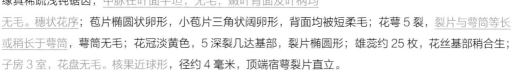

小乔木。芽、嫩枝、嫩叶背面脉上、花序均被黄褐色柔毛，小枝无毛。叶卵形至阔披针形，长3~9厘米，先端尾状渐尖，边缘具稀疏浅钝锯齿；中脉在叶面平坦，无毛；嫩叶背面及叶柄均无毛。穗状花序；苞片椭圆状卵形，小苞片三角状阔卵形，背面均被短柔毛；花萼5裂，裂片与萼筒等长或稍长于萼筒，萼筒无毛；花冠淡黄色，5深裂几达基部，裂片椭圆形；雄蕊约25枚，花丝基部稍合生；子房3室，花盘无毛。核果近球形，径约4毫米，顶端宿萼裂片直立。

产浙江、福建、广东、海南、广西、江西、湖南、湖北、四川、贵州、云南和台湾，海拔1200米以下，生长在檵木灌丛、木荷灌丛中。

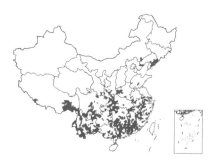

白檀

Symplocos paniculata（Thunberg）Miquel

落叶灌木或小乔木。嫩枝有灰白色柔毛，老枝无毛。叶阔倒卵形、椭圆状倒卵形或卵形，长 3~11 厘米，边缘有细尖锯齿，叶背通常有柔毛或仅脉上有柔毛；中脉在叶面凹下，侧脉在叶面平坦或微凸起，每边 4~8 条。圆锥花序长 5~8 厘米，常有柔毛；苞片有褐色腺点；花萼筒褐色，裂片半圆形或卵形，稍长于萼筒，边缘有毛；花冠白色，长 4~5 毫米，5 深裂几达基部；雄蕊 40~60 枚，子房 2 室，花盘具 5 凸起的腺点。核果熟时蓝色，卵状球形，顶端宿萼裂片直立。

产东北、华北、华中、华南和西南各地，海拔 760~2500 米，生长在檵木灌丛、白栎灌丛、枹栎灌丛、桃金娘灌丛、盐肤木灌丛、杜鹃灌丛、栓皮栎灌丛、茅栗灌丛、山胡椒灌丛、南烛灌丛、山鸡椒灌丛、算盘子灌丛、油茶灌丛、白背叶灌丛、赤楠灌丛、岗松灌丛、胡枝子灌丛、雀梅藤灌丛、杨桐灌丛、枫香树灌丛、光荚含羞草灌丛、木荷灌丛、乌药灌丛、余甘子灌丛、紫薇灌丛中。

老鼠矢

Symplocos stellaris Brand

常绿乔木。小枝粗。芽、嫩枝、嫩叶柄、苞片和小苞片均被红褐色绒毛。叶厚革质，披针状椭圆形或狭长圆状椭圆形，长 6～20 厘米，全缘或有细齿；中脉在叶面凹下，侧脉每边 9～15 条。团伞花序着生于二年生枝的叶痕之上；苞片圆形；花萼长约 3 毫米，裂片半圆形，长不到 1 毫米，有长缘毛；花冠白色，长 7～8 毫米，5 深裂几达基部，裂片顶端有缘毛，雄蕊 18～25，花丝基部合生成 5 束；花盘无毛；子房 3 室。核果狭卵状圆柱形，长约 1 厘米，顶端宿萼裂片长不及 1 毫米。

产长江以南及台湾各省份，海拔 1100 米，生长在赤楠灌丛、檵木灌丛、茅栗灌丛、乌药灌丛、白栎灌丛、杜鹃灌丛、木荷灌丛、·青冈灌丛、盐肤木灌丛中。

山矾

Symplocos sumuntia Buchanan-Hamilton ex D. Don

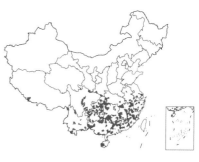

常绿乔木。嫩枝褐色，不具棱。叶薄革质，卵形、狭倒卵形、倒披针状椭圆形，长 3.5~8 厘米，先端尾状渐尖，边缘具浅锯齿或波状齿，稀全缘；侧脉每边 4~6 条，和网脉在两面均凸起。总状花序长 2.5~4 厘米，被柔毛；苞片早落，密被柔毛，小苞片与苞片同形；花萼萼筒倒圆锥形，裂片三角状卵形，与萼筒等长或稍短；花冠白色，5 深裂几达基部；雄蕊 25~35，花丝基部稍合生；花盘环状，无毛；子房 3 室。核果卵状坛形，长 7~10 毫米，顶端宿萼裂片直立，有时脱落。

产江苏、浙江、福建、广东、海南、广西、江西、湖南、湖北、四川、贵州、云南和台湾等省份，海拔 200~1500 米，生长在檵木灌丛、木荷灌丛、白栎灌丛、乌药灌丛、火棘灌丛、盐肤木灌丛、枹栎灌丛、杜鹃灌丛、光荚含羞草灌丛、青冈灌丛、山鸡椒灌丛中。

Tamaricaceae
（八十五）柽柳科

疏花水柏枝

Myricaria laxiflora
（Franchet）P. Y. Zhang & Y. J. Zhang

直立灌木。高约 1.5 米。老枝红褐色或紫褐色，光滑，当年生枝绿色或红褐色。叶密生于当年生绿色小枝上，披针形或长圆形，长 2~4 毫米，宽 0.8~1 毫米，先端常内弯，具狭膜质边。总状花序常顶生，较稀疏；苞片披针形或卵状披针形，长约 4 毫米，具狭膜质边；萼片披针形或长圆形，长 2~3 毫米，具狭膜质边；花瓣倒卵形，长 5~6 毫米，粉红色或淡紫色；花丝 1/2 或 1/3 部分合生；子房圆锥形。蒴果狭圆锥形，长 6~8 毫米。种子长 1~1.5 毫米，顶端芒柱一半以上被白色长柔毛。

原产湖北宜昌、秭归、巴东及重庆巫山峡口长江两岸地区，三峡水库蓄水后仅在坝下有少量分布，海拔 50~200 米，生长在秋华柳灌丛、疏花水柏枝灌丛中。

Theaceae
（八十六）山茶科

杨桐

Adinandra millettii（Hooker & Arnott）
Bentham & J. D. Hooker ex Hance

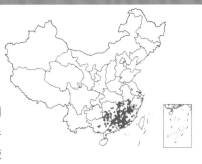

灌木或小乔木。高 2~10（~16）米。叶互生，革质，长圆状椭圆形，长 4.5~9 厘米，宽 2~3 厘米，边全缘，极少沿上半部疏生细锯齿；侧脉 10~12 对；叶柄长 3~5 毫米。花单朵腋生，花梗纤细，长约 2 厘米；萼片 5；花瓣 5，白色；雄蕊约 25 枚，长 6~7 毫米，花丝无毛或仅上半部被毛。果圆球形，疏被短柔毛，直径约 1 厘米，熟时黑色，宿存花柱长约 8 毫米。种子多数，深褐色，有光泽，表面具网纹。

产安徽、浙江、江西、福建、湖南、广东、广西和贵州等省份，海拔 100~1800 米，生长在檵木灌丛、桃金娘灌丛、白栎灌丛、杨桐灌丛、赤楠灌丛、木荷灌丛、乌药灌丛、油茶灌丛、杜鹃灌丛、岗松灌丛、山鸡椒灌丛、茅栗灌丛、盐肤木灌丛、柯灌丛、火棘灌丛、枹栎灌丛、胡枝子灌丛、枇杷叶紫珠灌丛中。

细叶短柱油茶

Camellia brevistyla var. *microphylla*
（Merrill） T. L. Ming

灌木。嫩枝有柔毛。叶革质，倒卵形，长 1.5~2.5 厘米，宽 1~1.3 厘米，先端钝或圆，上面干后黄绿色，多小凸起，中脉有短柔毛，下面同色，无毛，多小瘤状凸起，侧脉及网脉在上下两面均不明显，边缘上半部有细锯齿。花顶生，白色，苞被片及萼 6~7 片；花瓣 5~7 片，长 8~11 毫米，先端圆或 2 裂；雄蕊长 5~6 毫米，下半部连生，无毛；子房有长粗毛，花柱 3 条，长 2~3 毫米，无毛。蒴果近无柄，卵圆形，直径 1.5 厘米，有种子 2 颗，不具宿存苞片及萼片。

产安徽、浙江、湖南、贵州和江西等省份，海拔 300~900 米，生长在算盘子灌丛、乌药灌丛中。

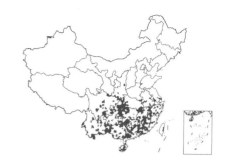

油茶
Camellia oleifera C. Abel

灌木或中乔木。嫩枝有粗毛。叶革质，椭圆形、长圆形或倒卵形，长5~7厘米，宽2~4厘米。花顶生，近无柄，苞片与萼片约10片，由外向内逐渐增大；花瓣白色，5~7片，长2.5~3厘米，宽1~2厘米，先端凹入或2裂；花柱先端不同程度3裂。蒴果球形或卵圆形，直径2~4厘米，3室或5室，3片或2片裂开，果爿厚3~5毫米，木质，中轴粗厚；苞片及萼片脱落后留下的果柄长3~5毫米，粗大，有环状短节。

从长江流域到华南各地广泛栽培并逸生，海拔200~1800米，海南省800米以上的原生森林有野生种，生长在檵木灌丛、白栎灌丛、油茶灌丛、盐肤木灌丛、桃金娘灌丛、乌药灌丛、杜鹃灌丛、茅栗灌丛、枹栎灌丛、赤楠灌丛、枫香树灌丛、岗松灌丛、黄荆灌丛、白背叶灌丛、化香树灌丛、山鸡椒灌丛、灰白毛莓灌丛、柯灌丛、栓皮栎灌丛、杨梅灌丛、番石榴灌丛、光荚含羞草灌丛、枇杷叶紫珠灌丛、余甘子灌丛、紫薇灌丛中。

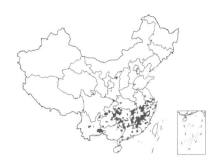

格药柃
Eurya muricata Dunn

灌木或小乔木。高 2~6 米，全株无毛。嫩枝圆柱形，连同顶芽均无毛。叶革质，边缘有细钝锯齿，上面深绿色，有光泽，两面均无毛，中脉在上面凹下，下面隆起，侧脉 9~11 对。花 1~5 朵簇生叶腋；雄花小苞片 2，萼片 5，花瓣 5，雄蕊 15~22 枚，花药具多分格；雌花花瓣 5，白色，子房 3 室，无毛，花柱长约 1.5 毫米，顶端 3 裂。果实圆球形，无毛，成熟时紫黑色。种子肾圆形，稍扁，红褐色，表面具密网纹。

产江苏、安徽、浙江、江西、福建、广东、湖北、湖南、四川、贵州和香港等省份，海拔 350~1300 米，生长在白栎灌丛、檵木灌丛、山鸡椒灌丛、枫香树灌丛、枹栎灌丛、赤楠灌丛、杜鹃灌丛、茅栗灌丛、乌药灌丛、盐肤木灌丛、油茶灌丛、算盘子灌丛中。

木荷

Schima superba Gardner & Champion

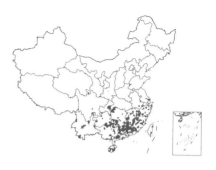

　　大乔木。高 25 米。嫩枝常无毛。叶革质或薄革质，椭圆形，长 7~12 厘米，先端尖锐，有时略钝，基部楔形，上面干后发亮，下面灰色无毛；侧脉 7~9 对，在两面明显，边缘有钝齿；叶柄长 1~2 厘米。花生于枝顶叶腋，常多朵排成总状花序，白色，直径 3 厘米，花柄长 1~2.5 厘米，纤细，无毛；苞片 2，贴近萼片，长 4~6 毫米，早落；萼片半圆形，长 2~3 毫米，外面无毛，内面有绢毛；花瓣长 1~1.5 厘米，最外一片风帽状，边缘多少有毛；子房有毛。蒴果直径 1.5~2 厘米。

　　产浙江、福建、江西、湖南、广东、海南、广西、贵州和台湾等省份，海拔 100~1600 米，生长在木荷灌丛、檵木灌丛、桃金娘灌丛、杜鹃灌丛、枫香树灌丛、盐肤木灌丛、茅栗灌丛、乌药灌丛、白栎灌丛、枹栎灌丛、岗松灌丛、柯灌丛、杨桐灌丛、青冈灌丛、栓皮栎灌丛、赤楠灌丛中。

Thymelaeaceae
（八十七）瑞香科

芫花
Daphne genkwa Siebold & Zuccarini

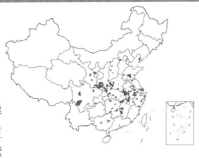

落叶灌木。高 0.3～1 米。多分枝；幼枝密被淡黄色丝状柔毛，老枝无毛。叶对生，稀互生，纸质，长 3～4 厘米，下面幼时密被绢状黄色柔毛，老时则仅叶脉基部散生绢状黄色柔毛。花紫色或淡紫蓝色，常 3～6 朵簇生于叶腋或侧生，花萼裂片 4，卵形或长圆形，长 5～6 毫米；花盘环状，不发达；子房长密被淡黄色柔毛，花柱短或无。果实肉质，白色，椭圆形，长约 4 毫米，包藏于宿存的花萼筒的下部，具 1 颗种子。

产河北、山西、陕西、甘肃、山东、江苏、安徽、浙江、江西、福建、河南、湖北、湖南、四川、贵州和台湾等省份，海拔 300～1000 米，生长在赤楠灌丛、杜鹃灌丛、雀梅藤灌丛、算盘子灌丛中。

小黄构

Wikstroemia micrantha Hemsley

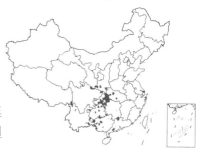

　　小灌木。高0.5~3米。小枝纤弱，圆柱形。叶坚纸质，对生或近对生，长圆形、椭圆状长圆形或窄长圆形，稀倒披针状长圆形或匙形，长0.5~4厘米，宽0.3~1.7厘米，边缘向下面反卷，侧脉6~11对，在下面明显且在边缘网结；叶柄长1~2毫米。总状花序单生、簇生或为顶生的小圆锥花序，长0.5~4厘米；花黄色，花萼近肉质，长4~6毫米，顶端4裂；雄蕊8，2列，花药线形，花盘鳞片状；子房倒卵形，顶端被柔毛，花柱短，柱头头状。果卵圆形，黑紫色。

　　产陕西、甘肃、四川、湖北、湖南、云南和贵州等省份，海拔250~1000米，生长在马桑灌丛、毛黄栌灌丛、化香树灌丛、牡荆灌丛、铁仔灌丛、黄荆灌丛、火棘灌丛、盐肤木灌丛、白栎灌丛、刺叶冬青灌丛、马甲子灌丛中。

（八十八）椴树科

扁担杆

Grewia biloba G. Don

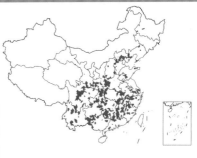

灌木或小乔木。高 1～4 米。嫩枝被粗毛。叶薄革质，椭圆形或倒卵状椭圆形，基部楔形或钝，宽 2.5～4 厘米，两面有稀疏星状粗毛，决不被茸毛；基三出脉，两侧脉上行过半，中脉有侧脉 3～5 对，边缘有细锯齿；叶柄长 4～8 毫米，被粗毛。聚伞花序腋生，花序柄长不到 1 厘米，花柄长 3～6 毫米；萼片狭长圆形，长 4～7 毫米，外面被毛；花瓣长 1～1.5 毫米；雌雄蕊柄长 0.5 毫米，有毛；子房有毛，花柱与萼片平齐，柱头扩大，盘状，有浅裂。核果红色，有 2～4 分核。

产江西、湖南、浙江、广东、安徽、四川和台湾等省份，海拔 300～2500 米，生长在黄荆灌丛、糯米条灌丛、雀梅藤灌丛、竹叶花椒灌丛、枹栎灌丛、番石榴灌丛、灰白毛莓灌丛、火棘灌丛、八角枫灌丛、冬青叶鼠刺灌丛、红背山麻杆灌丛、化香树灌丛、六月雪灌丛、牡荆灌丛、栓皮栎灌丛、小果蔷薇灌丛、羊蹄甲灌丛中。

小花扁担杆

Grewia biloba var. *parviflora*
（Bunge）Handel−Mazzetti

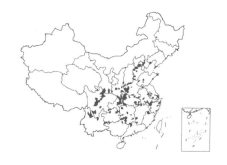

灌木或小乔木。多分枝，高达 4 米。叶薄革质，椭圆形或倒卵状椭圆形，先端锐尖，基部楔形或钝，边缘有细锯齿；叶下密被黄褐色软茸毛。聚伞花序腋生，多花，萼片狭长圆形，花瓣短小，约为花萼 1/4；雌雄蕊具短柄，花柱与萼片平齐，柱头扩大，盘状，有浅裂。核果橙红色，有 2~4 分核；径 0.8~1.2 厘米，无毛，2 裂，每裂有 2 小核。

产广西、广东、湖南、贵州、云南、四川、湖北、江西、浙江、江苏、安徽、山东、河北、山西、河南和陕西等省份，海拔 200~1800 米，生长在白栎灌丛、黄荆灌丛中。

毛刺蒴麻

Triumfetta cana Blume

　　木质草本。高 1.5 米。嫩枝被黄褐色星状茸毛。叶卵形或卵状披针形，长 4~8 厘米，先端渐尖，基部圆形，上面有稀疏星状毛，下面密被星状厚茸毛；基三至五出脉，侧脉上行超过叶片中部，边缘有不整齐锯齿；叶柄长 1~3 厘米。聚伞花序 1 至数枝腋生，花序柄长约 3 毫米；花柄长 1.5 毫米；萼片狭长圆形，长 7 毫米，被茸毛；花瓣比萼片略短，长圆形；雄蕊 8~10 或稍多；子房有刺毛，4 室，柱头 3~5裂。蒴果球形，有刺长 5~7 毫米，刺弯曲，被柔毛，4 片裂开，每室有种子 2 颗。

　　产江西、海南、云南、贵州、广西、广东和福建，海拔 500~1000 米，生长在光荚含羞草灌丛中。

（八十九）榆科

狭叶山黄麻
Trema angustifolia （Planchon）Blume

　　灌木或小乔木。小枝紫红色，与叶柄、雄花被外面均密被细粗毛。叶卵状披针形，长 3~7 厘米，宽 0.8~2 厘米，先端渐尖或尾状尖，边缘有细锯齿，叶面极粗糙，叶背密被灰短毡毛，脉上有细粗毛和锈色腺毛，基三出脉，侧生 2 条长达叶片中部，侧脉 2~4 对；叶柄长 2~5 毫米。花单性，雌雄异株或同株，由数朵花组成小聚伞花序；雄花径约 1 毫米，几无梗，花被片 5，在开放前其边缘凹陷包裹着雄蕊成瓣状。核果宽卵状或近圆球形，径 2~2.5 毫米，熟时橘红色，有宿存花被。

　　产江西、湖南、四川、西藏、贵州、海南、广东、广西和云南，海拔 100~1600 米，生长在枫香树灌丛、岗松灌丛中。

光叶山黄麻

Trema cannabina Loureiro

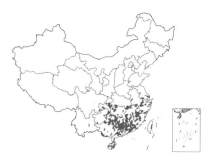

灌木或小乔木。小枝黄绿色，被贴生的短柔毛，后脱落。叶近膜质，先端尾状渐尖或渐尖，基部圆或浅心形，边缘具圆齿状锯齿，两面近光滑无毛，仅在下面脉上疏生柔毛，基部有明显的三出脉，其侧生 2 条长达叶的中上部，侧脉 2（3）对；叶柄被贴生短柔毛。花单性，雌雄同株，聚伞花序一般长不过叶柄；雄花具梗，花被片 5，倒卵形，外面无毛或疏生微柔毛。核果近球形或阔卵圆形，径 2~3 毫米，熟时橘红色，有宿存花被。

产浙江、江西、福建、湖南、贵州、广东、海南、广西、四川和台湾等省份，海拔 100~600 米，生长在桃金娘灌丛、光荚含羞草灌丛、山乌桕灌丛中。

山油麻

Trema cannabina var. *dielsiana*（Handel–Mazzetti）C. J. Chen

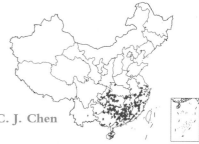

　　灌木。小枝紫红色，后渐变棕色，密被斜伸的粗毛。叶薄纸质，叶面被糙毛，粗糙，叶背密被柔毛，在脉上有粗毛；叶柄被伸展的粗毛。雄聚伞花序长过叶柄；雄花被片卵形，外面被细糙毛和多少明显的紫色斑点，花药外面常有紫色斑点。

　　产江苏、安徽、浙江、江西、福建、湖北、湖南、广东、广西、四川和贵州等省份，海拔100～1100米，生长在檵木灌丛、灰白毛莓灌丛、算盘子灌丛、盐肤木灌丛、枫香树灌丛、山鸡椒灌丛、桃金娘灌丛、枹栎灌丛、赤楠灌丛、杜鹃灌丛、木荷灌丛、羊蹄甲灌丛中。

山黄麻

Trema tomentosa（Roxburgh）H. Hara

　　小乔木或灌木。高达 10 米。小枝密被灰色短绒毛。叶纸质或薄革质，宽卵形或卵状矩圆形，稀宽披针形，长 7~20 厘米，宽 3~8 厘米，先端渐尖至尾尖，稀锐尖，基部心形，偏斜，边缘有细锯齿，两面近同色，干时常灰褐色至棕褐色，叶面极粗糙，有直立的基部膨大硬毛，叶背有灰褐色或灰色短绒毛，基三出脉；叶柄长 7~18 毫米。雄花几乎无梗，花被片 5，雄蕊 5；雌花具短梗，在果时增长，花被片 4~5。核果宽卵珠状，压扁，径 2~3 毫米，具宿存花被。种子两侧有棱。

　　产福建、广东、海南、广西、四川、贵州、云南、西藏和台湾，海拔 100~2000 米，生长在桃金娘灌丛、光荚含羞草灌丛、山黄麻灌丛、盐肤木灌丛、山鸡椒灌丛、羊蹄甲灌丛、野牡丹灌丛、油茶灌丛中。

Urticaceae
（九十）荨麻科

野线麻
Boehmeria japonica （Linnaeus f.） Miquel

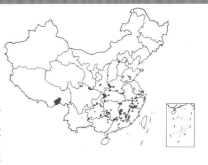

　　亚灌木或多年生草本。高 0.6~1.5 米，上部常有较密的开展或贴伏的糙毛。叶对生，<u>卵形或宽卵形</u>，长 7~26 厘米，宽 5.5~20 厘米，顶端骤尖，有时不明显三骤尖，<u>基部宽楔形或截形</u>，边缘在基部之上有牙齿，上面粗糙，有短糙伏毛，下面沿脉网有短柔毛。<u>穗状花序单生叶腋，雌雄异株，不分枝，有时具少数分枝</u>，雄的长约 3 厘米，雌的长 7~30 厘米；雄团伞花序直径约 1.5 毫米，约有 3 花；雌团伞花序直径 2~4 毫米，有极多数雌花。瘦果倒卵球形，长约 1 毫米，光滑。

　　产广东、广西、贵州、湖南、江西、福建、浙江、江苏、安徽、湖北、四川、陕西、河南、山东和台湾等省份，海拔 300~1300 米，生长在浆果楝灌丛、光荚含羞草灌丛中。

苎麻

Boehmeria nivea（Linnaeus）Gaudichaud-Beaupré

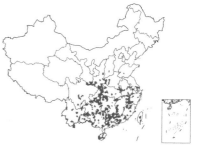

　　亚灌木或灌木。高 0.5～1.5 米。茎上部与叶柄均密被开展的长硬毛及近开展和贴伏的短糙毛。叶互生，长 6～15 厘米，宽 4～11 厘米，顶端骤尖，基部近截形或宽楔形，边缘在基部之上有牙齿，下面密被雪白色毡毛；托叶分生，钻状披针形，长 7～11 毫米，背面被毛。圆锥花序腋生，或植株上部的为雌性，其下的为雄性，或同一植株的全为雌性，长 2～9 厘米。瘦果近球形，长约 0.6 毫米，光滑，基部突缩成细柄。

　　产云南、贵州、广西、广东、福建、江西、浙江、湖北、四川和台湾等省份，以及甘肃、陕西、河南的南部广泛栽培，海拔 200～1700 米，生长在红背山麻杆灌丛、黄荆灌丛、浆果楝灌丛、老虎刺灌丛、白饭树灌丛、马桑灌丛、盐肤木灌丛、羊蹄甲灌丛、光荚含羞草灌丛、河北木蓝灌丛、龙须藤灌丛、牡荆灌丛、雀梅藤灌丛、八角枫灌丛、假木豆灌丛、尖尾枫灌丛、水柳灌丛、桃金娘灌丛、香叶树灌丛、杨梅灌丛、竹叶花椒灌丛中。

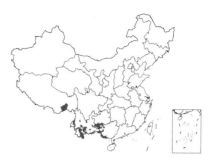

长叶苎麻
Boehmeria penduliflora Weddell ex D. G. Long

灌木。直立，有时枝条蔓生，高 1.5~4.5 米。小枝近方形，有浅纵沟。叶对生，厚纸质，披针形或条状披针形，长 8~29 厘米，宽 1.4~5.2 厘米，顶端长渐尖或尾状，边缘自基部之上有多数小钝牙齿，上面脉网下陷，常有小泡状隆起，无毛或有疏短毛，很快变无毛。穗状花序通常雌雄异株，或枝上部的雌性，单生叶腋，长 6~32 厘米，其下的雄性，常 2 条生叶腋，长 4.5~8 厘米。雌花花被长 1.2~2.2 毫米，顶端圆形，突缢缩成 2 小齿；柱头长 0.7~2.2 毫米。瘦果具长约 1.2 毫米的柄。

产西藏、四川、云南、贵州和广西的丘陵及山谷林中、灌丛中、林边或溪边，海拔 500~2000 米，生长在番石榴灌丛、羊蹄甲灌丛、红背山麻杆灌丛、尖尾枫灌丛中。

糯米团

Gonostegia hirta （Blume ex Hasskarl） Miquel

多年生草本。茎蔓生、铺地或渐升，长50~160厘米，上部带四棱形，有短柔毛。叶对生，狭卵形至狭披针形、长（1~2~）3~10厘米，宽（0.7~）1.2~2.8厘米，顶端长渐尖至短渐尖。团伞花序腋生，两性或单性，雌雄异株；苞片三角形，长约2毫米。雄花5基数，花梗长1~4毫米，花被片5，倒披针形，花丝条形，退化雌蕊圆锥状；雌花花被菱状狭卵形，顶端有2小齿，有10条纵肋，柱头有密毛。瘦果卵球形，长约1.5毫米，白色或黑色，宿存花被无翅。

自西藏东南部、云南、华南至陕西南部及河南南部广布，海拔100~2700米，生长在老虎刺灌丛、檵木灌丛、马桑灌丛、糯米条灌丛、盐肤木灌丛、白饭树灌丛、枫香树灌丛、枫杨灌丛、河北木蓝灌丛、牡荆灌丛、青冈灌丛、银叶柳灌丛、油茶灌丛中。

石油菜

Pilea cavaleriei H. Léveillé

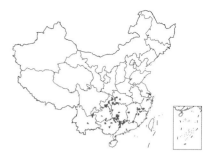

草本。无毛。无块茎，根状茎匍匐，地上茎直立，高 5～30 厘米，上部节间密集，密布杆状钟乳体。叶集生于枝顶，同对的常不等大，多汁，宽卵形、菱状卵形或近圆形，长 8～20 毫米，近叶柄处常有不对称小耳突，全缘，稀波状，基三出脉，细脉末端在下面常膨大呈腺点状；托叶三角形，宿存。雌雄同株，聚伞花序常密集成近头状，雄花序不具花序托，无总苞片；雄花淡黄色，花被片 4，雄蕊 4；雌花花被片 3，不等大。瘦果卵形，长约 0.7 毫米，光滑。

产福建、浙江、江西、广东、广西、湖南、贵州、湖北和四川，海拔 200～1500 米，生长在红背山麻杆灌丛、龙须藤灌丛、老虎刺灌丛中。

小叶冷水花

Pilea microphylla （Linnaeus） Liebmann

　　纤细小草本。无毛。茎肉质，多分枝，高 3~17 厘米，密布条形钟乳体。叶很小，同对的不等大，倒卵形至匙形，长 3~7 毫米，先端钝，边缘全缘，叶脉羽状，侧脉不明显；叶柄纤细，长 1~4 毫米；托叶三角形，长约 0.5 毫米。雌雄同株，有时同序，聚伞花序密集成近头状，长 1.5~6 毫米；雄花花被片 4，卵形，外面近先端有短角状凸起，雄蕊 4；雌花花被片 3，稍不等长，中间 1 枚长圆形，侧生 2 枚较短。瘦果卵形，长约 0.4 毫米，熟时褐色，光滑。

　　原产南美洲热带，在广东、广西、福建、江西、浙江和台湾低海拔地区已成为广泛的归化植物，生长在浆果楝灌丛中。

红雾水葛

Pouzolzia sanguinea （Blume） Merrill

灌木。高 0.5~3 米。小枝被短糙毛。叶互生，薄纸质或纸质，狭卵形、椭圆状卵形或卵形，稀披针形，长 2.6~17 厘米，顶端渐尖，边缘有多数小牙齿，两面被短糙毛，侧脉 2 对。团伞花序单性或两性，径 2~6 毫米；苞片钻形或三角形，长 2.5~4 毫米；雄花花被片 4，合生至中部，雄蕊 4，退化雌蕊狭倒卵形；雌花花被宽椭圆形或菱形，顶端约有 3 个小齿，柱头长 0.8~1.5 毫米。瘦果卵球形，长约 1.6 毫米，淡黄白色。

产海南、广西、贵州、四川、云南和西藏，海拔 350~2300 米，生长在羊蹄甲灌丛中。

雾水葛

Pouzolzia zeylanica （Linnaeus） Bennett

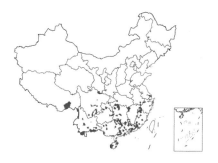

多年生草本。茎高 12~40 厘米，有短伏毛或疏柔毛。叶全部对生或茎顶部的对生，草质，卵形或宽卵形，长 1.2~3.8 厘米，顶端短渐尖或微钝，全缘，两面有疏伏毛或下面毛较密，侧脉 1 对；叶柄长 0.3~1.6 厘米。团伞花序通常两性，直径 1~2.5 毫米，苞片三角形，背面有毛。雄花花被片 4，狭长圆形或长圆状倒披针形，基部稍合生，雄蕊 4，花药长约 0.5 毫米，退化雌蕊狭倒卵形；雌花花被椭圆形或近菱形，外面密被柔毛。瘦果卵球形，长约 1.2 毫米，有光泽。

产云南、广西、广东、福建、江西、浙江、安徽、湖北、湖南、四川和甘肃等省份，海拔 300~1300 米，生长在羊蹄甲灌丛中。

Valerianaceae
（九十一）败酱科

攀倒甑
Patrinia villosa （Thunberg） Dufresne

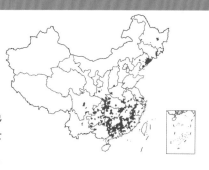

多年生草本。高 0.5~1.2 米。根状茎长而横走，茎常被白色倒生粗毛。基生叶丛生，长 4~25 厘米，具粗钝齿，基部楔形下延，不裂或大头羽状深裂，叶柄较叶稍长；茎生叶对生，常不裂，向上渐近无柄。聚伞花序组成圆锥花序或伞房花序，分枝 5~6 级，花序梗密被长粗毛；萼齿浅波状或浅钝裂状，被短糙毛；花冠钟形，白色，径 4~5 毫米，裂片异形，筒基部一侧稍囊肿，雄蕊 4。瘦果倒卵圆形，与宿存增大苞片贴生；倒卵圆形果苞长 2.8~6.5 毫米，常具 2 条主脉，网脉明显。

产江苏、浙江、江西、安徽、河南、湖北、湖南、广东、广西、贵州、四川和台湾等省份，海拔 50~2000 米，生长在马桑灌丛、牡荆灌丛、黄荆灌丛、红背山麻杆灌丛、化香树灌丛中。

Verbenaceae
（九十二）马鞭草科

海榄雌

Avicennia marina （Forsskål） Vierhapper

灌木。高 1.5 ~ 6 米。枝条有隆起条纹，小枝四方形，光滑无毛。叶片近无柄，革质，卵形至倒卵形、椭圆形，长 2 ~ 7 厘米，宽 1 ~ 3.5 厘米，表面无毛，背面有细短毛，主脉明显。聚伞花序紧密成头状，花序梗长 1 ~ 2.5 厘米；花直径约 5 毫米；苞片 5 枚，有内外 2 层，外层密生绒毛，内层较光滑；花萼顶端 5 裂，外面有绒毛；花冠黄褐色，顶端 4 裂，外被绒毛；雄蕊 4，着生于花冠管内喉部而与裂片互生；子房上部密生绒毛。果近球形，直径约 1.5 厘米，有毛。

产海南、广西、福建、广东和台湾等省份，海拔 0 ~ 1600 米，生长于海边和盐沼地带，生长在海榄雌灌丛、秋茄树灌丛中。

枇杷叶紫珠

Callicarpa kochiana Makino

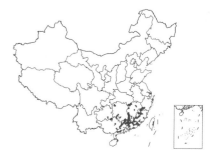

灌木。高1~4米。小枝、叶柄与花序密生黄褐色分枝茸毛。叶片长12~22厘米，宽4~8厘米，边缘有锯齿，背面密生黄褐色星状毛和分枝茸毛，两面被不明显的黄色腺点，侧脉10~18对，在叶背隆起。聚伞花序宽3~6厘米，3~5次分歧；花序梗长1~2厘米；花近无柄，密集于分枝的顶端；花萼管状，萼齿线形或为锐尖狭长三角形，齿长2~2.5毫米；花冠淡红色或紫红色，裂片密被茸毛。果实圆球形，径约1.5毫米，几全部包藏于宿存的花萼内。

产福建、广东、浙江、江西、湖南、河南和台湾等省份，海拔100~850米，生长在檵木灌丛、枇杷叶紫珠灌丛、羊蹄甲灌丛中。

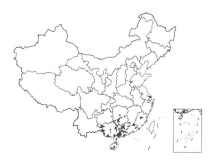

尖尾枫

Callicarpa longissima （Hemsley） Merrill

　　灌木或小乔木。高 1~7 米。小枝四棱形，节上有毛环。叶长 13~25 厘米，宽 2~7 厘米，表面仅主脉和侧脉有多细胞的单毛，背面无毛，有细小的黄色腺点，干时下陷成蜂窝状小洼点，边缘有不明显的小齿或全缘；侧脉在两面隆起。花序被多细胞的单毛，宽 3~6 厘米，5~7 次分歧，花序梗长 1.5~3 厘米；萼齿不明显或近截头状；花冠淡紫色，无毛，长约 2~5 毫米。果实扁球形，径 1~1.5 毫米，无毛，有细小腺点。

　　产福建、江西、广东、广西、四川和台湾等省份，海拔 1200 米以下，生长在尖尾枫灌丛、龙须藤灌丛中。

大叶紫珠

Callicarpa macrophylla Vahl

灌木，稀小乔木。高 3~5 米。小枝近四方形，密生灰白色粗糠状分枝茸毛，稍有臭味。叶片长 10~23 厘米，宽 5~11 厘米，边缘具细锯齿，背面密生灰白色分枝茸毛，侧脉 8~14 对。聚伞花序宽 4~8 厘米，5~7 次分歧，花序梗长 2~3 厘米；苞片线形；萼杯状，被灰白色星状毛和黄色腺点，萼齿不明显或钝三角形；花冠紫色，长约 2.5 毫米，疏生星状毛；子房被微柔毛。果实球形，径约 1.5 毫米，有腺点和微毛。

产广东、广西、贵州和云南等省份，海拔 100~2000 米，生长在番石榴灌丛、光荚含羞草灌丛、大叶紫珠灌丛、红背山麻杆灌丛、假烟叶树灌丛、老虎刺灌丛、桃金娘灌丛、羊蹄甲灌丛中。

裸花紫珠

Callicarpa nudiflora Vahl

灌木至小乔木。高 1~7 米。小枝、叶柄与花序密生灰褐色分枝茸毛。叶片长 12~22 厘米，宽 4~7 厘米，表面深绿色，除主脉有星状毛外，余几无毛，背面密生灰褐色茸毛和分枝毛，侧脉 14~18 对，在背面隆起，边缘具疏齿或微呈波状；叶柄长 1~2 厘米。聚伞花序开展，6~9 次分歧，宽 8~13 厘米，花序梗长 3~8 厘米；苞片线形或披针形；花萼通常无毛，顶端截平或有不明显的 4 齿；花冠紫色或粉红色，无毛，长约 2 毫米。果实近球形，径约 2 毫米，红色。

产河北、福建、四川、云南、海南、广东和广西，平地至海拔 1200 米，生长在浆果棟灌丛中。

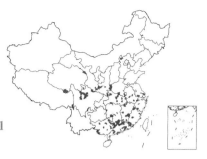

兰香草

Caryopteris incana （Thunberg ex Houttuyn） Miquel

　　小灌木。高 26~60 厘米。嫩枝圆柱形，略带紫色，被灰白色柔毛，老枝毛渐脱落。叶片厚纸质，披针形、卵形或长圆形，长 1.5~9 厘米，宽 0.8~4 厘米，边缘有粗齿，很少近全缘。聚伞花序紧密，腋生和顶生，无苞片和小苞片；花萼杯状，外面密被短柔毛；花冠淡紫色或淡蓝色，二唇形，花冠管喉部有毛环，花冠 5 裂，下唇中裂片较大，边缘流苏状；子房顶端被短毛。蒴果倒卵状球形，上部宽度大于长度，被粗毛，直径约 2.5 毫米，果瓣有宽翅。

　　产甘肃、四川、西藏、河北、河南、江苏、安徽、浙江、江西、湖南、湖北、福建、广东和广西，海拔 100~800 米，生长在红背山麻杆灌丛、浆果楝灌丛、老虎刺灌丛、算盘子灌丛、桃金娘灌丛、小果蔷薇灌丛、番石榴灌丛、六月雪灌丛、栓皮栎灌丛、紫薇灌丛、白栎灌丛、黄荆灌丛、檵木灌丛、龙须藤灌丛、马甲子灌丛、糯米条灌丛中。

臭牡丹

Clerodendrum bungei Steudel

灌木。高 1~2 米。植株有臭味。花序轴、叶柄密被褐色、黄褐色或紫色脱落性的柔毛。叶片纸质，宽卵形或卵形，长 8~20 厘米，边缘具粗或细锯齿，基部脉腋有数个盘状腺体。伞房状聚伞花序顶生，密集；苞片叶状，长约 3 厘米，小苞片披针形，长约 1.8 厘米，花萼钟状，长 2~6 毫米，萼齿三角形或狭三角形，裂至萼中部以上；花冠淡红色、红色或紫红色，花冠管长 2~3 厘米，显著长于花萼；雄蕊及花柱均突出花冠外；柱头 2 裂，子房 4 室。核果近球形，径 0.6~1.2 厘米，成熟时蓝黑色。

产华北、西北、西南以及江苏、安徽、浙江、江西、湖南、湖北和广西，海拔 2500 米以下，生长在光荚含羞草灌丛、浆果楝灌丛、盐肤木灌丛、杨桐灌丛中。

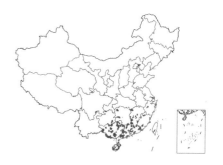

灰毛大青

Clerodendrum canescens Wallich ex Walpers

灌木。高 1~3.5 米。小枝略四棱形，全体密被平展或倒向灰褐色长柔毛。叶片两面有柔毛，背面尤显著。聚伞花序密集成头状，常 2~5 枝生于枝顶；苞片叶状，卵形或椭圆形；花萼由绿变红色，钟状，有 5 棱角，裂片宽卵形，边缘重叠，外面无盘状腺体，长于果实；花冠白色或淡红色，外有腺毛或柔毛，花冠管长约 2 厘米，裂片向外平展，倒卵状长圆形；雄蕊 4 枚，与花柱均伸出花冠外。核果近球形，径约 7 毫米，绿色，成熟时深蓝色或黑色，藏于红色增大的宿萼内。

产浙江、江西、湖南、福建、广东、广西、四川、贵州、云南和台湾，海拔 220~880 米，生长在红背山麻杆灌丛、檵木灌丛、浆果楝灌丛中。

大青

Clerodendrum cyrtophyllum Turczaninow

灌木或小乔木。高 1~10 米。叶片厚纸质，长 6~20 厘米，顶端渐尖或急尖，不呈尾状弯曲，表面有光泽，通常全缘，背面常有腺点。伞房状聚伞花序，生于枝顶或叶腋；苞片线形；花小，有橘香味；萼杯状，外面被黄褐色短绒毛，长 3~4 毫米，顶端 5 裂，裂片三角状卵形，长约 1 毫米；花冠白色，花冠管长约 1 厘米，顶端 5 裂，裂片卵形，长约 5 毫米；子房 4 室，柱头 2 浅裂。果实球形或倒卵形，径 5~10 毫米，绿色，成熟时蓝紫色，为红色的宿萼所托。

产华东、中南和西南各省份，海拔 1700 米以下，生长在檵木灌丛、桃金娘灌丛、盐肤木灌丛、山鸡椒灌丛、枸栎灌丛、岗松灌丛、油茶灌丛、白栎灌丛、白背叶灌丛、赤楠灌丛、枫香树灌丛、红背山麻杆灌丛、柯灌丛、算盘子灌丛、光荚含羞草灌丛、化香树灌丛、黄荆灌丛、木荷灌丛、山黄麻灌丛、乌药灌丛中。

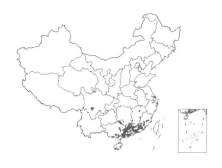

白花灯笼

Clerodendrum fortunatum Linnaeus

直立灌木。高可达 2.5 米。嫩枝密被黄褐色短柔毛。叶纸质，长椭圆形或倒卵状披针形，长 5～17.5 厘米，全缘或波状；叶柄密被黄褐色短柔毛。聚伞花序腋生，较叶短，1～3 次分歧，具花 3 至 9 朵，花序梗和苞片密被棕褐色短柔毛；花萼红紫色，具 5 棱，膨大形似灯笼，长 1～1.3 厘米，基部连合，顶端 5 深裂，裂片宽卵形；花冠淡红色或白色稍带紫色，花冠管与花萼等长或稍长，顶端 5 裂；柱头 2 裂，顶端尖。核果近球形，径约 5 毫米，熟时深蓝绿色，藏于宿萼内。

产江西南部、福建、广东和广西等省份，海拔 1000 米以下，生长在桃金娘灌丛、岗松灌丛、余甘子灌丛、油茶灌丛、白背叶灌丛、光荚含羞草灌丛、檵木灌丛中。

赪桐

Clerodendrum japonicum（Thunberg）Sweet

灌木。高 1~4 米。小枝四棱形，同对叶柄之间密被长柔毛。叶片圆心形，长 8~35 厘米，边缘有疏短尖齿，背面密具锈黄色盾形腺体；叶柄具较密的黄褐色短柔毛。二歧聚伞花序组成顶生，大而开展的圆锥花序，花序的最后侧枝呈总状花序；花萼红色，长 1~1.5 厘米，深 5 裂；花冠红色，稀白色，花冠管顶端 5 裂，裂片长圆形；雄蕊长约达花冠管的 3 倍。果实椭圆状球形，绿色或蓝黑色，径 7~10 毫米，常分裂成 2~4 个分核，宿萼增大，初包被果实，后向外反折呈星状。

产江苏、浙江、江西、湖南、福建、广东、广西、四川、贵州、云南和台湾，海拔 100~1200 米，生长在白背叶灌丛、黄荆灌丛、白饭树灌丛、红背山麻杆灌丛、龙须藤灌丛中。

马缨丹

Lantana camara Linnaeus

　　灌木。高 1~2 米，有时藤状。茎枝均呈四方形，有短柔毛，通常有短而倒钩状刺。单叶对生，揉烂后有强烈气味，叶片卵形至卵状长圆形，长 3~8.5 厘米，边缘有钝齿，表面有粗糙的皱纹和短柔毛，背面有小刚毛，侧脉约 5 对。花序直径 1.5~2.5 厘米，花序梗长于叶柄；苞片披针形，长为花萼的 1~3 倍，外部有粗毛；花萼管状，顶端有极短的齿；花冠黄色或橙黄色，后转为深红色，花冠管长约 1 厘米，两面有细短毛；子房无毛。果圆球形，成熟时紫黑色。

　　原产美洲热带地区，我国福建、广东、广西和台湾等省份见有逸生，海拔 80~1500 米，生长在桃金娘灌丛、红背山麻杆灌丛、浆果楝灌丛、马缨丹灌丛、番石榴灌丛、岗松灌丛、黄荆灌丛、光荚含羞草灌丛、檵木灌丛、龙须藤灌丛、野牡丹灌丛、余甘子灌丛中。

豆腐柴

Premna microphylla Turczaninow

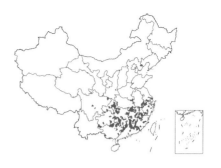

落叶灌木。幼枝有柔毛，老枝变无毛。叶揉之有臭味，卵状披针形、椭圆形、卵形或倒卵形，长3~13厘米，顶端急尖至长渐尖，基部渐狭窄下延至叶柄两侧，全缘至有不规则粗齿，无毛至有短柔毛；叶柄长0.5~2厘米。聚伞花序组成顶生塔形圆锥花序，花序最下分枝长超过1厘米；花萼杯状，绿色或紫色，密被毛至几无毛，边缘常有睫毛，近整齐5浅裂；花冠淡黄色，长7~9毫米，外有柔毛和腺点，花冠内部有柔毛，以喉部较密。核果紫色，球形至倒卵形。

产华东、中南、华南以及四川、贵州等地，海拔200~1000米，生长在檵木灌丛、白栎灌丛、枹栎灌丛、茅栗灌丛、柯灌丛、算盘子灌丛、杜鹃灌丛、木荷灌丛、盐肤木灌丛、栓皮栎灌丛、桃金娘灌丛、香叶树灌丛、油茶灌丛中。

马鞭草

Verbena officinalis Linnaeus

多年生草本。高 30～120 厘米。茎四方形，节和棱上、叶片两面、苞片、花萼有硬毛。叶片卵圆形至倒卵形或长圆状披针形，长 2～8 厘米，基生叶边缘常有粗锯齿和缺刻，茎生叶多数 3 深裂，裂片边缘有不整齐锯齿。穗状花序顶生和腋生，结果时长达 25 厘米；花小，无柄；苞片稍短于花萼；花萼长约 2 毫米，5 脉；花冠淡紫至蓝色，长 4～8 毫米，外面有微毛，裂片 5；雄蕊 4，着生于花冠管中部，花丝短；子房 4 室，无毛。果长圆形，长约 2 毫米，成熟时 4 瓣裂。

产山西、陕西、甘肃、江苏、安徽、浙江、福建、江西、湖北、湖南、广东、广西、四川、贵州、云南、新疆和西藏，海拔 100～1800 米，生长在光荚含羞草灌丛、盐肤木灌丛中。

黄荆

Vitex negundo Linnaeus

灌木或小乔木。小枝四棱形，与花序梗、花梗、花萼外面、叶背密生灰白色绒毛。掌状复叶，小叶 5（3），小叶片长圆状披针形至披针形，全缘或每边有少数粗锯齿；中间小叶长 4~13 厘米，宽 1~4 厘米，两侧小叶依次递小。聚伞花序排成圆锥花序式，顶生，长 10~27 厘米；花萼钟状，顶端有 5 裂齿；花冠淡紫色，外有微柔毛，顶端 5 裂，二唇形；雄蕊 4，伸出花冠管外；子房近无毛；核果近球形，径约 2 毫米；宿萼与果实近等长。

主要产长江以南各省份，北达秦岭淮河，海拔 200~1400 米，生长在黄荆灌丛、檵木灌丛、毛黄栌灌丛、白栎灌丛、栓皮栎灌丛、化香树灌丛、红背山麻杆灌丛、盐肤木灌丛、火棘灌丛、马桑灌丛、桃金娘灌丛、铁仔灌丛、刺叶冬青灌丛、糯米条灌丛、雀梅藤灌丛、小果蔷薇灌丛、胡枝子灌丛、六月雪灌丛、南蛇藤灌丛、烟管荚蒾灌丛、竹叶花椒灌丛、紫薇灌丛、枫香树灌丛、龙须藤灌丛、青冈灌丛、杨梅灌丛、云实灌丛、八角枫灌丛、杜鹃灌丛、番石榴灌丛、枫杨灌丛、假木豆灌丛、浆果楝灌丛、蜡莲绣球灌丛、老虎刺灌丛、毛桐灌丛、山胡椒灌丛、算盘子灌丛、油茶灌丛中。

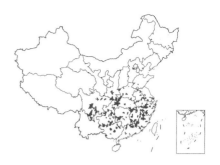

牡荆

Vitex negundo var. *cannabifolia*
（Siebold & Zuccarini） Handel-Mazzetti

　　落叶灌木或小乔木。小枝四棱形。叶对生，掌状复叶，小叶 5（3）；小叶片披针形或椭圆状披针形，顶端渐尖，基部楔形，<u>边缘有粗锯齿</u>，表面绿色，背面淡绿色，<u>通常疏生柔毛</u>。圆锥花序顶生，长 10~20 厘米；花冠淡紫色。果实近球形，黑色。

　　产华东各省份及河北、湖南、湖北、广东、广西、四川、贵州和云南，海拔 100~1100 米，生长在牡荆灌丛、老虎刺灌丛、盐肤木灌丛、龙须藤灌丛、白栎灌丛、栓皮栎灌丛、雀梅藤灌丛、算盘子灌丛、紫薇灌丛、檵木灌丛、小果蔷薇灌丛、番石榴灌丛、光荚含羞草灌丛、化香树灌丛、火棘灌丛、糯米条灌丛、异叶鼠李灌丛、云实灌丛、八角枫灌丛、白饭树灌丛、马桑灌丛、枫香树灌丛、红背山麻杆灌丛、灰白毛莓灌丛、假木豆灌丛、浆果楝灌丛、六月雪灌丛、毛桐灌丛、清香木灌丛中。

单叶蔓荆

Vitex rotundifolia Linnaeus f.

灌木。茎匍匐，节处常生不定根。单叶对生，叶片倒卵形或近圆形，顶端通常钝圆或有短尖头，基部楔形，全缘，长 2.5~5 厘米，宽 1.5~3 厘米。圆锥花序顶生，花序梗密被灰白色绒毛；花萼钟形，顶端 5 浅裂，外面有绒毛；花冠淡紫色或蓝紫色，长 6~10 毫米，花冠管内有较密的长柔毛，顶端 5 裂，二唇形；雄蕊 4，伸出花冠外；子房无毛，密生腺点；花柱无毛，柱头 2 裂。核果近圆形，径约 5 毫米，成熟时黑色；果萼宿存，短于果实，外被灰白色绒毛。

产辽宁、河北、山东、江苏、安徽、浙江、江西、福建、广东和台湾，海拔 10~650 米，生长在仙人掌灌丛中。

（九十三）堇菜科

心叶堇菜
Viola yunnanfuensis W. Becker

多年生草本。无地上茎和匍匐枝；根状茎粗短，节密生。叶基生，长宽各 3～8 厘米，基部深心形或宽心形，边缘具多数圆钝齿；叶柄在花期常与叶片近等长，在果期远较叶片为长，最上部具极狭的翅，常无毛；托叶短，下部与叶柄合生。花淡紫色，花梗不高出叶片；萼片宽披针形；上方花瓣与侧方花瓣倒卵形，下方花瓣长倒心形，距圆筒状；子房圆锥状，花柱棍棒状，柱头顶部平坦，两侧及背方具明显缘边，前端具短喙，柱头孔较粗。蒴果椭圆形，长约 1 厘米。

产西藏、江苏、安徽、浙江、江西、湖南、四川、贵州和云南等省份，海拔 3500 米以下，生长在白桦灌丛中。

（九十四）葡萄科

蓝果蛇葡萄

Ampelopsis bodinieri
(H. Léveillé & Vaniot) Rehder

　　木质藤本。小枝圆柱形，有纵棱纹，无毛。卷须2叉分枝，相隔2节间断与叶对生。叶片卵圆形或卵椭圆形，长7~12.5厘米，宽5~12厘米，不分裂或上部微3浅裂，上部两侧裂片较短或不明显，边缘每侧有9~19个急尖锯齿，下面苍白色，两面均无毛；基五出脉；叶柄长2~6厘米，无毛。复二歧聚伞花序，花序梗长2.5~6厘米，花梗长2.5~3毫米；萼齿不明显，边缘呈波状；花瓣5；雄蕊5。果实近球圆形，直径0.6~0.8厘米，有种子3~4颗。

　　产陕西、河南、湖北、湖南、福建、广东、广西、海南、四川、贵州和云南等省份，海拔200~3000米，生长在牡荆灌丛、黄荆灌丛、白栎灌丛、茅栗灌丛中。

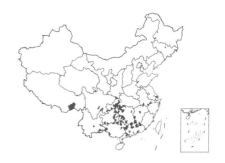

羽叶蛇葡萄

Ampelopsis chaffanjonii
(H. Léveillé & Vaniot) Rehder

　　木质藤本。枝条无毛，卷须 2 叉分枝。叶为一回羽状复叶，通常有小叶 2～3 对，小叶长椭圆或卵椭圆形，长 7～15 厘米，宽 3～7 厘米，边缘有尖锐细锯齿，两面无毛；叶柄长 2～4.5 厘米，无毛。聚伞花序长 4～9 厘米，花萼碟形，萼片宽三角形；花瓣卵状椭圆形；子房下部与花盘合生，花柱钻形。浆果近球形，径 0.8～1 厘米，有种子 2～3 颗，种子腹部两侧洼穴向上微扩大达种子上部，周围有钝肋纹突出。

　　分布于云南、四川、贵州、湖北、湖南、江西、安徽和福建等省份，海拔 500～2000 米，生长在羊蹄甲灌丛中。

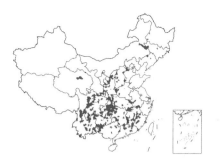

三裂蛇葡萄

Ampelopsis delavayana Planchon ex Franchet

　　木质藤本。小枝圆柱形，有纵棱纹。卷须 2~3 叉分枝，相隔 2 节间断与叶对生。叶为 3 小叶，小叶不分裂或侧小叶基部分裂，中央小叶披针或椭圆披针形，长 5~13 厘米，侧生小叶卵椭圆形或卵披针形，长 4.5~11.5 厘米，宽 2~4 厘米，边缘具粗锯齿，齿端尖细。多歧聚伞花序与叶对生，花萼碟形，边缘波状浅裂；花瓣卵状椭圆形，花盘 5 浅裂；子房下部与花盘合生。果近球形，径约 8 毫米，有种子 2~3 颗。种子腹面两侧洼穴向上达种子中上部。

　　产福建、广东、广西、海南、四川、贵州和云南等省份，海拔 50~2200 米，生长在盐肤木灌丛、白栎灌丛、黄荆灌丛、牡荆灌丛、灰白毛莓灌丛、马桑灌丛中。

显齿蛇葡萄

Ampelopsis grossedentata （Handel-Mazzetti） W. T. Wang

木质藤本。小枝圆柱形，有显著纵棱纹，无毛。卷须 2 叉分枝，相隔 2 节间断与叶对生。叶为一至二回羽状复叶，二回羽状复叶者基部 1 对为 3 小叶，小叶宽卵形或长椭圆形，长 2~5 厘米，宽 1~2.5 厘米，边缘有粗锯齿；叶柄长 1~2 厘米，无毛。花序为伞房状多歧聚伞花序，与叶对生；花萼碟形，边缘波状浅裂；花瓣卵状椭圆形；花盘发达，波状浅裂；子房下部与花盘合生，花柱钻形。果近球形，径 0.6~1 厘米，有种子 2~4 颗。种子腹面两侧洼穴向上达种子近中部。

产江西、福建、湖北、湖南、广东、广西、贵州和云南，生沟谷林中或山坡灌丛，海拔 200~1500 米，生长在盐肤木灌丛中。

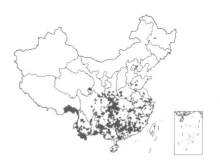

乌蔹莓

Cayratia japonica（Thunberg）Gagnepain

草质藤本。小枝圆柱形，有纵棱纹。卷须 2～3 叉分枝，相隔 2 节间断与叶对生。叶为鸟足状 5 小叶，小叶椭圆形或椭圆披针形，最宽处在中部或近中部，边缘锯齿较整齐，不外弯，网脉不明显。花序腋生，复二歧聚伞花序；花蕾卵圆形，顶端圆形；萼碟形，边缘全缘或波状浅裂；花瓣 4，三角状卵圆形，外面被乳突状毛，顶端无角状凸起；花盘发达，4 浅裂；子房下部与花盘合生，花柱短，柱头微扩大。果实近球形，直径约 1 厘米，有种子 2～4 颗。

产陕西、河南、山东、安徽、江苏、浙江、湖北、湖南、福建、广东、广西、海南、四川、贵州、云南和台湾等省份，海拔 300～2500 米，生长在黄荆灌丛、牡荆灌丛、八角枫灌丛、插田泡灌丛、番石榴灌丛、红背山麻杆灌丛、枹栎灌丛、枫杨灌丛、灰白毛莓灌丛、火棘灌丛、檵木灌丛、浆果楝灌丛、盐肤木灌丛中。

参考文献

［1］ 傅立国 . 中国高等植物 [M]. 青岛：青岛出版社，2012.

［2］ 郭柯，方精云，王国宏，等 . 中国植被分类系统修订方案 [J]. 植物生态学报，
2020,44(2)：111-127.

［3］ 谢宗强，唐志尧，刘庆，等 . 中国灌丛生态系统碳收支研究 [M]. 北京：科
学出版社，2019.

［4］ 中国科学院植物研究所 . 中国高等植物图鉴 [M]. 北京：科学出版社，1972-
1976.

［5］ 中国科学院中国植物志编辑委员会 . 中国植物志 [M]. 北京：科学出版社，
1959-2004.

［6］ 中国植被编辑委员会 . 中国植被 [M]. 北京：科学出版社，1980.

［7］ WU Z Y，RAVEN P H，HONG D Y.Flora of China[M].Beijing: Science
Press，1994-2013.

植物中文名索引

植物学名索引